마 그 네 슘 합 금 정 밀 단 조 기 술

본 교재는 산업통상자원부와 한국산업기술평가관리원 "World Premier Materials" 사업의 지원으로 수행된 연구결과이며, 이에 감사드립니다.

마그네슘 합금 정밀단조 기술

Mg Alloy Precision Forging Technology

글 이정환, 이상익

머리말

마그네슘 합금이 구조용 재료로 사용된 것은 1920년대부터이지만 최근 자동차 경량화와 IT산업 발달로 그 사용량이 급증하고 있다. 마그네슘 합금의 장점 및 특성은 구조용 금속재료 중 비중이 $1.7g/cm^3$로 가장 가벼우며, 비강도, 비강성, 주조성, 기계가공성, 내진성, 충격흡수능력 및 피로 특성이 우수하여 수송기기, 전자제품, 주방기기, 스포츠 레저용품, 의료기기 등 폭넓은 분야에 응용되고 있다.

1990년대 초반부터 본격적 연구가 시작되어 마그네슘 합금의 용해 및 주조기술, 합금 설계기술, 다이캐스팅 및 사형 주조기술, 재활용 기술, 특성 평가 기술 등은 상당한 기술의 진보를 가져왔다. 그러나 소성 가공 기술은 상대적으로 성형용 합금 개발에서부터 성형 공정 개발연구가 활발하게 진행되고 있지 않아 그 적용이 미미한 상태에 있었다. 그나마 판재 성형은 경량 소재의 장점을 이용하여 자동차 부품과 전자기기 부품에 적용 연구가 진행 중이지만, 단조를 비롯한 체적 성형은 결정 구조상 조밀육방구조로 소성 변형이 어려운 이유와 부식이 잘되는 특성 등 적용의 한계점 등으로 연구개발이 제대로 이루어지지 않고 있었다. 마그네슘 합금과 같은 신소재 특히 공정과 연계된 기술서적은 연구자나 현장 기술자가 참고할 만한 자료를 구하는 것이 대단히 어렵다는 것을 연구 현장에서 지난 35년 간의 경험으로 느낄 수 있었다.

그래서 지난 10년 간의 마그네슘 합금 정밀단조 기술에 대한 연구결과를 정리하여 후학들에게 조금이라도 도움이 되었으면 하는 바람으로 본 책자를 집필하게 되었다.

그간 연구를 통해 습득한 정밀 단조에 관련한 정보 및 지식을 정리하여 책으로 펴내면서, 필자 등이 아직 부족한 점이 많다는 것을 느끼고 향후에도 관련 기술에 대하여 지속적이고 체계적으로 잘 정리하여 심도 있는 기술정보를 제공하고자 한다.

책자를 집필하는 동안 다양한 정보와 자료를 제공해주신 재료연구소, 포스코, 동양강철 관계자 여러분, 신트랄 임성곤 연구원, 한양대학교 윤종헌 교수 등 많은 분들에게 감사의 인사를 드리며, 책자 발간을 도와주신 철강금속신문에게 감사드린다.

2015년 08월

재료연구소 대표필자 이정환

발간사

S&M미디어가 8월 15일부로 「마그네슘 합금 정밀 단조 기술」을 발간하였습니다. 2004년 12월 1일 「마그네슘합금의 기초 및 응용」 발간 이후 마그네슘 합금 관련 두 번째 서적이기도 합니다.

마그네슘 합금은 알루미늄보다 30% 이상 가벼운 합금으로 휴대용 전자제품의 케이스용으로 상업화가 급속도로 진전되고 있으며 자동차부품 중 스티어링 휠 코어, 시트 프레임 등에 사용돼 경량화 및 고강도를 꾀할 수 있는 신소재로 주목받고 있고, 다양한 분야에서 첨단 소재로 활용되고 있습니다.

마그네슘 합금과 같은 신소재, 특히 공정과 연계된 기술 서적은 연구자나 현장 기술자에게 꼭 필요한 것이었습니다. 하지만 그동안 참고할 만한 서적의 부재로 말미암아 연구자나 현장 기술자들이 상당한 어려움을 겪었습니다. 외국 참고 서적이 그 자리를 대신하였지만, 갈증을 시원하게 해소하기에는 역부족이었습니다.

이것을 누구보다 잘 알고 있었던 재료연구소 기계소재부품 기업지원 사업

단의 연구원들이 시간을 쪼개어 「마그네슘 합금 정밀 단조 기술」을 집필하였습니다. 이 책은 10년 동안 마그네슘 합금 정밀 단조기술에만 온 정성을 기울였던 연구원들의 연구 결과이기도 합니다. 10년 동안 흘린 땀의 결실을 선뜻 후학들을 위해 한 권의 책으로 집필해준 재료연구소 연구원들의 희생이 돋보입니다.

이 책은 마그네슘 합금 단조 기술서입니다. 주요 내용으로는 마그네슘 합금 개요를 시작으로 단조 기술 개발의 목표 및 내용, 정밀 단조기술, 공정기술, 공정변수, 부품 단조 성형 공정 개발 등으로 구성되어 있습니다. 선진 제품 벤치마킹과 함께 마그네슘 합금 단조와 관련된 모든 기술이 총 망라된 기술 종합서이기도 합니다.

특히 자동차부품 업체나 전자기기, 주방용기, 의료기기, 수송기기 업체 종사자들은 물론 관련 연구원이나 학생들이 반드시 읽어야 할 서적이라고 생각합니다. 무엇보다도 관련 기술이 체계적으로 정리되어 있고, 현장에서 한 번쯤 의문을 가졌던 사항을 시원하게 해결해 주고 있다는 점에서 이 서적은 만능열쇠 같은 역할을 할 것으로 생각합니다.

"이 서적이 후학들에게 조금이라도 도움이 되었으면 좋겠다"는 집필진들의 소박한 바람이 이 책의 머리말에 잘 나타나 있습니다. 30년 동안 현장 경험을 바탕으로 집필한 것이기에 책 내용은 이미 검증된 것이나 마찬가지입니다. 여러분의 많은 애독 기다리겠습니다.

　마지막으로 어려운 연구 과정에서도 시간을 할애해 이 책을 집필해 주신 재료연구소 이정환 박사님과 연구원들의 노고에 감사드립니다.

2015년 8월 15일

S&M미디어(주) 대표이사 회장 배정운

차 례

머리말 — 005

발간사 — 007

제1장 마그네슘 합금의 개요 — 013
01_ 마그네슘 합금의 기술 개발의 개요 — 015
02_ 기술·제품의 중요성과 파급효과 — 047

제2장 마그네슘 단조 기술 개발의 목표 및 내용 — 073
01_ 기술개발의 목표 및 내용 — 075

제3장 마그네슘 합금 정밀 단조 기술 — 087
01_ 마그네슘 합금의 고온 변형관련 문헌 조사 — 089
02_ 선진 제품 벤치마킹 — 101
03_ 변형률—미세조직 연계 단조공정 기초 연구 — 111

제4장 마그네슘 합금 단조 공정기술 — 137
01_ 마그네슘 합금의 열특성 분석 — 139
02_ 마그네슘 합금의 기초물성 — 145
03_ 단조금형 기술 연구 — 165

제5장 마그네슘 합금 단조 공정 변수 — 189
01_ 합금 종류 별 단조 특성 — 191
02_ 초기 결정립 사이즈 — 201
03_ 성형온도 및 변형률속도 — 209
04_ 마찰특성 — 235
05_ 단조품의 열처리 — 241

제6장 마그네슘 부품 단조 성형 공정 개발 — 257
01_ 개발 마그네슘 합금 단조 공정 최적화 및 성형성 평가 — 259

맺음말 — 299

참고문헌 — 303

제1장 마그네슘 합금의 개요

01_ 마그네슘 합금의 기술 개발의 개요
02_ 기술·제품의 중요성과 파급효과

마그네슘 합금의
기술 개발의 개요

마그네슘 합금은 상용 구조용 금속소재 중 가장 가벼우며, 비강도, 비강성, 주조성, 기계가공성, 충격특성, 피로특성, 진동감쇠능, 전자파 차폐능 등이 우수하여 산업 전반에 걸쳐 경량화가 요구되는 분야에서 적용 범위가 급속도로 확대되고 있다.

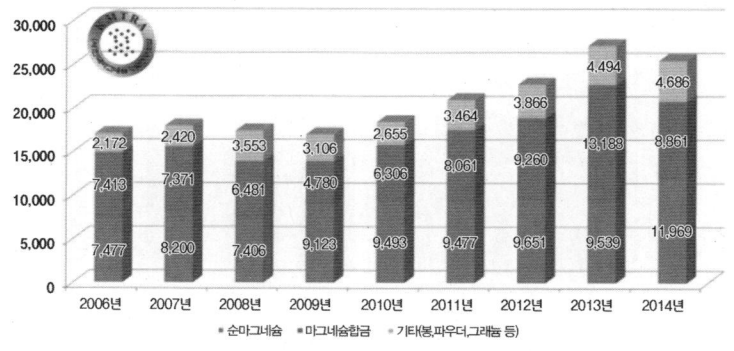

[그림 1.1] 마그네슘 및 마그네슘 합금 생산량 추이

그림 1.1은 2006년부터 2014년까지 전 세계 마그네슘 및 마그네슘 합금 생산량 추이를 나타낸 것으로 2009년부터 지속적으로 생산량이 증가하고 있음을 알 수 있으며, 이러한 성장세는 향후에도 지속될 것으로 예상된다.

특히 한정된 화석연료의 효율적 이용과 대기오염 감소에 대한 사회적 요구가 증가함에 따라 자동차 연비 향상이 자동차 산업의 최우선 당면 과제로 인식되고 있으며, 자동차의 연비를 향상시키는 방법 중 경량소재의 확대 적용을 통해 차체를 경량화 하는 방안이 가장 효율성이 높은 방법으로 인식됨에 따라 마그네슘 합금의 적용량을 증가시키기 위한 연구가 전 세계적으로 활발하게 진행되고 있다.

미국의 경우 Big 3사가 모두 참여하는 USCAR 컨소시엄의 핵심 연구과제로 2006년 11월 'Magnesium Vision 2020: A North American Automotive Strategic Vision for Magnesium' Project를 수립하여 2005년 기준으로 승용

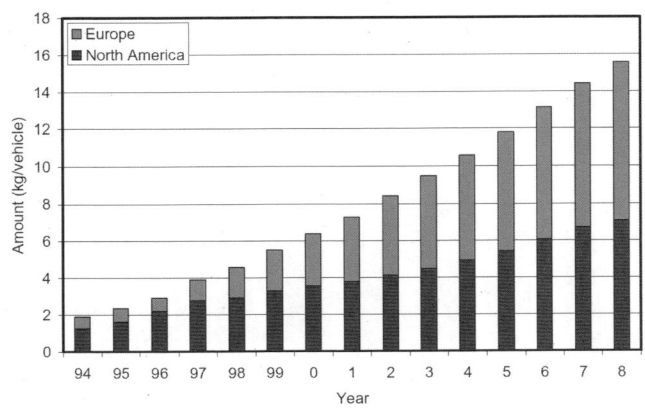

[그림 1.2] 유럽/북미의 자동차 1대당 마그네슘 소비량
(출처 - International Magnesium Association(IMA))

차 1대당 5kg(총 중량의 0.3%)이 적용되는 마그네슘합금의 적용량을 2020년까지 160kg(총 중량의 12.3%)으로 증가시키기 위한 프로그램을 추진하고 있으며, 유럽과 일본에서도 이와 유사한 프로그램이 진행되고 있다.

마그네슘 합금의 적용 범위 확대를 통해 차체 경량화를 추진하고 있는 주요 선진국의 경량화 목표는 현재 자동차 무게의 30~50%를 감소시키는 것이며, 이러한 목표를 달성하기 위해서는 현재 마그네슘 합금으로 적용되고 있는 자동차 부품의 경우는 95%이상 다이캐스팅 제품으로 향후 압연재, 압출봉재 등의 가공재의 신규 적용 및 적용범위 확대가 절실하게 요구되고 있다.

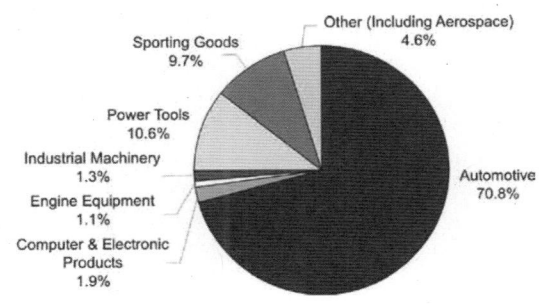

[그림 1.3] 미국의 마그네슘 부품 적용 비율

이러한 산업적 요구에 따라 유럽을 중심으로 2000년대부터 가공용 마그네슘 합금 관련 기술을 개발하기 위한 연구가 활발하게 진행되고 있으며 특히 유럽과 미국은 산·학·연이 모두 참여하는 범국가적 컨소시엄 구성을 통해 체계적이고 유기적인 협조 체제를 구축하고 이를 토대로 마그네슘 합금 관련 기술 전반에 대해 연구개발을 수행하고 있다.

제1장 마그네슘 합금의 개요 **17**

이에 비하여 국내의 경우에는 단품 개발 위주의 단기적 목표를 달성하기 위한 독립 과제 형태로 연구 개발이 수행되어, 장기적으로 마그네슘 관련 산업의 경쟁력을 강화하고 세계 시장에서 독점적 지위를 확보할 수 있는 원천기술의 개발이 상대적으로 미흡한 실정이다.

따라서 선진국과 대등한 기술력을 확보하기 위해서는 다양한 기술로의 파생 효과가 큰 핵심 요소기술 분야에서 아래와 같은 원천기술을 확보하기 위한 상호 보완적인 협조 체제를 구축하고 이를 토대로 체계적인 연구개발이 반드시 필요한 실정으로 특히 가공용 마그네슘 합금과 관련된 기술 개발은 선진국에서도 2000년도에 들어서야 본격적으로 연구가 진행되어 아직까지 기술적 우위를 확보하고 있는 국가나 기업이 없으므로, 활발한 연구 개발을 통해 관련 기술 분야의 핵심 원천기술을 확보할 경우 세계 시장에서 독점적 지위를 확보할 가능성이 매우 높은 실정이다.

1. 고특성 벌크 마그네슘 소재 설계기술 개발

가. 고특성 벌크 신합금 설계기술의 개요

기존 소재의 한계를 극복하여 적용 분야에 최적화된 특성을 나타내는 임계특성 구현 신합금을 개발하기 위해 열역학 전산모사기법을 활용하여 합금 조성에 따른 미세조직 구성상의 변화를 분석·예측하고, 합금 제조조건의 변화를 통해 미세조직 구성상의 크기, 분율, 분포 등을 정밀제어하는 기술이다.

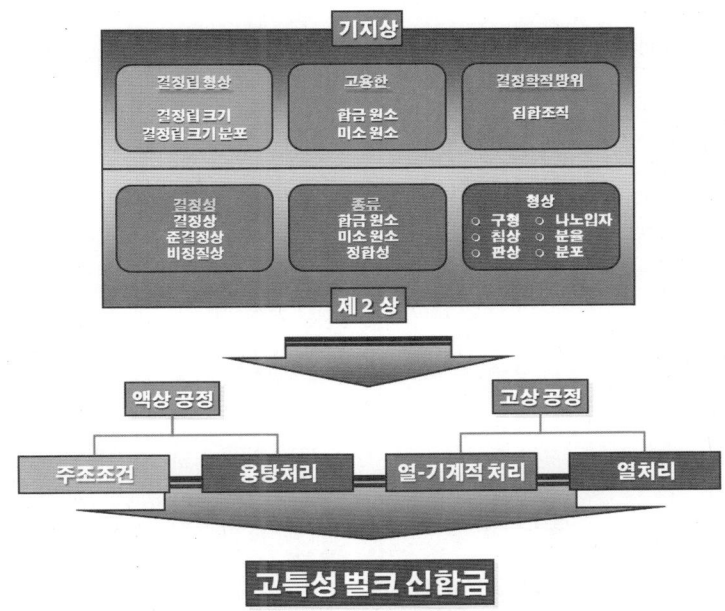

[그림 1.4] 고특성 벌크 신합금 설계기술 개념도

나. 고특성 벌크 신합금 설계기술의 용도 및 적용분야

고강도·고인성 압출봉재, 단조재, 주조재를 제조하기 위한 기본 합금계 제공

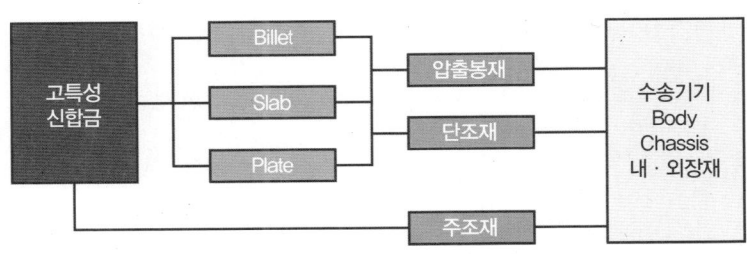

[그림 1.5] 고특성 신합금 적용분야

2. 고인성 마그네슘 빌릿 주조 기술 개발

가. 고인성 빌릿 개발의 필요성

마그네슘은 가장 가벼운 금속으로 최근 자동차 경량화 등 Mobile 시장의 요구와 일치하여 소재적인 가치가 재평가되고 있다.

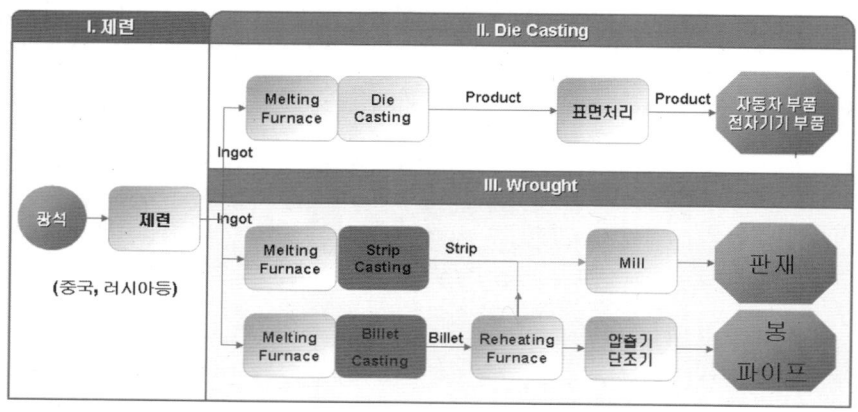

[그림 1.6] 마그네슘 광석으로부터 최종 제품까지의 계통도

주로 돌로마이트 광석으로부터 제련하여 만든 마그네슘 합금 잉곳은 용해한 후 Die Casting 제품 또는 Strip Casting의 연속주조와 압연을 거쳐 판재를 생산하거나, Direct Chill Casting이나 연속주조를 통해 원통형의 빌릿을 만든 다음 압출, 단조 공정을 거쳐 부품을 생산하게 된다.

빌릿은 압출공정을 통해 봉, 파이프, 자동차 부품, LCD Frame, LED Frame, 자전거 Frame 등 압출제품을 생산하거나, 단조공정을 통해 자동차 단조휠, 오토바이 휠, 자동차 Bumper Beam, 풀리 등 단조제품을 생산하는 필수 소재다.

자동차 시장에 필요한 고강도/고성형성을 가지는 마그네슘 신합금을 제품화하기 위해서는 마그네슘 잉곳을 빌릿으로 만들고 이를 압출/단조 공정으로

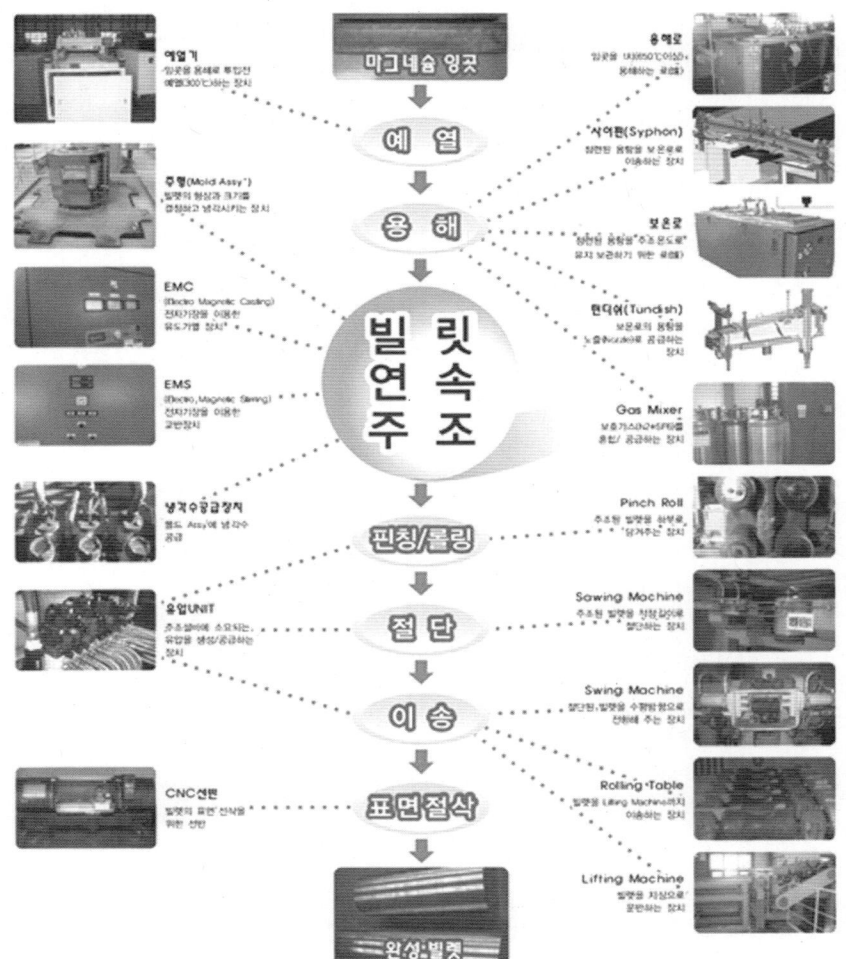

[그림 1.7] 빌릿을 연속적으로 생산하는 공정도

관련 부품을 제조하게 된다.

따라서 내외부에 크랙 및 기공과 같은 결함이 없고 성형성이 좋은 빌릿을 생산할 수 있는 주조기술이 필요하다.

나. 미세한 결정립을 가진 빌릿의 필요성

압출과 단조공정에 사용되는 빌릿의 품질은 빌릿의 표면 및 내부 크랙이 없고, 용탕의 청정성을 확보하여 개재물에 의한 물성치 저하가 없어야 한다.

빌릿의 결정립 크기를 작게하면, 압출시에는 기계적 물성치, 표면결함 제어, 압출압 저하에 의한 생산성향상 및 압출 특성이 좋아지고, 특히 단조공정에서는 결정립 크기가 150㎛ 이하가 되어야 단조가 가능하다.

따라서 결정립이 미세한 빌릿을 표면 및 내부 크랙 없이 주조할 수 있는 기술이 필요하다.

빌릿의 결정립을 미세화 할 수 있는 기술은 아래 방법으로 대별할 수 있다.

> **미세 결정립 빌릿 생산**
> - 전자기장을 이용한 기계적 방법에 의한 결정립 미세화
> - 결정립 미세화제를 이용한 결정립 미세화
> - Ca/CaO를 활용한 미세화, 비산화성을 이용한 조업 용이성 및 빌릿 품질 향상

다. 기존의 빌릿의 결정립 미세화기술

압출 및 단조용 소재로 쓰이는 빌릿의 결정립을 작게하는 방법은 기계적

방법과 미세화를 이용한 방법으로 분류할 수 있다.
- 기계적 방법 : 저주파를 이용하는 방법, 초음파를 이용하는 방법
- 미세화제 방법 : 주로 C계를 이용

(1) 기계적 방법 : 전자기장을 이용한 결정립 미세화 기술

전자기장을 이용한 연속주조기술을 개발하여 아래와 같은 국내·외 특허를 획득하고 최근 본격적인 마그네슘 빌릿 생산이 진행되고 있다.

전자기장을 이용하는 방법은 아래 그림과 같이 주형 상부에 고주파를 인가하여(EMC, Electro Magnetic Casting) 균일응고층을 형성시켜 주조속도를 높이고, 주형하부에는 저주파를 인가하여(EMS, Electro Magnetic

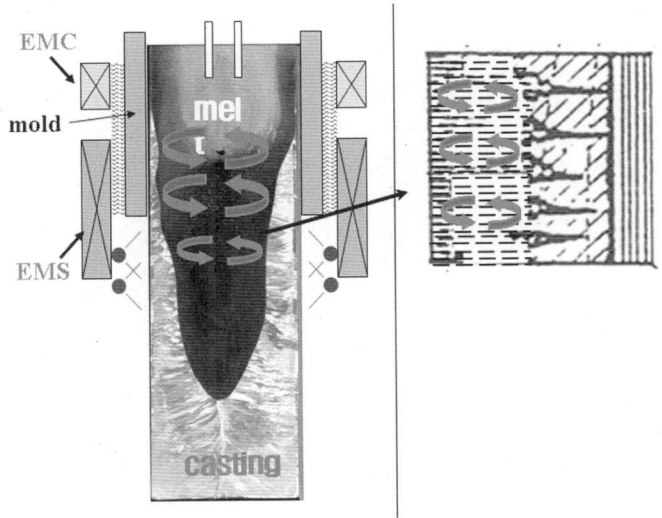

[그림 1.8] 전자기장을 이용한 결정립 미세화 기술

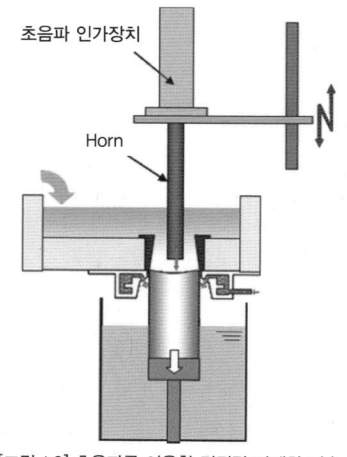

Stirring) 액상응고층에 유동장을 부여하여 수지상정을 깨고, 깨진 수지상정 Tip은 다시 핵생성 Site로 작용하므로써 결정립 크기를 작게하는 기계적 방법이다.

초음파를 이용한 방법 : 초음파를 이용하는 방법은 좌측 그림처럼 주형 안에 초음파 진동을 부여하여 수지상정을 깨는 방법으로 다음 그림처럼 일본 Toyama에서 마그네슘

[그림 1.9] 초음파를 이용한 결정립 미세화 기술

빌릿 제조 방법으로 사용되었으나 실제적으로 결정립을 미세화하는 효과가 미미한 것으로 알려지고 있다.

(2) 미세화제 방법 : 미세화제를 이용하는 방법

용탕에 미세화제를 주입하여 결정 성장을 제어하여 결정립을 미세화하는 방법으로 마그네슘의 경우 메탄, 프로판 같은 탄소의 기체화합물, 사염화탄소등을 첨가하는 방법이 알려져 있으며 국내에서는 '열적 안정성이 우수한 준결정상 강화 마그네슘 합금 및 그의 제조방법(공개특허 10-2005-0032715)'을 개발하였으나, 성형성을 높이기 위해 희토류, 미시메탈 등을 5% 이상 사용함으로 인해 제조단가가 상승하는 문제가 있다. 또 다른 방법으로 '마그네슘 합금 주조재의 결정립 미세화제 및 그의 미세화 방법(등록특허 10-0836599)'을 개발하였으며, 이 특허에서는 마그네슘의 결정립 크기를 미세화하기 위해 인체에 유해한 헥사클로로에탄

(C_2Cl_6) 대신 탄산마그네슘($MgCO_3$)를 이용하는 기술이 개발되어 있다.

미세화제를 이용한 결정립 미세화 기술의 적용 시 제조단가 및 인체의 유해성 등을 고려한 미세화제를 사용하여야 하며, 특히 용탕에 미세화제를 투입한 이후 시간에 따라 미세화 효과의 차이가 발생하므로 정확한 유동해석을 통한 투입 위치 및 투입 방법 개발이 선행되어야 한다.

라. 빌릿의 결정립 미세화기술 개발 방향

(1) 기계적 방법

전자기장을 이용한 결정립 미세화 기술을 활용한다.

(2) Ca/CaO를 활용한 청정성 확보 및 미세화 기술

Ca/CaO에 의한 결정립 미세화 : 마그네슘 용탕은 산화력이 매우 높아서 공기와 직접 접촉할 경우 화재위험이 높기 때문에 이를 방지하기 위해 SF_6 Gas를 사용하여 공기와 차단하고 있으나, 용탕의 흔들림 등이 일어나면 용탕의 산화가 발생하여 용탕의 청정도가 악화되므로 빌릿을 압출/단조할 경우 개재물에 의한 성형성이 감소하고 크랙의 Site로 작용하여 제품에 악영향을 끼치므로 아래 그림과 같이 이를 방지하기 위한 CaO 첨가에 의한 산화방지기술이 개발되었다. Ca/CaO는 용탕과의 산화방지 효과뿐만 아니라 결정립 미세화 효과도 있다.

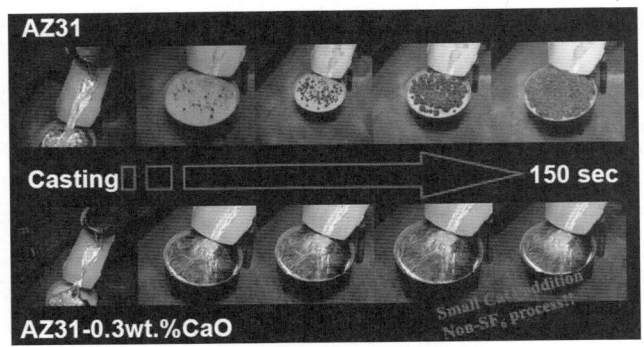

[그림 1.10] CaO 첨가에 의한 산화방지기술

(3) C계 미세화 원소 개발

결정립 미세화제는 합금으로 첨가하여 용해/주조할 경우 효과가 없으며 용탕에 직접 주입하여 일정시간이 경과하여야만 효과가 있으며, C계열의 미세화제의 경우 휘발성이 있어 일정 시간이 경과하면 미세화 효과가 사라진다. 청정한 마그네슘 빌릿을 생산하기 위해서는 보통 Melting Furnace에서 용해한 후 사이폰을 이용하여 Casting Furnace로 용탕을 공급하고, Casting Furnace에서 Head Box로 공급된 후 주형에서 최종 응고과정을 거쳐 빌릿을 생산하게 된다. 최근에는 빌릿 단가에 영향을 거의 미치지 않고 환경 및 제품에 유해하지 않는 C계 결정립 미세화제를 Lab. Test를 통해 실험한 결과, Ingot 상태에서 결정립이 평균 282㎛에서 114㎛까지 미세화 효과를 얻었다.

결정립을 미세화하여 압출 및 단조품의 물성치를 개선하기 위한 방안으로 기계적 방법인 전자기장, Ca/CaO를 활용한 청정성 확보 및 미세화 효과, 미세화제의 동시 효과를 이용하여 기존의 100㎛의 결정립 크기를 50㎛ 이하로

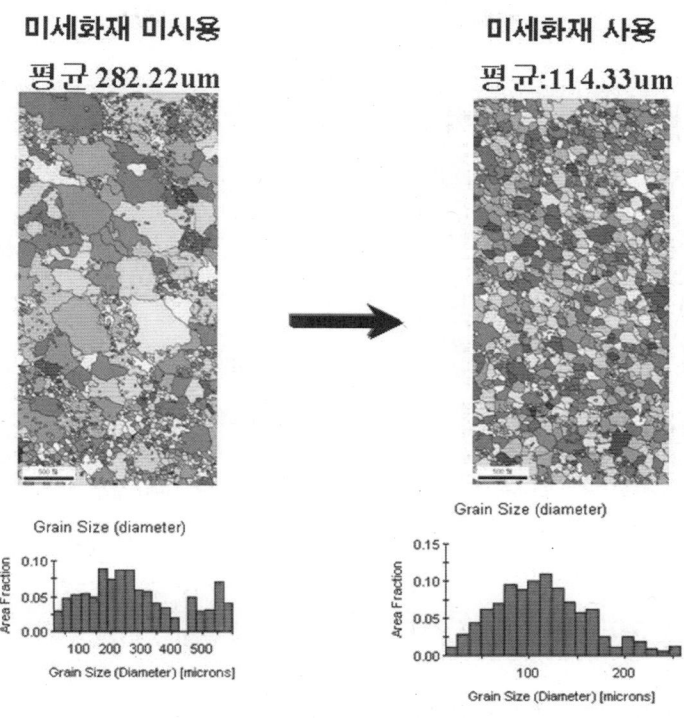

[그림 1.11] C계 미세화 원소 개발

미세화 하는 것이 본 기술의 핵심이다.

마. 빌릿 연속주조 기술개발

마그네슘 빌릿을 생산할 수 있는 방법

① Ingot Casting : 일정한 원통형의 틀에 액상의 마그네슘을 주입하는 방식으로 주로 제련공장에서 잉곳 제조 대신 빌릿 주형에 용탕을 부어서 만드는 방법으로 결정립 크기가 400~500㎛로 결정립이 조대하고, 응고 시 발생하는 Shrinkage를 제거하여야 하므로 실 수율이 작고, 길이 방향

의 품질 편차가 심한 단점을 가지고 있다.

② Direct Chill Casting : 10~40개의 Strand를 만들고 Batch식으로 용탕을 주입하여 4~6m의 빌릿을 동시에 생산하는 방식으로 연속주조에 비해 길이 방향의 품질 편차가 발생하고 Strand 상하부의 절단으로 실 수율이 Ingot Casting보다 좋으나 연속주조에 비해 좋지 않다. 보통 다양한 합금을 소량 제조하는 하는 공정에서 주로 사용한다.

③ Continuous Casting : 1~2개의 Strand에 용탕을 주입하고 냉각시킨 후 Pinch roll로 인발하고 동시에 일정 길이로 절단하여 연속적으로 빌릿을 생산하는 기술로써 실 수율이 높고 주편별 품질편차가 없으나 다양한 합금을 소량 생산하는 것보다는 소품종 대량생산하는 체제에 좋다.

④ 마그네슘 빌릿 연속주조 기술의 어려움 : 빌릿 생산 시 응고층이 주형안에서 형성되지 않아 주형 하부에서 응고층이 터지는 응고층 터짐(Breakout)이 발생한다.

Breakout은 조업중단에 의한 생산성 악화를 유발하며, 주편표면의 산화층 발생은 주편의 실 수율의 저하를 가져온다. 따라서 빌릿을 연속적으로 생산하기 위해서는 응고층 터짐 발생을 방지하고 주편 표면 산화층 발생을 제어할 필요가 있다. 전자기장을 사용하는 경우 탕면에서 균일 응고층 형성에 따른 주속 상승효과가 있는 반면 결정립 크기를 제어하기 위한 EMS (Electro Magnetic Stirring)는 저주파를 활용하여 미응고층에 유동을 부여하는 효과로 재용해에 의한 Breakout을 조장한다. 따라서 마그네슘 빌릿의 원소재 가격을 낮추기 위하여 전자기장 제어기술, 응고층 터짐 제어기술, 표면 산화 제어 및 실 수율 향상 기술 등과 같은 공정 기술 개발이 필요하다.

3. 고정밀 마그네슘 압출 기술 개발

현재 수송기기 관련 환경 규제가 엄격하여 연비 향상, 배기가스의 클린화, 환경 부하 물질의 저감 등 지구 환경 보호를 위한 대응이 적극적으로 이루어지고 있는 실정이다. 특히 수송기기의 연비 향상에 관한 관심이 점차 커지면서 직접분사 엔진, 하이브리드 차 등을 개발하는 동시에 수송기기에 사용되는 재료의 교체 또는 구조 변경에 의한 경량화 기술개발이 활발한 실정이다.

경량화 기술개발을 위하여 기존 철강계 소재를 대체하기 위한 비철계 소재의 적용이 활발히 이루어지고 있는 실정이며, 비철계 소재를 대표하는 알루미늄과 마그네슘을 이용한 경량화 기술 개발이 이루어지고 있다.

이중 마그네슘은 비중이 1.74 g/cm^3로 알루미늄이나 철강에 비해 비강도,

비강성이 우수하며 철과 거의 반응하지 않기 때문에 금형으로부터의 전사성이 좋고, 금형 수명이 긴 점 등 다이캐스트 제조시의 유의성도 갖추고 있다.

하지만 현재의 기본 재료 코스트 비율을 고려하면, 기존 알루미늄 적용 부품의 단순 재료 교체에 의한 경량화율이 30% 전후이므로 알루미늄에 대한 재료 코스트는 1.2배 이하로 요구되어지고 있는 실정으로 경량화 효과에 따른 새로운 메리트가 부가되지 않는 한 마그네슘 부품의 채택은 매우 어려운 실정이다.

따라서 마그네슘 적용을 통한 수송기기의 경량화 효과를 극대화하기 위해서는 저가의 마그네슘 부품 제조 기술이 필수 불가결하며, 확대 적용을 위해서는 메이커 각사의 부품화 경쟁이 아닌 재료 데이터, 설계 기준의 공용화나 저코스트 생산 프로세스의 공동 연구 등 산학 협력에 의한 기술개발이 절실히 필요한 실정이다.

마그네슘합금 부품을 생산하여 최종 제품으로 제작하기 위해서는 특정 제품의 형상으로 성형하는 공정과, 표면처리 공정을 포함하는 후처리 공정을 거치게 된다. 이중 마그네슘 성형 공정은 용해·주조, 반응고/반용융 성형 및 고온에서의 고상 성형법으로 분류된다.

하지만 마그네슘 합금의 경우 높은 산화성 및 폭발성 등의 고유 특성과 금형 설계, 고강도·고연성용 마그네슘합금 제조 기술, 용탕 처리에 의한 연성 향상 기술, 미량원소 첨가에 따른 강도, 연성 및 충격 특성 향상기술, 고온성형 시 생기는 변형 및 수축 등의 치수 안정화에 대한 기술이 아직까지 미흡한 실정으로 이에 대한 연구가 시급하다.

따라서 수송기기 경량화를 통한 탄소 배출 저감 및 에너지 효율 향상에 필수적인 마그네슘 소재를 적용하여 고특성화 및 제조공정의 저비용화, 고효율화를 위해 다음과 같이 기존의 기술과는 차별된 핵심 공정기술개발이 필요하다.

- Hollow & Solid Easy Flow 마그네슘 합금용 압출 금형 기술 개발
- 고온 Easy Extrusion 기술 개발
- 마그네슘 Modify 합금 압출봉재 특성 평가 기술 개발

가. Hollow & Solid Easy Flow 마그네슘 합금용 압출 금형 기술 개발

최근 마그네슘 합금을 적용한 압출봉재의 부품 개발이 활발히 이루어지고 있으나 국내 압출 금형 기술은 현재까지 알루미늄 합금의 소성변형을 기준으로 설계된 금형을 활용하고 있고 마그네슘 합금 적용을 위한 금형 기술 개발은 아직까지 미흡한 실정이다.

압출봉재를 이용한 부품 적용 시 고객 요구 특성을 만족하기 위해서는 최종 제품의 형상 및 마그네슘 합금의 소성변형 특성 분석을 통하여 압출 금형의 설계 방안 선정, 고정밀 제작 기술, 금형 재료의 선정 및 금형 열처리 등의 기술 개발이 필요하다.

일반적인 압출 금형은 부품의 형상에 따라 Solid Type과 Hollow Type으로 구분되어지며, 이러한 금형은 압출 초기 금형 내로 마그네슘 합금이 유입

될 시 양을 조절하는 역할을 하는 LIP 금형과 제품의 형상 및 치수를 확보하는 Dies 금형, 그리고 압출 하중 하에서 금형의 변형을 억제하는 Backer와 Bolster금형으로 구성된다.

각 구성요소별 압출 금형의 설계는 제품의 형상, C.C.D, 압출비, 형상계수 등 여러 가지 요인을 고려하여 설계되어야 하지만 아직까지 금형 설계에 따른 제작 후 압출 전까지의 금형 설계 적정성에 대한 검증 기술이 미흡하다.

이에 마그네슘 합금의 소성 유동에 따른 적정 금형 설계는 시뮬레이션 및 이론적 계산을 통해 금형 설계의 적정성 검증이 반드시 필요하며, 특히 기존 Plate, Rod 등의 일반 Solid 형상이 아닌 복잡한 Hollow 형상의 금형 설계 기술 개발 시 적용되어 설계 및 제작의 오차 감소가 반드시 필요하다.

또한 마그네슘 합금은 일반적으로 금속 유동성이 매우 낮아 압출 시 압출 압력 증가 및 생산성 저하 등의 문제가 있다. 특히 부품 형상이 복잡해질수록 금형이 받는 압출 하중의 증가함에 따라 금형의 파손 위험성이 커지므로 금형 내 마그네슘 합금의 금속 유동 특성을 원활하게 이루어 압출 하중이 감소될 수 있는 저압 금형 설계 및 생산성 저하 방지를 위한 고속압출 금형 개발이 필수이다.

따라서 마그네슘 합금 적용 부품 제작을 위해 합금의 소성유동 특성에 맞는 금형 설계 기술 개발이 필요하며, 치수 정밀도 향상 및 고속 압출을 위한 금형 설계 제작 기술이 반드시 필요하다.

나. 고온 Easy Extrusion 기술 개발

　마그네슘 합금의 압출 공정은 열팽창계수, 열간변형 저항 등에 있어서 알루미늄과 크게 다르지 않기 때문에 압출에 관한 설비나 기술도 크게 다르지 않는 것으로 알려져 있다. 또한 열간 압출은 단일의 공정으로 최종 단면적 형상까지 큰 가공률로 변형을 가하는 방법이기 때문에 상온부근에서 변형능에 문제가 있는 마그네슘에는 오히려 적합한 가공법이다.

　마그네슘의 열간 압출 공법은 빌릿과 컨테이너 사이의 마찰력을 최소화하여 압출 시 온도 상승이 발생되지 않는 조건으로 압출을 주로 실시하였다. 이는 마그네슘 압출봉재의 온도증가에 의한 균열 발생 및 산화의 문제점을 방지하기 위한 것으로서 이에 따른 압출압력이 증가하고 압출 속도 저하로 인한 낮은 생산성 때문에 생산원가의 상승을 피할 수 없다.

　결국 수송기기 부품에 마그네슘 합금을 적용하여 양산적용을 목표로 할 경우 부품 소재의 고강도 및 고인성의 확보뿐만 아니라, 압출 속도 향상을 통한 고생산성 확보로 저가의 소재를 개발하는 것이 현실적으로 매우 중요하다고 할 수 있다.

　이 경우 기존 마그네슘 합금의 특성을 유지 또는 향상시키면서 생산성이 우수하도록 합금을 개량하는 것이 필수적이며, 또한 압출 속도 향상을 위한 고온 Easy Extrusion 기술 개발이 반드시 필요하다고 판단된다.

　고온 Easy Extrusion 기술은 보다 높은 온도에서 마그네슘 합금의 금속유동특성을 향상시키면서 압출봉재의 온도를 균일하게 냉각/유지시켜주는 기

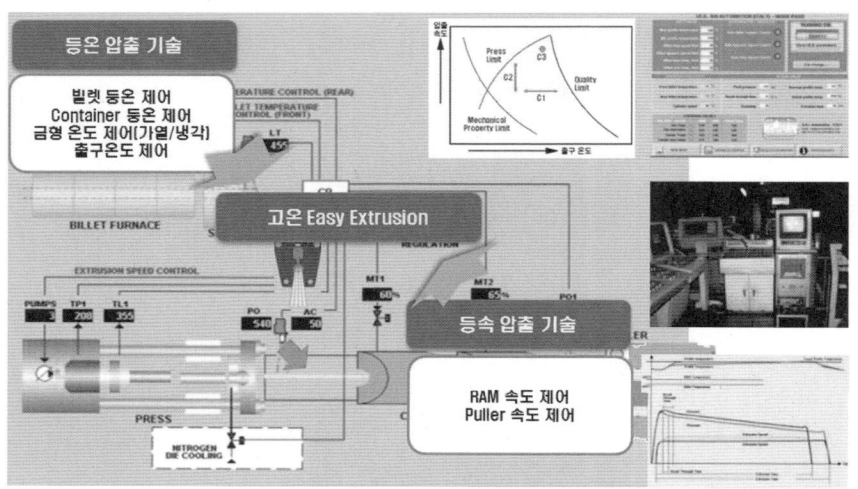

[그림 1.12] 고온 Easy extrusion 개념도

술로서 압출봉재의 온도 증가에 의한 균열 및 산화의 문제점을 해결할 수 있는 핵심기반기술이다.

자동차 산업에서 연비와 안전성능의 향상이 지속적이고 광범위하게 요구되고 있는 현실을 감안할 때 중량 대비 강도가 높은 고기능성 경량합금 재료의 적용 분야가 크게 확대될 것으로 보이나 기존의 제조 공정으로는 재료의 성형성에 따른 부품화가 어려운 실정으로 이를 위한 신공정 압출 기술 개발이 반드시 필요하다.

또한 마그네슘 합금을 적용한 복잡한 형상의 부품 제조에도 적용될 수 있을 것으로 기대되어 기술경제적 파급효과를 고려할 때, 난성형성 경량합금 재료에 대한 새로운 소성가공 기술의 확보가 반드시 필요하다.

다. 마그네슘 Modify 합금 압출봉재 특성 평가 기술 개발

일반적으로 마그네슘 합금의 기계적 특성은 가공 경화를 통하여 달성되기 때문에 가공 경화 후 용체화 처리 없이 T5 시효처리만으로 제품화 하는 것이 일반적이다. 마그네슘 합금은 열전도도가 높고 비열이 낮기 때문에 열처리 시 원하는 온도에 쉽게 도달하여 기존 타 합금의 열처리 시간 대비 적정 시간 선

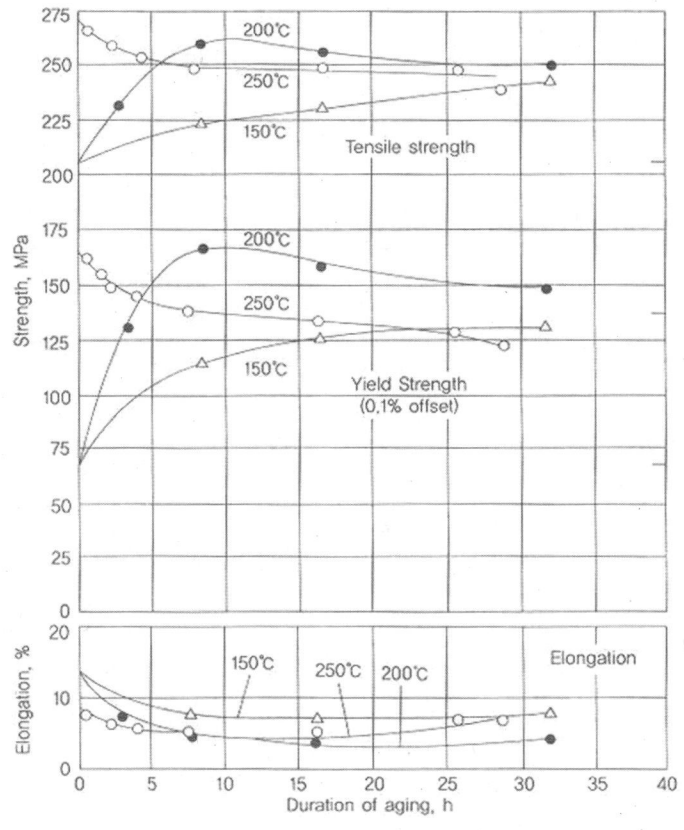

[그림 1.13] 열처리 공정에 따른 Mg 합금의 기계적 특성 변화

정이 매우 중요하며 특히 공정화합물의 용융이나 기공의 형성을 억제하기 위해서는 서서히 가열해야만 한다.

하지만 마그네슘 압출봉재를 부품화 하기 위해서는 벤딩, 용접 및 정밀 가공 등의 후 공정이 수반되어야 하며, 이에 따른 뒤틀림 또는 응력부식균열을 방지하기 위한 응력 제거 열처리 공정이 반드시 필요한 실정이다.

따라서 마그네슘 합금 압출봉재의 부품화를 위해서는 부품의 요구 특성에 맞는 Modify 합금의 최적 열처리 공정기술 개발이 필요하며, 후공정 시 발생되는 문제점을 방지하기 위한 후속 열처리 공정 기술 개발이 필수이다.

4. 고정밀 마그네슘 단조 기술 개발

가. 서스펜션 암의 기능

그림1.14은 서스펜션 모듈의 구성도로서 본 연구의 개발 대상품인 서스펜션 암의 장착 위치를 나타내었다. 컨트롤 암은 너클과 크로스 멤버를 볼 조인트 및 부시로 연결하는 구조로 되어 있으며 서스펜션 지오매트릭 (Suspension Geometry)을 결정함과 동시에 차량의 횡력과 전/후력을 지지하는 기능을 가진 서스펜션 부품 (Suspension Part, 현가 장치)이다. 또한 노면으로부터 발생하는 진동이나 충격을 흡수하여 안정된 승차감을 유지시키는 기능을 한다.

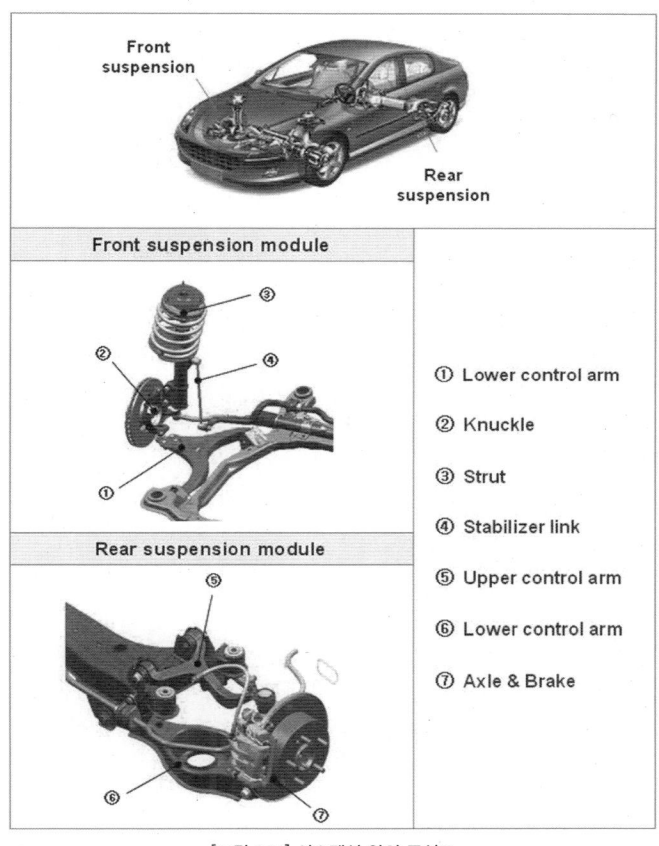

[그림 1.14] 서스펜션 암의 구성도

나. 서스펜션 암의 요구성능

① 노면으로부터 발생되는 진동이나 충격에 대하여 강도 및 내구성을 가질 것

② 외부진동 및 충격에 대하여 Wheel Alignment 변화가 적게 충분한 강성을 지닐 것

③ 차량의 상/하 운동에 대하여 조립되는 Ball Joint가 충분한 요동각을 가질 것

④ 적절한 회전 및 요동 Torque를 가질 것

⑤ 노면으로부터의 진동이나 충격을 완화하여 조종성과 안정성을 확보하기 위하여 바람직한 스프링 특성 및 감쇠특성을 가지는 부시를 채용할 것

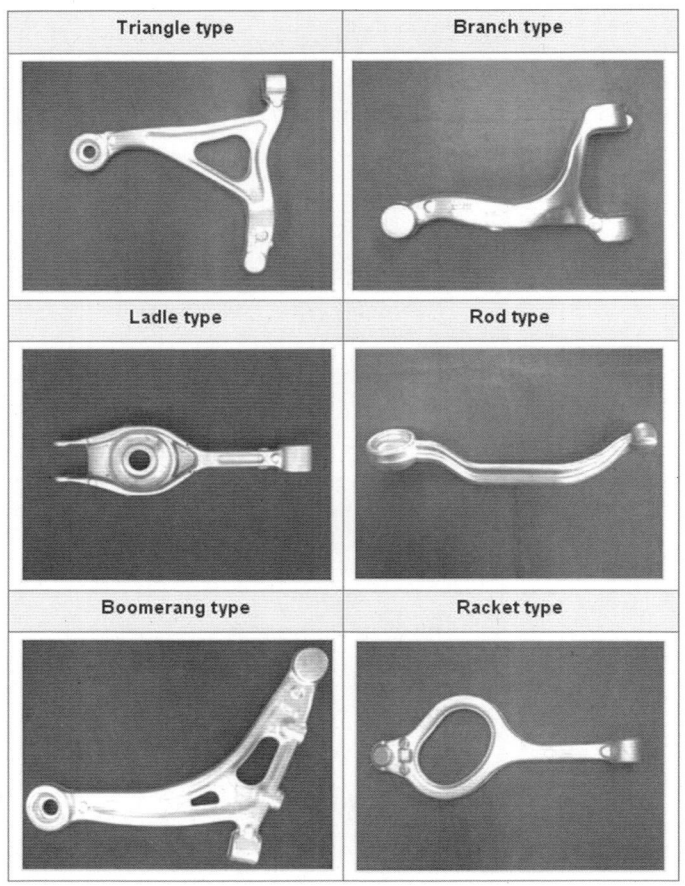

[그림 1.15] 다양한 형상의 서스펜션 암.

상기 그림은 현재 국내 양산중인 알루미늄 컨트롤 암의 형상으로서, 이러

한 다양한 형태는 서스펜션 지오메트릭의 결정과 조립성을 염두에 두기 때문이다. 과거 강의 단조품 또는 주철제품 및 판재성형품 등이 많이 사용되어졌으나, 최근 경량화 추세로 인해 알루미늄 재질의 컨트롤 암의 채용이 급속히 증가되고 있는 추세이며, 미래에는 이보다 더욱 경량화된 소재의 개발이 필요한 실정이다.

5. 고인성 마그네슘 합금 저압주조 기술개발

Road Wheel은 타이어와 결합하여 주행 장치에 연결되는 구조로 되어 있으며, 차량의 중량 지지와 회전운동을 통한 지면으로 동력을 전달/제동 역할을 수행하게 된다.

또한 노면으로부터 발생하는 진동이나 충격을 흡수하여 안정된 승차감을 유지시키는 기능이 있다.

Road Wheel은 저압주조법을 이용하여 A356 합금이 주로 사용되고 있어 저압주조법은 대형의 주조품을 경제적으로 제조할 수 있는 장점이 있으며, 알루미늄 합금 주조품에 적용되는 일반적인 주조법이다.

자동차의 연료효율 증대를 위한 경량화 요구가 지속적으로 증가함에 따라 알루미늄 합금에서 마그네슘 합금으로의 대체가 선진국을 중심으로 이루어지고 있으며, 마그네슘 합금은 Damping 효과가 우수하기 때문에 경량화 및 정숙성 확보가 용이하다.

주로 Zn와 Mn을 주원소로 하는 Mg-Al-Zn계, Mg-Al-Mn계 합금이 다이케스팅용 마그네슘 합금으로 적용되고 있으며, 고강도, 고연성을 가지는 고인성 마그네슘 합금을 이용한 Road Wheel용 소재가 필수적이다.

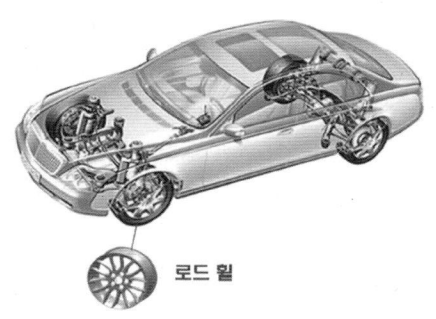

[그림 1.16] Road wheel

마그네슘은 높은 반응성으로 인한 산화 및 제조 공정상의 어려움과 알루

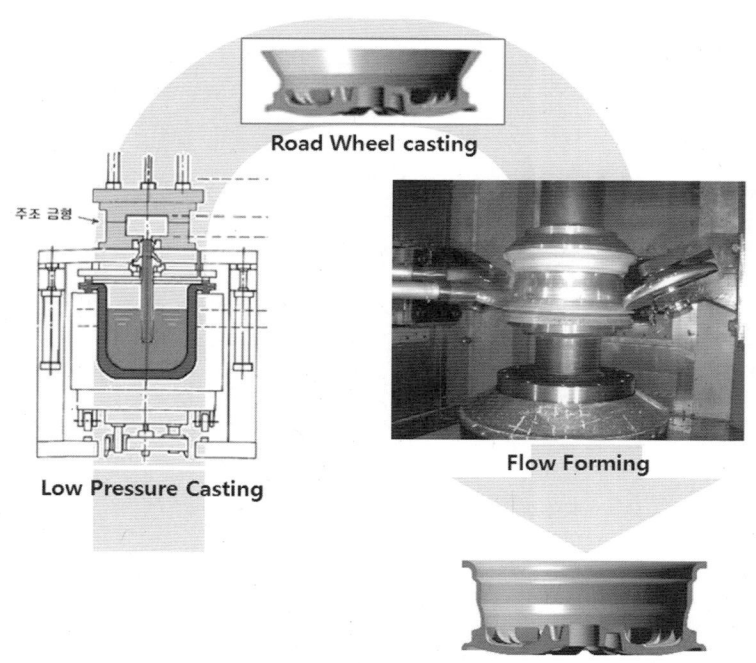

[그림 1.17] 고인성 Mg합금 적용 Road wheel 제조방안

[표 1.1] Road Wheel 요구성능

안전성	타이어압의 기밀을 유지하며, 차량 주행 시 핸들의 떨림이나, 진동을 감쇠시키기 위하여 Balance가 확보될 것
정숙성	노면으로부터 발생되는 진동이나 충격에 대하여 강도 및 내구성을 가질 것
경량화	가속능력 및 연료절감을 위해 경량을 유지할 것
내구성	반영구적으로 사용가능하도록 충분한 내식성을 확보할 것

미늄 합금에 비하여 가격이 높은 단점이 있으나, 다이캐스팅을 통한 대량생산과 가격 대비 성능이 요구되는 경주용 차량 및 고급 세단을 중심으로 적용이 확대되고 있다.

6. 고인성 마그네슘 주단조 소재개발

최근 추진되고 있는 차량 경량화, 신소재 개발 등과 같은 기술은 선진업체와의 격차가 커 외국기술에 대한 의존도가 높은 실정이며 일부 국내 기업을 중심으로 경량화와 관련된 기술개발이 진행되고 있으나 가시적인 성과를 얻지 못하고 있다. 특히, 너클과 같은 부품은 경량화 소재 적용에 따라 발생되는 문제들이 복합적으로 나타나기 때문에 발생 될 수 있는 문제점들을 정확히 정의하고 이를 반영한 설계기술의 개발이 요구된다.

마그네슘 부품의 제조공법으로는 중력 주조, 저압 주조, 다이캐스팅(Die-Casting), 틱소포밍(Thixoforming), 레오포밍(Rheoforming), 경동식 주단조(Cobapress Process) 등이 있다. 이들 중 주조공정이 압도적으로 많이 사용되고 있으며, 그 중에서도 생산성과 비용측면에서 우수한 다이캐스팅이 주

[그림 1.18] 마그네슘 합금 적용방안

를 이루고 있다. 하지만 다이캐스팅의 경우 많은 개선 노력에도 불구하고 제품 수축, 용탕 내 가스 혼입 등으로 기공, 불순물 등의 불량이 많이 발생하여 고품질의 부품을 생산하는데 한계가 있으며, 특히 생산 제품 크기의 한계, 고가의 설비비 등의 단점을 가지고 있다.

중력 주조 방법은 다이캐스팅 방법과 비교하여 생산성은 조금 떨어지지만 제품 크기에 제약이 없으며, 제품의 강도, 조직의 치밀성이 우수하고, 기공 및 가스 혼입이 적으며, 연신율이 우수한 장점이 있다. 특히, 고강도, 고인성이 요구되는 자동차 부품은 낮은 내부 기공도, 강도, 조직 치밀성 등이 우수한 중력 주조 공법이 매우 적합하며 향후 마그네슘 자동차 부품의 적용 범위가 확대함에 따라 중력 주조 공법의 생산 비율이 증가할 것으로 판단된다.

마그네슘 중력 주조 공법은 국내에서 마그네슘 자동차 부품이 크게 활성화 되지 못해 다이캐스팅 공법에 비해 아직까지 크게 연구 성과가 없으나 북미, 유럽, 호주 등 마그네슘 관련 기술 선진국에서는 활발하게 연구가 진행되고 있다. 따라서 국내에서도 고강도, 고인성, 고품위의 마그네슘 자동차 부품을 생산하기 위하여 마그네슘 전용 중력 주조 장비 개발과 마그네슘 용해로 및 용탕 관리, 최적의 주조 방안 설계 및 금형 설계, 주조 생산 공정 및 자동화 기술 등을 더욱 개선하려는 실용화 노력이 반드시 필요하다.

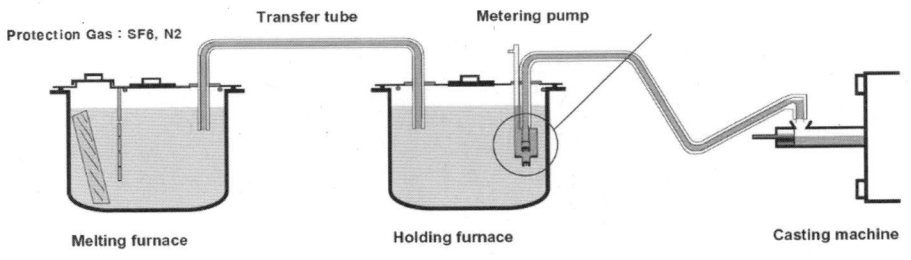

[그림 1.19] 마그네슘 전용 용해로 및 용탕 공급 장치

최근 개발 목적은 수송기기의 연비 향상, 주행저항 감소, 엔진효율 향상, 승차감 향상 및 배기가스 규제 등의 환경문제를 해결할 수 있는 초경량화 마그네슘 신소재 개발과 기존의 주조용 알루미늄합금보다 비강도/인성이 우수하며 수송기기용(자동차부품)에 적용 가능한 초경량 신 마그네슘의 주단조용 합금 개발에 촛점을 맞추고 있다.

7. 고진공 마그네슘 다이캐스팅 기술개발

가. 쇼크업소버(Shock Absorber)의 기능

그림1.20은 쇼크업소버 하우징의 구성도로서 쇼크업소버 하우징의 장착 위치를 나타내고 있다. 현재 국내 양산품의 경우 그림에 나타낸 바와 같이 스틸프레스공법을 통해 부분 제작 후 조립하고 있으며, 해외 일부 선진업체의 경우 고급차종을 중심으로 고진공다이캐스팅을 통해 알루미늄 일체형으로 생산을 시작하고 있는 실정이다.

그림1.21은 현재 해외의 선진업체에서 생산되는 알루미늄 재질의 쇼크업소

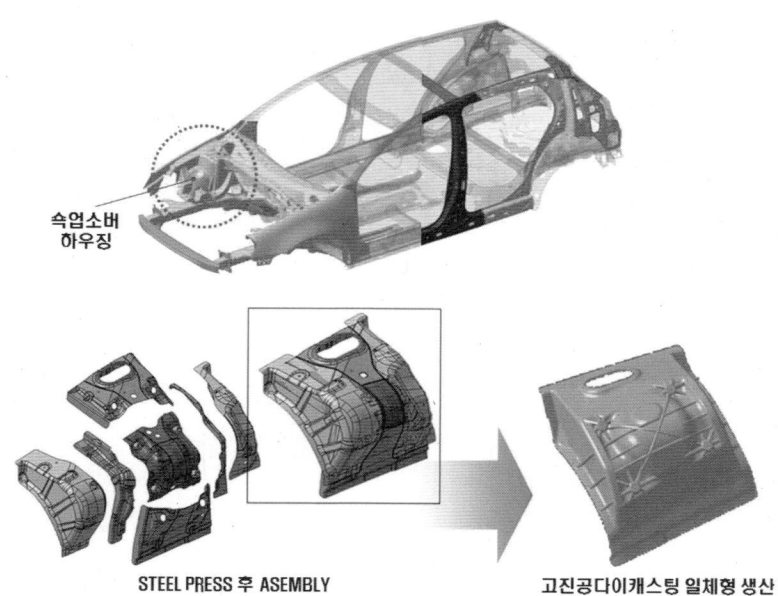

[그림 1.20] 쇼크업소버의 구성도

버로서, 국내의 Steel 적용품에 비해 우수한 경량화 효과를 보이고 있으며, 국내 업체에 비해 기술적으로 한발 앞서있는 상황이다. 하지만 알루미늄 합금보다 경량화효과가 우수한 마그네슘 합금을 적용으로 속업소버가 개발될 경우 현재의 뒤쳐진 기술격차를 만회할 수 있을 뿐만 아니라 기술선점을 통해 앞설 수 있는 기회가 될 것이다.

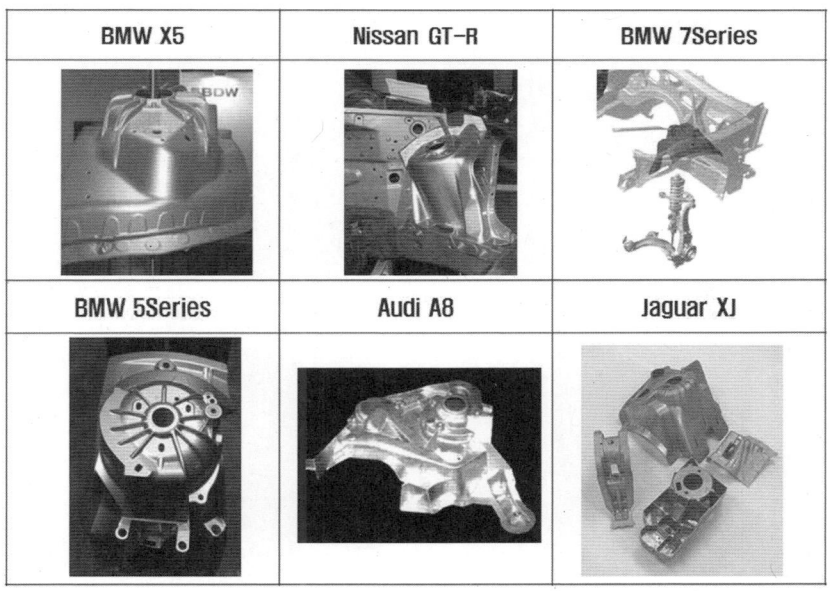

[그림 1.21] 해외 선진업체에서 생산되는 알루미늄 재질의 속업소버

기술·제품의 **중요성**과 **파급효과**

1. 기술적 중요성

자동차 산업에서 환경문제에 대한 대책으로 리사이클링, 연비 향상, 주행저항 감소, 엔진효율 향상, 경량화 등이 대두되고 있으며, 주요 선진 자동차 생산국에서 모듈화, 연비 향상, 배기가스 규제, 승차감 향상, 안전 및 중량 감소 등의 연구개발에 집중하고 있다. 이는 자동차 소재의 경량화는 엔진효율을 높일 수 있는 최적의 방법이며 궁극적으로 자동차의 연비 향상을 이룰 수 있기 때문이다.

최근 환경오염과 자동차 수요의 급격한 증가에 따른 에너지 자원의 고갈로 인해 이미 선진국에서는 자동차 연비 및 배기가스의 규제를 한층 심하게 강화하고 있는 실정이며 자동차 재료의 개발동기도 단순한 연비 향상이라는 수준을 넘어 환경규제에 따른 경쟁력 향상을 위한 새로운 기술개발이 자동차

산업에서 절실히 요구되고 있다.

따라서 자동차 및 항공기 등 운송 수단의 경량화, Recycling, 연비 향상 및 환경적인 측면에서 차세대 친환경 경량 소재를 이용한 부품 성형 공정에 관한 연구가 관심의 대상이 되고 있다.

마그네슘 합금은 치수 안정성이 우수하고, 비강도, 비탄성, 전자기파 차폐성, 동적 진동 감쇠능 등 알루미늄 합금 및 철강 소재에 비해 우수한 특징을 보임에도 불구하고, 마그네슘 합금은 동일한 중량 대비 알루미늄 합금의 약 2배의 가격과 후가공으로 인한 원가 상승 및 열악한 내식성으로 사용이 제한되고 있다.

하지만, 진동, 충격 등에 대한 흡수성이 탁월하고 전기 및 열전도도, 가공

[그림 1.22] 마그네슘 소재의 장점

성 및 고온에서의 피로, 충격특성 등이 우수하여 자동차, 항공기 등의 수송기기, 방위산업 및 일반 기계, PC 등 무게 절감을 위한 경량화가 필수적인 분야에서의 요구조건에 부합되는 여러 가지 우수한 특성을 지니고 있다.

현재 전 세계적으로 추진되고 있는 수송기기 경량화 목표를 달성하기 위해서는 마그네슘 합금 적용이 필수적으로 요구되고 있으며, 향후 경제성 및 상용화를 고려하여 희토류 금속의 첨가를 배제하면서도 타깃 제품의 성능을 고려한 기계적 특성, 내부식성, 주조성 및 단조성 등을 만족시킬 수 있는 신합금 개발이 절실하다.

각종 케이스류 및 내장재 등 작용하중이 낮은 부품에 한정되어 있는 마그네슘 합금의 적용 분야를 자동차용 Body, Chassis, 외장재 등으로 확대하기 위해서는 경쟁재료 대비 낮은 절대강도 및 인성의 획기적 향상이 필요하다.

고강도·고인성 마그네슘 합금에 대한 산업계의 수요는 큰 반면에 전 세계적인 기술수준은 개념 정립 및 실용화 초기 단계에 머물러 있어 관련 기술

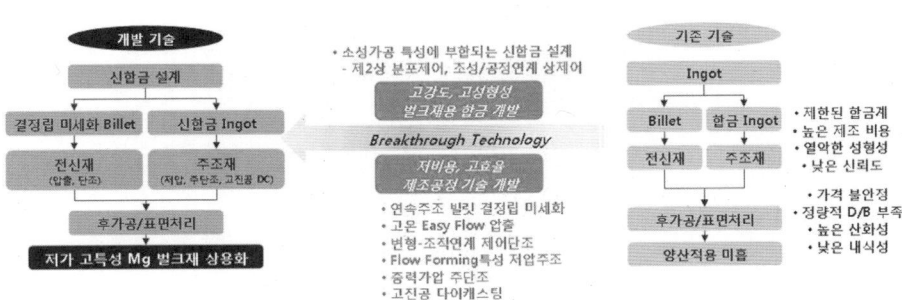

[그림 1.23] 신합금 개발 및 공정 기술 개발을 통한 저가 고특성 마그네슘 벌크재 상용화 방안

분야에서의 기술적 우위를 점하고 시장점유율을 확대하기 위해서는 기존의 마그네슘 벌크소재 관련 기술과 차별화된 기술과 마그네슘 원소재의 가격을 낮출 수 있는 공정 기술 개발이 필수적이다.

소재의 특성은 미세조직 구성인자에 의해 결정되며, 미세조직 구성인자는 조성 및 제조조건에 따라 다양하게 변화되므로 조성-제조조건을 연계한 융·복합형 합금 설계기술의 개발이 필요하다.

적용분야 및 용도, 부품 제조공정에 따라 소재에 요구되는 특성이 다양하므로 고특성 신합금 개발을 위한 핵심 요소기술과 적용분야에 따른 특성 최적화 기술의 유기적이고 체계적인 개발이 필요하다.

분야별 차별화된 핵심 요소기술(Breakthrough Technology) 확보 방안

① 독자적인 신합금 설계 : 석출/정출상 분포 제어 기술, 응고거동/집합조직 제어 기술, 고/액 제어 성형기술, 조성-공정 연계 상 제어 기술

② 고품위 마그네슘 빌릿 : 연속 주조 기술, 결정립 미세화 기술, 표면산화도 제어 기술

③ 고강도 마그네슘 전신재 : 고온 Easy Flow 압출공정 기술, Solid/Hollow 마그네슘 합금용 가열/냉각 금형제작 기술, 변형-미세조직 연계 제어단조 기술, 마그네슘 합금 전용 단조금형 기술

④ 고인성 마그네슘 주조재 : 저압주조/Flow Forming 기술, 마그네슘 전용 일체형 용해/주조기 제작기술, 중력가압 주조 기술, 1step 단조용

Preform 설계 기술, 마그네슘 합금용 고진공 금형설계 기술, 고진공 다이 캐스팅 청정급탕 기술

마그네슘 섀시부품 설계 및 평가기술 확보
 - 단품 및 코너모듈 최적화 설계 기술(구조해석용 데이터 확보-피로, 부식)
 - 전위차 부식방지 방안 도출
 - 시험편, 단품 및 코너모듈과의 연계 신뢰성 평가 기술 확립

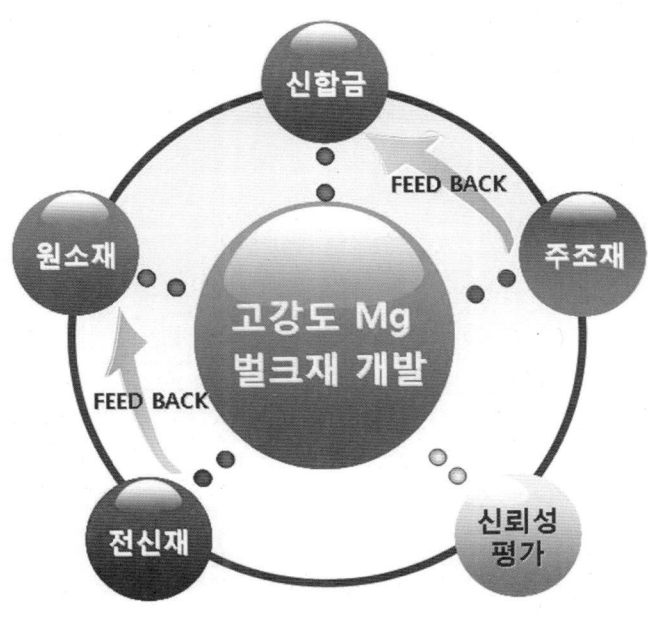

[그림 1.24] 마그네슘 합금 개발 및 적용방안

2. 기술 · 제품의 중요성

가. 고정밀 마그네슘 압출 범퍼 백 빔 및 사이드 멤버

(1) 고강도 마그네슘 소재 적용 범퍼 백 빔

차량용 범퍼는 저속 충돌 시 심각한 물리적인 손상을 저감하고, 고속 충돌 시 큰 충격에는 파손되면서 충돌에너지를 흡수하여 인명의 손상을 방지하는 기능을 담당하는 자동차 충돌안전성을 확보하는 부품으로서, 차량의 대물 충돌 또는 차량끼리의 저속 충돌 시 차량차체 및 승객의 안전보호 기능, 차량의 충돌에 따른 충돌에너지의 차체 흡수 및 충격력 감소 기능 및 외장 부품류를 장착 또는 지지하는 기능 등을 수행한다.

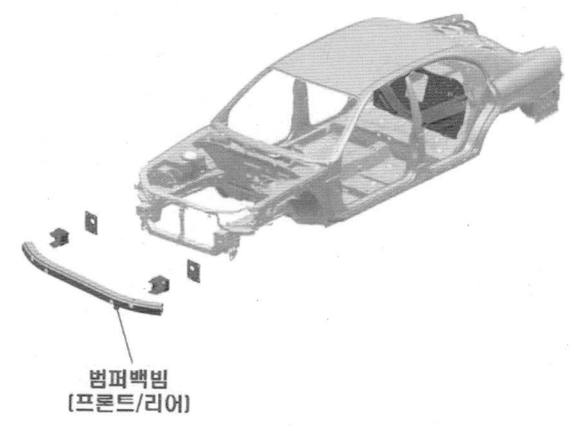

[그림 1.25] 차체부품 범퍼백빔

주요 요구 성능으로는 고장력강에 비해 3배 정도 에너지 흡수 기능, 휨 변형 역시 3배 정도 강한 기능(Torsional Stiffness, Bending Stiffness) 및 충돌안전도 5mile급 이상의 기능이 요구된다.

자동차 범퍼 어셈블리는 일반적으로 범퍼커버, 폼 구조의 충격 흡수제, 범퍼 빔, 차체 연결부인 브라켓으로 구성되어 있으며, 일반 차량에는 스틸 범퍼와 플라스틱 범퍼가 주로 장착되어 있다. 하지만 스틸 범퍼는 다른 범퍼에 비해 상대적으로 무겁기 때문에 사용이 감소되고 있는 추세이며, 플라스틱 범퍼는 섬유질의 유출로 인한 작업환경 악화와 재활용의 문제를 야기시키고 있는 실정이다.

이에 경량화 요구에 따라 스틸범퍼에서 알루미늄을 적용하는 기술 개발이 활발히 이루어지고 있으며 현재 일부 양산 적용하고 있다. 하지만 재료의 강도 측면에서 350~400㎫의 낮은 범위를 지니며 충돌 안정성에 미치지 못하는 문제점이 발생하였고 이에 따른 고강도의 마그네슘 합금 적용 범퍼 개발이 시급한 실정이다.

(2) 고강도 마그네슘 소재 적용 프런트 사이드 멤버

자동차 차체의 구성은 보디 셸, 개폐기능부품, 내장부품, 외장부품, 차체 장비 등으로 구분된다. 자동차 프레임의 일종인 사이드 멤버는 자동차가 주행 중 충격과 하중으로부터 차체를 보호하며, 차량의 측면 충돌 시 Door Impact Beam과 함께 차량의 물리적인 손상을 방지하고, 인명의 손상을 방지하는 기능을 담당하는 자동차 안전성을 확보하는 부품이다.

프론트 사이드멤버

[그림 1.26] 차체부품 프런트 사이드 멤버

현재 국내 일반차량의 프론트 사이드 멤버는 Steel 소재를 적용시키고 있으나 이로 인한 경량화가 어려우며, 제작 시 공정이 복잡해지는 문제를 가지고 있다. 이에 경량화 효과를 향상시키기 위하여 알루미늄 소재 적용을 위한 기술 개발이 활발히 이루어지고 있으나 기존 스틸 대비 강성이 1/3 수준으로 설계 시 Volume의 증가가 필수적으로 나타나게 되고 최종적으로 경량화 소재를 적용함으로서 기대되는 무게 감량의 효과를 충족시키지 못하는 것이 현 문제점으로 대두되고 있다.

(3) 고정밀 마그네슘 컨트롤암 단조

환경에 대한 관심이 높아지고, 선진국을 중심으로 강력한 배기가스와 이

산화탄소 규제가 실시되면서 수송기계 메이커를 중심으로 이에 대한 기술개발 노력이 더욱 활발해 지고 있다. 특히 저연비 차량에 대한 요구가 증가하면서 부품 경량화를 위한 다각적인 노력이 진행되고 있는 실정이다. 미국의 경우, 자동차 기업의 평균 연비를 규정한 CAFE (Corporation Average Fuel Economy) 규제가 강화됨에 따라 저연비 차량을 구현하기 위한 부품 경량화 기술개발이 진행 중에 있으며, 유럽, 일본에서도 강화된 규제를 충족시키기 위한 노력이 진행 중에 있다. 연비 향상 기술에는 엔진 등 기계의 효율 향상과 주행 저항의 저감에 관계되는 '연비 기술'과 재료 변경 등으로 인한 '경량화 기술'이 있으며 이중 '경량화 기술'이 연비 개선뿐만 아니라 주행 · 주행 방향의 변경 · 승차감과 같은 자동차의 운동 성능 향상에 도움이 되기 때문에 중요한 기술적 위치를 점하게 되었다.

경량화 기술로서는 종래부터 설계 · 구조의 재검토 및 경량화 재료에 대한 재료 대체가 실시되고 있다. 이중에서도 자동차를 구성하는 재료 중에서, 가장 큰 중량을 점하는 철을 타 경량소재로 대체하는 것이 경량화 효과가 크며, 자동차의 경우 차량 경량화와 승차감 및 운전 조종성 같은 성능을 향상시키기 위해서 완성차 메이커 및 코너모듈업체들은 현 스틸 및 주철 소재 부품들을 경량화 하고자 고강도 소재 채용을 시도하고 있는 실정이다.

그러나 초경량 소재로의 전환 없이 고강도 스틸 소재로의 경량화는 그 한계성이 있기 때문에 유럽, 북미 및 일본의 자동차 메이커 및 코너모듈업체들은 연비 및 성능 향상을 동시에 극대화 할 수 있는 초고강도 마그네슘 부품들을 점차

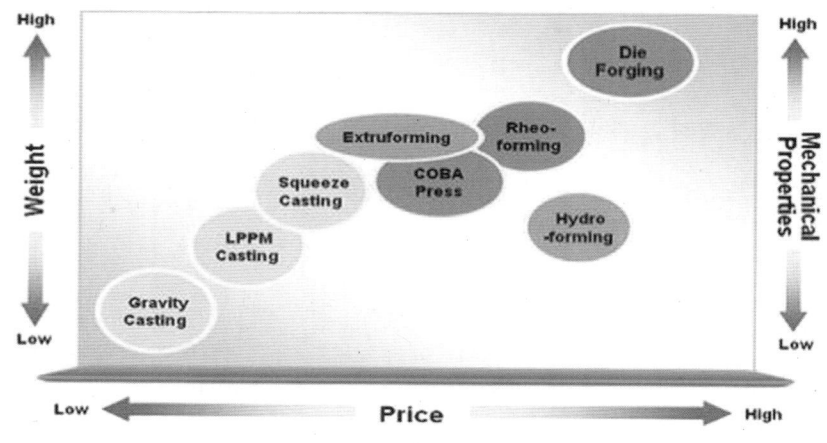

[그림 1.27] 컨트롤 암 제조 공법에 따른 물성 및 가격 비교

확대 적용해가고 있는 실정이다. 그래서 미국, 일본, 유럽의 경우 많은 소재 제조업체가 고강도 경량화 소재 기술 개발에 적극적으로 대처하고 있다. 위 그림에서 보는 바와 같이 컨트롤 암을 제조하기 위한 공법으로는 Casting, Squeeze, Rheoforming, COBA Press (Cast/Forging), Hot Forging 등 다양한 공법이 개발되어 있으나, 초경량화를 위하여 고강도가 요구됨에 따라서 강도 및 신뢰성 면에서 우수한 열간 단조 공법이 지속적으로 확대 적용되는 추세이다.

그러나 국내에서는 경량화 소재에 대한 연구가 선진국에 비해 초기 단계에 머물고 있는 실정이며, 선진기술 보유 국가들의 지적재산권 장벽으로 인해 신소재의 개발 및 경량 제품의 수출에도 많은 제약을 받고 있는 실정이다. 이처럼 국내에서는 초고강도 경량소재 및 공정 기반이 취약하여 대부분의 소재 및 부품 제조 기술을 해외 기술에 의존하고 있는 상황으로, 경량 부품의 확대 적용 및 신시장 창출의 장애가 되고 있다. 현재 고강도 경량화 차량부품 시장은 이미 국내에 진출한 해외 선진 업체들과 기술개발을 통해 비약적인 성장을 거듭하는 중국 신흥업체들의 대규모 점유가 우려된다. 이러한 연유로 앞서 설명한 바와 같이 선진 자동차 메이커와의 품질 경쟁력 확보 및 부품 제조업체의 생존을 위해서는 세계 시장을 선점할 수 있는 고강도이면서 초경량화가 가능한 원가 경쟁력이 있는 초경량 마그네슘 합금의 개발 및 사업화가 반드시 필요한 실정이다.

따라서 마그네슘 합금을 적용하기 위하여 기초 기술개발과 성형공정변수 제어에 관한 연구가 필요하다.

(4) 고인성 마그네슘 합금 적용 Road Wheel

자동차의 탄소 배출 저감 및 연비향상을 위한 대안은 차체 경량화를 통한 최적 설계가 요구된다.

이중 Wheel 과 같이 회전운동을 하여 동력을 전달하는 부품의 경량화는 차체와 같이 정지하고 있는 부품의 경량화에 비하여 연료 효율 향상 측면에서 5~10배 이상의 효과를 얻을 수 있으며, 이는 10%의 자동차 무게 감소 시 연비 6~8%의 향상 효과를 가져올 수 있다.

Wheel의 제조에 사용되는 알루미늄 합금을 마그네슘 합금으로 대체할 경우 비중이 $1.74g/cm^3$로 알루미늄의 2/3 정도 밖에 되지 않아 경량소재로써 단순 비중 비교만으로도 약 33%의 중량 절감 효과를 가져 올 수 있는 적합한 구조용 소재이다.

마그네슘 합금의 Road Wheel 적용을 위하여 Hot Chamber 방식의 저압주조법을 적용하여 안정적 수준의 Road Wheel 주조품 제조 및 강도 특성 향상을 위한 Flow Forming 공정을 적용함으로써 요구 성능을 만족시킬 필요가 있다. 또한 부품의 건전성을 확보하기 위하여 새로운 고품위 저압주조법의 개발과 제조 공정 최적화가 필수적이다.

이러한 고품위 저압주조 공정에는 복잡한 형상을 가진 Road Wheel의 균일한 조직 및 원활한 Feeding을 구현하기 위하여 주입온도, 주입압력, 냉각속도, 금형 재질 등에 대한 공정변수의 상호작용 분석을 통한 조직제어 기술이 필요하다.

조직제어 기술에는 External Field를 부여하는 전자기적 교반법을 적용하여 의가소성(Thixotropic) 성질을 가지도록 제조되었으나, 이에 따른 에너지 소모 및 높은 제조비용 등으로 무교반법을 적용함으로써 주조조직 제어를 통한 등축정 조직 구현 기술의 보유가 필수적이다.

일반적으로 결정립 크기가 작을수록 강도는 증가하는 것으로 보고되고 있으며, 주조용 합금의 경우 100㎛ 이하의 크기를 지향한다. 등축정으로 이루어진 조직의 경우 가공성이 우수하며, 가공 방법에 의한 특성 향상을 이룰 수 있고, 편석 및 응고 수축량이 적어 치수정밀도 우수하기 때문에 조직 제어 기술 및 이를 구현할 수 있는 제조 조건 도출이 필요하다.

등축정 조직을 가진 소재의 경우 이방성이 현저히 감소되어 부품 가공시의 집합조직에 의한 수율감소를 꾀할 수 있으며, 가공성이 우수하여 요구 물

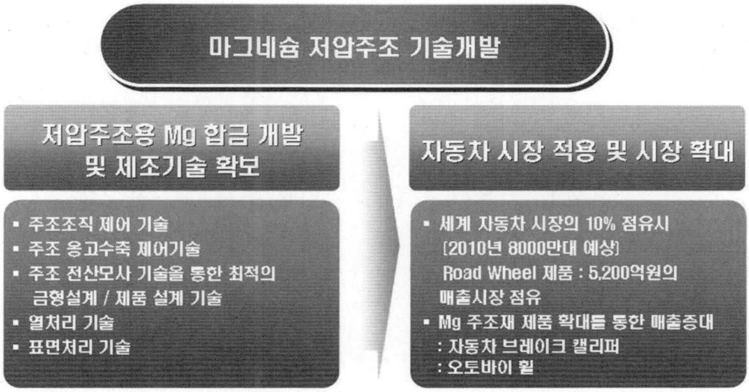

마그네슘 저압주조 기술개발

저압주조용 Mg 합금 개발 및 제조기술 확보
- 주조조직 제어 기술
- 주조 응고수축 제어기술
- 주조 전산모사 기술을 통한 최적의 금형설계 / 제품 설계 기술
- 열처리 기술
- 표면처리 기술

자동차 시장 적용 및 시장 확대
- 세계 자동차 시장의 10% 점유시 (2010년 8000만대 예상) Road Wheel 제품 : 5,200억원의 매출시장 점유
- Mg 주조재 제품 확대를 통한 매출증대
  : 자동차 브레이크 캘리퍼
  : 오토바이 휠

[그림 1.28] 마그네슘 저압주조 공정 개발 및 적용

성 확보를 위한 Flow Forming 공정에 유리하다.

따라서 생산성이 높고, 품질적으로 안정한 기존의 Wheel 생산 방식인 저압주조 공법을 활용하여 가격 경쟁력을 확보하고, 자동차 Wheel에 요구되는 기계적 성질의 향상을 위하여 Flow Forming 기술 접목을 통한 고강도/고인성 마그네슘 소재의 초경량 Road Wheel 개발이 절실히 요구된다.

마그네슘 합금의 저압 주조 기술은 자동차용 Road wheel, Transmission Housing, Cylinder Block, Control Arm, Caliper 등의 기존 알루미늄 저압 주조품을 대체할 수 있다.

마그네슘 합금 저압주조의 응고조직 제어기술, 응고수축 제어, 제품 설계 기술, 열처리 및 표면처리 기술의 확보를 통하여 마그네슘 합금의 수송기계 부품 적용을 확대 시킬 수 있다.

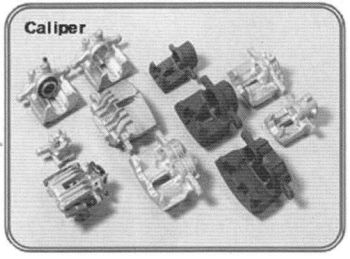

[그림 1.29] 마그네슘 합금 저압주조 적용 부품 예제

[표 1.2] 기술 및 경제 산업적 파급효과

기술적 측면	경제 산업적 측면
- 마그네슘합금 주조 응고수축 제어 기술 확보 - 주조 조직 제어 기술 확보 - 금형 설계 / 제품 설계의 최적화 기술 확보 - 주조 전산모사기술을 통한 경량기술 확보 - 마그네슘합금 최적 열처리 기술 확보 - 마그네슘합금 Flow Forming 기술 확보 - 마그네슘합금 표면처리 기술 확보	- 세계 마그네슘 자동차 휠 산업선도 - 경량화 및 고부가가치 부품 확보 - 자동차 부품의 글로벌 가격 경쟁력 확보 - 국내 부품산업의 고부가가치산업 확대 - 수출주력 산업의 환경 친화성 확대

(5) 고인성 마그네슘 주단조 소재 개발

　현가장치(Suspension)는 차축과 차체를 연결하고, 주행 중 노면에서 받는 충격을 완화하는 섀시스프링과 스트링의 자유진동을 흡수하는 쇽업소버와 자동차가 좌·우로 흔들리는 것을 방지하는 스테이빌라이저 등으로 구성되어 자동차의 승차감을 향상시키는 장치로 구성된다. 이러한 현가장치에는 차축 현가식과 독립현가식이 있으며, 차축 현가식은 좌우의 바퀴가 1개의 차축으로 연결된 형식으로 강도가 크고 구조가 간단하기 때문에 소형트럭이나 대형 차량에서 많이 사용되고 있다. 독립 현가식은 차축 현가식처럼 차축과 현가장치의 구별이 명확하지 않으며 차량의 높이를 낮게 할 수 있어 안정성이 향상되고 스트링 아래 무게가 가벼워 승차감이 향상되어 조향바퀴에 옆방향 진동이 잘 일어나지 않고 타이어 접지성이 좋아 승용차에 많이 사용되고 있다.

　서스펜션 코너모듈은 차체와 타이어 사이에 기구학적으로 공간을 차지하고 있는 시스템으로 도로에서 노면의 상태에 따라 입력 하중과 차량 중량을 서로 완충해주는 스프링 역할을 하며 운전자의 의도에 따라서 바퀴를 조향 혹은 브레이크 할 수 있는 기능을 지닌다. 따라서 서스펜션 코너모듈은 운전자에게 승차감과 동시에 운전 조종성에 영향을 끼치는 중요 시스템 중 하나이며, 특히 너클은 서스펜션 코너모듈에서 차량의 하중 지지와 조향의 중추적인 역할을 하며 자동차 샤시부품 중 보안부품으로 분류되어 중요도에 있어서 가장 우선적이다.

　너클의 소재재질은 일반적으로 강(Steel), 주철(Cast Iron), 알루미늄(Al)

[그림 1.30] 코너모듈 시스템 구성도

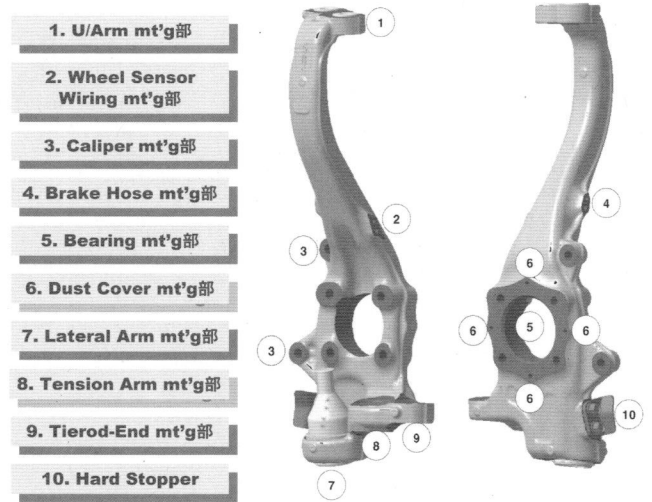

[그림 1.31] 너클 형상 및 명칭

합금으로 제조할 수 있는데, 종래에는 강을 원소재로 한 열간단조공법, 주철를 적용한 중력주조공법이 주류를 이루어 국내외 양산차종에 적용되어 왔다.

(6) 고품위 신 마그네슘 주단조공법 개발

주조라는 복잡한 형상품의 성형 용이성과 단조라는 기계적 성질의 향상을 동시에 가능하게 하는 장점을 지닌 주단조공법을 적용하여, 단조 공정의 절감을 위해 먼저 정밀 설계된 금형을 이용하여 주물 예비성형체를 주조한 후 최종 1회의 단조 공정만으로 제품을 제조하여 단조 공정의 획기적인 절감과 재료의 손실을 최소화 할 수 있는 신기술을 신 마그네슘 소재에 적용이 필요하다.

[그림 1.32] 마그네슘 합금 주단조 공법개발

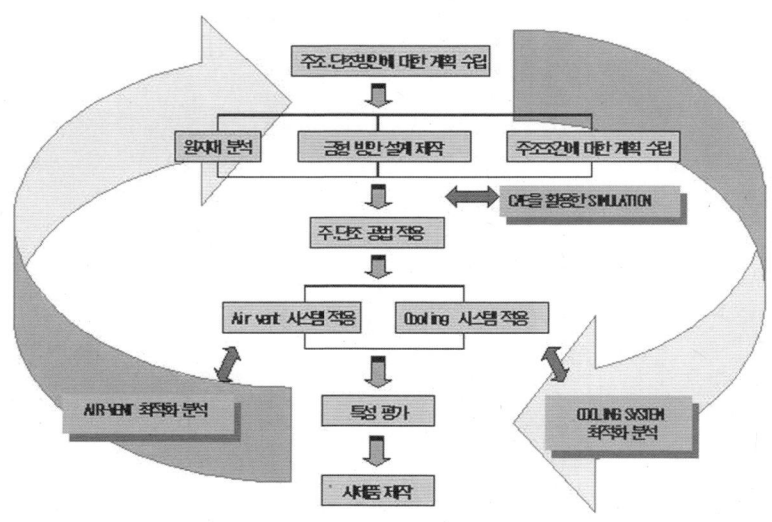

[그림 1.33] 마그네슘 합금 주단조 공법개발내용

[표 1.3] 마그네슘 합금 벌크재 대비 주단조 소재 장점

구분	기존벌크재		주단조 벌크재 (現 Mg적용 사례없음)
	다이캐스팅	단조	
부품화	소형화/박육화	후육화	후육화/대형화
가격	저렴	고가	중간
강도/연신	낮음	높음	중간
내구성	낮음	높음	높음
생산성	높음	낮음	높음
불량율	높음	낮음	낮음
투자비	낮음	매우 높음	중간
설계 자유도	높음	낮음	높음
소재 회수율	높음	낮음	높음

[표 1.4] Mg 주단조공법 적용 시 예상 문제점 및 해결방안

합금 분류	예상 문제점	해결방안	개선효과
주조재	• 소성변형 어려움 　- 미단조 　- 단조 Crack 　- 단조 치수불량 • 기계적특성 낮음	• 주/단조성 겸비한 합금 개발 • 주조 Pre-form 최적 설계 　(소성변형율 고려)	• 고강도 주단조용 신합금개발 • 고치밀화 Mg Bulk재 획득 • 공정단순화에 의한 원가절감 • Mg Bulk재의 대형화/후육화 • 타 부품 확대적용 • 내구피로수명 증대 • 소재 회수율 증대
단조성 양호	• 중력주조성 저하 　- 미성형 　- 표면 및 내부 수축 　- Hot Tearing 　- 유동성 저하 • 소재 회수율 저하	• 중력가압주조방안 개발 　(치밀화/고성형화) • 주조 Pre-form 최적 설계 　(주조유동성 고려) • 주조응고구배 최적화	

▷ 마그네슘 주단조공법의 핵심기술

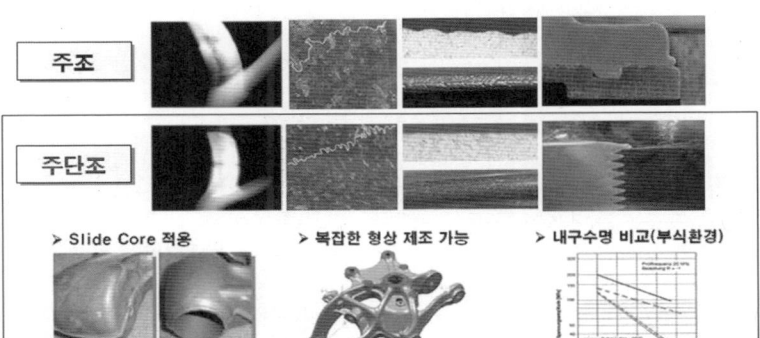

[그림 1.34] 마그네슘 합금 주단조 공법의 장점

▷ 국내·외 제품·기술 및 시장 현황

자동차용 환경기술은 단기적으로는 자동차 배출가스 감소와 고연비를, 장기적으로는 무공해 연료전지 개발을 주요 목표로 한다. 이에 핵심적인 연비 개선을 위해 신소재 개발을 통한 차체의 경량화를 목표로 기술 개발이 이루어진다. 그러나 미국, 일본, 유럽의 경우 많은 부분에서 경량화 소재가 개발 적용되고 있으나 국내에서는 경량화 소재에 대한 연구가 초기 단계에 머물고 있는 실정이다.

- 국내 기술개발 동향

국내의 경우 서스펜션 부품설계와 관련된 기술은 완성차 업체 및 일부 부품업체가 자체적으로 확보하여 제품 생산을 진행 중에 있으나 단품단위의 설계기술 능력만 확보한 상태로 시스템 단위의 통합된 최적화 기술은 확보하고 있지 못한 실정이다. 시험평가와 관련하여 내구 및 NVH 특성 평가는 단품단위의 평가가 자체적으로 진행 중이지만 경량화로 인한 문제점 정의 및 평가기준 설정은 현재 접근하고 있지 못한 실정이다. 차량 경량화를 위한 마그네슘 소재 적용은 부품업체와 완성차 업체가 협력하여 기술을 개발하고 있는 분야다. 그 성과로 기본 성능을 결정하는 기술인자에 대해서는 일정 수준의 기술에 도달하였다. 그러나 현실적 기술이 되는 기계적 특성에 대한 연구나 사용 환경에 대한 연구는 수행되지 못하고 있다. 이는 기계적 특성이나 사용 환경에 대한 연구가 단기간에 쉽게 달성되는 것이 아니고 전문적인 기술 인력과 고가의 분석 장비를 활용하여 이루어져야 한다는 특성에 기인한 면이 있다. 최근 들어 시험 및 분석 장비의 개량을 통해 일정부분 기술개발을 위한 환경은 마련되고 있으나 데이터를 측정하고 목적에 맞게 처리 분석하는 일련의 기술공정은 아직도 초보적인 수준에 머물러 있어 이를 확보하기 위한 노력과 투자가 절실한 상황이다.

- 세계 기술개발 동향

해외의 경우 연비 및 배기가스 등과 같은 자동차 관련 규제가 강화됨에 따라 이를 만족시키기 위한 기술개발이 활발히 진행되고 있다. 특히 저연비 차량에 대한 요구가 증가하면서 부품 경량화를 위한 다각적인 노력이 진행되고 있다. 미국의 경우, 자동차 기업의 평균 연비를 규정한 CAFE(Corporation Average Fuel Economy)규제가 강화됨에 따라 저연비 차량을 구현하기 위한 부품 경량화 기술개발이 진행 중에 있으며, 유럽, 일본에서도 강화된 규제를 충족시키기 위한 노력이 진행 중에 있다.

한편, 선진 자동차 업체의 경우 차량 개발과정에 그 동안의 경험과 체계적인 프로세스 정립을 통해 획득한 독자 설계기반이 구축되어 있어, 차량 경량화 및 모듈화 관련 기술에 적극 활용하고 있다. 설계 및 시험평가에 사용자 조건에 대한 다양한 실험과 분석 작업을 통해 취득한 데이터를 활용하고 있고, 또한 그에 따른 분석 및 데이터 처리 기술을 개발하여 활용하고 있으며 더 나아가 이를 상품화한 해석 프로그램 등을 후발 자동차 업계에 판매하고 있는 상황이다.

현재 선진업체에 의해서 개발되어 적용되고 있는 마그네슘 소재 부품으로는 로드휠, 스티어링 휠, 스티어링 컬럼 및 락 하우징, 페달브라켓, 트랜스미션 및 클러치 하우징, 인렛매니폴드, 밸브커버 등이 있으며, 마그네슘 소재 채택은 지속적으로 증가하는 추세다.

(7) 마그네슘 고진공 다이캐스팅 적용 쇽업쇼버

쇽업쇼버는 국내에서는 전량 철계 소재로 생산되고 있어 마그네슘으로의 재질변경이 이루어질 경우 경량화 효과가 매우 크며, 유럽에서 일부 양산중인 알루미늄 재질의 쇽업쇼버와 비교하여도 경량화 효과가 높기 때문에 신규시장을 선점할 수 있다.

3. 경제·사회적 중요성

녹색기술에 기반한 녹색산업 육성이 세계 경제의 새로운 패러다임으로 자리매김함에 따라 녹색성장의 기반이 되는 녹색소재의 중요성이 급증하고 있다.

국내 GDP의 2.3%, 총 수출액의 13% 이상을 차지하는 자동차산업의 경우 각종 환경규제에 대응하기 위한 기술개발이 절실하게 요구되고 있으며, 마그네슘 소재는 차체 경량화를 통해 배기가스 배출 저감 및 연비 향상을 동시에 달성할 수 있는 대표적인 녹색소재로 점차 치열해지고 있는 그린카 개발 경쟁에서 국내 자동차산업이 생존하기 위해 고특성 마그네슘 소재 관련 기술 확보가 절실하다.

유럽, 미국, 일본 등 선진국은 차세대 전략소재로 마그네슘 소재산업을 육성하기 위해 집중적인 투자를 하고 있으며, 중국, 호주 등 자원부국(資源富國)은 시장지배력을 지속적으로 확대, 유지하기 위해 자원무기화를 추진하고 있어 국내 마그네슘 소재산업의 생존과 육성을 위해서는 기술적으로 차별화된 고부가가치 마그네슘 소재 관련 기술이 이 필요하다.

고특성 벌크 마그네슘 소재의 경우 전 세계적인 기술 수준이 개념 정립 및 실용화 초기 단계에 머물러 있어 핵심 요소기술 및 실용화기술 선점 시 독점적인 시장지배력 확보 가능성이 매우 높으며, 그린카 개발 경쟁 가속화로 급속한 시장 확대가 예상되는 신성장동력산업으로 국가경제의 지속적인 성장과 고용 창출, 소재 분야 무역역조 개선을 위해 집중적인 육성이 필요하다.

자동차 부품의 글로벌 가격 경쟁력 확보와 국내 부품산업의 고부가가치산업으로 매출증대를 이룰 수 있으며 세계시장 선점 및 글로벌 부품 조달이 가능하게 된다.

4. 환경 측면

환경 친화적 공정개발로 환경보호와 부품의 경량화로 인한 자동차 연비향상으로 이산화탄소 배출량을 감소 시킬 수 있다.

재활용에 소요되는 에너지가 철계합금 대비 크게 감소하게 된다(마그네슘 용해온도 : 600℃, 철계합금 용해온도 1,550℃).

5. 파급효과

기존의 마그네슘 벌크재료와는 차별화된 고특성 마그네슘 합금 관련 핵심 요소기술과 실용화 기술 확보로 국내 마그네슘 소재 산업의 경쟁력 강화와 고부가가치 마그네슘 소재 시장 진입 및 점유율을 확대 할 수 있다.

금속소재의 특성 향상을 위한 기발 기술과 국내 2대 제조업인 자동차와 전산산업의 국제 경쟁력 강화에 기여할 수 있을 뿐 아니라 생활가전, 산업용기기, 스포츠, 레저, 군수용품, 의료기기, 로 봇 등으로 적용 분야를 확대할 수 있다.

자동차 분야뿐만 아니라 향후에 성장 잠재력이 큰 우주 항공, 로봇 및 고속전철 등의 신규 부품 시장분야에도 새로운 고강도 초경량소재에 대한 요구가 증대 될 것으로 전망되어 국내 관련 사업 추진의 개발기간 단축 및 제조원가 경쟁력을 바탕으로 파급효과가 클 것으로 예상된다.

6. 목표시장 확대 적용 방안

향후 수요를 고려하여 빌릿 및 압출 형재 제조 · 단조 및 주조재 부품화 기술의 개발을 순차적으로 추진할 필요가 있다.

현재 목표 시장을 수송기기 중에서 가장 대표적이라 할 수 있는 자동차 부품에 초점을 두고 기술개발 단계별로 경량 자동차 부품으로의 적용을 위한 기술개발 계획을 수립하여야 한다. 자동차 부품의 경우 높은 기술 수준을 요구하고 있기 때문에, 기술 개발의 성공 시 타 산업분야로의 적용은 추가적인 기술개발

기간을 최대한 단축하여 상용화 적용이 가능할 것으로 판단된다.

특히 현재 녹색성장산업의 일환으로 추진 중인 경량 고부가가치 자전거 프레임용으로의 상용화 적용이 1단계 종료 후 가시화 될 것으로 판단된다. 이에 따라 자전거용 알루미늄 압출 프레임, 자전거 크랭크용 단조재, 기타 주조재의 적용이 활발히 이루어 질 것으로 판단된다.

[그림 1.35] 기술개발 시 예상되는 파급 효과 분야

또한, 철도차량 분야의 경우 현재 개발 중인 자기부상열차 및 차세대 고속철도 등 신개념 경량 철도차량에서 Roof Frame, Side Frame 등의 차체 Frame에 단계적으로 적용될 것으로 예상되며, 전술교량과 같은 방위산업용 구조재로의 적용도 가시화 될 것으로 판단된다.

건축용 자재의 경우, 기존 알루미늄 또는 플라스틱 새시 및 구조물을 대체하여 커튼월 및 새시 분야에서 적용이 확대될 것으로 예상되며, 특히 최근 이슈가 되고 있는 LCD, LED TV 등 전기전자 부품에서 경량 Frame의 적용이 확대되고 있기 때문에 마그네슘의 성공적인 사업화를 위한 충분한 잠재적 시장성을 확보할 수 있다고 판단된다.

제2장 마그네슘 단조 기술 개발의 목표 및 내용

01_ 기술개발의 목표 및 내용

기술개발의 **목표** 및 **내용**

1. 고정밀 마그네슘 압출 기술 개발

가. Hollow & Solid Easy Flow 마그네슘 합금용 압출 금형 개발

해외 선진업체 벤치마킹 및 상용, 신합금 마그네슘 합금의 특성 분석을 통한 CAE 해석을 실시하여 압출 성형성이 우수하도록 금형의 설계 및 제작을 진행하였다. 특히 마그네슘 합금의 고온 유동응력 평가 및 고온 압축 시험을 통하여 고온 물성치를 확보하고 이를 DB화 하였다. CAE 해석 및 실제 테스트를 통한 성형 특성 및 성형 한계를 도출하고 이에 따른 최적의 고속 마그네슘 합금용 압출 금형 설계 및 제작 기술 확보가 필요하다.

나. 고온 Easy Extrusion 기술 개발

CAE 해석을 통한 압출 금형 설계안 Feed Back 및 압출 조건에 따른 CAE

해석을 수행하여 압출하중 및 결함 발생에 의한 제한을 결정하여 압출한계를 결정하게 된다. 이를 토대로 압출 공정설계를 하고 개발하고자 하는 부품의 형상에 따라 압출을 실시하여 각 단품별 최적 Operating Window를 확보할 수 있다. 특히 압출 공정시 컨테이너, 압출 금형 등의 온도 조건을 컨트롤하여 최고의 품질을 확보할 수 있는 등온 압출 공정 개발과 압출봉재 전반에 걸쳐 균일한 기계적 특성 및 고정밀 치수를 확보하기 위한 정밀압출 시스템이 필요하다. 또한 마그네슘 압출시 높은 압출 압력에 의한 생산성 저하를 위해 고온에서 Easy Extrusion이 가능하도록 금형의 가열 기술과 냉각 기술을 접목하면 기술의 완성도를 극대화 할 수 있다.

다. 마그네슘 Modify 합금 압출봉재 특성 평가 기술 개발

개발하고자 하는 부품의 요구 특성을 만족하고 소성변형 시 발생되는 잔류응력 제거를 위한 열처리 공정에 따른 미세조직 제어를 통하여 보다 우수한 특성을 확보 할 수 있다.

라. 빌릿 제조 기술과 고강도 마그네슘 압출 기술 개발

압출 기술 적용을 통한 수송기기용 고강도 Mg 합금의 부품 제작을 위해서는 압출 원소재인 Mg 빌릿 주조 기술개발과의 기술 협력이 반드시 필요하며, 주조된 빌릿을 이용한 압출 성형성 평가 및 제작 기술 결과를 Feed Back 함으로써 고강도 Mg 빌릿 주조 기술 개발에 반영하여 개발의 완성도를 극대화할 필요가 있다.

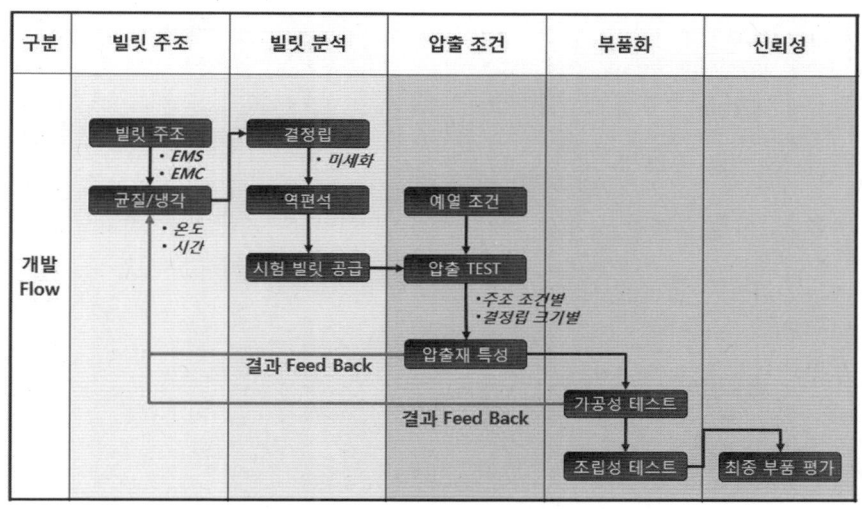

[그림 2.1] 빌릿 제조 기술과 고강도 Mg 압출 기술

압출 시 압출 성형성은 원소재(빌릿)의 균질화 처리에 따라 큰 차이를 나타낸다. 일반적으로 균질화 처리에 따라 압출압력은 최대 40% 이상 감소하는 것으로 나타나므로 난성형성 소재인 Mg의 성형성 확보를 위한 균질화 처리 조건 및 성형성 결과 Feed Back을 통한 압출 성형성을 확보할 수 있다. 또한 압출 초기 빌릿 결정립 크기에 따른 압출 성형 후 기계적 특성 평가를 통하여 빌릿 주조 기술과 압출 성형 기술의 상호관계를 규명할 필요가 있다.

2. 고정밀 마그네슘 단조 기술 개발

가. 마그네슘 고온 성형 공법 개발

선진업체의 공법에 대한 검토를 통하여 단조품의 형상에 대한 공법들의 타당성을 분석하고 기술동향자료를 분석하였다. 단조품에 적용이 적합한 공정을 개발하고 성형해석을 수행하여 성형하중 및 성형특성을 분석하였다. 해석결과로부터 공법에 대한 중요변수에 대한 성형특성 및 성형한계를 도출하였다. 이를 바탕으로 성형공법의 개발에 대한 Process를 수립하고 공정 Factor의 도출 및 공법개발에 대한 기술을 축척하였다.

나. 금형 개발 및 시뮬레이터 제작

개발된 공법을 바탕으로 제품의 생산에 필요한 금형의 구성요소에 대한 세부적인 설계를 수행, 금형설계기술 및 제작된 금형에 대한 검사기술을 확립하였다. 시뮬레이터와 시작금형의 제작을 통해서 Pilot 제품과 성형해석 간의 성형성을 비교 검증을 위한 시제품 제작을 수행하였다. 이를 바탕으로 금형설계기술 및 성형공법에 대하여 수정 및 보완하였다.

다. 마그네슘 단조 소재의 롤포밍 기술 개발

현 단조품 적용에 적합한 최적형상의 Preform 제작을 위한 롤포밍 기술을 개발하고 성형해석을 수행하여 성형하중 및 성형특성을 분석한다. 해석결과로부터 롤포밍 공법에 대한 중요변수를 도출하고, 이를 바탕으로 롤포밍 공법의 개발에 대한 Process 수립한다. 개발된 공법을 바탕으로 제품의 생산에 필요한 금형의 구성요소에 대해 세부적인 설계를 수행하고, 금형설계기술 및 제작된 금형에 대한 검사기술을 확립한다. 롤포밍 시뮬레이터와 롤포밍 시작금형의 제작을 통해서 Pilot 제품과 성형해석 간의 성형성을 비교 검증한다. 이를 바탕으로 금형설계기술 및 롤포밍 공법에 대해 수정 및 보완한다. 이러한 소재의 최적화를 통해 단조용 소재의 수율을 향상시킴으로써 원가를 절감한다.

라. 단품 정강도 및 내구 시험

실차 조건에서 발생할 수 있는 최악조건의 해석조건에서 강도가 보증된 모델의 시제품을 제작하여 단품, 모듈 정강도 및 내구 테스트를 거쳐 신뢰성에 대해 검증하는 과정이 필요하다.

마. 제품의 사업화

시작 금형 및 시뮬레이터에 대한 기술을 바탕으로 양산성을 고려한 공정의 배치 및 공정간 이송에 대한 자동화를 검토하여 양산성 및 자동화에 필요한 요소기술들을 개발한다. 또한 해외 Tool의 벤치마킹, 금형 파손의 주요 원인 등의 분석결과 도출을 통한 금형 수명 향상기술 및 최적화된 금형을 개발한다.

3. 고인성 마그네슘 합금 저압주조 기술개발

가. Road Wheel 주조공법 도출

마그네슘 합금의 주조 응고수축 및 조직 미세화를 위하여 주조방안을 설계 하기 전 오류와 시행착오 등을 줄일 수 있는 주조방식을 결정하고 마그네슘 용탕의 반응성 감소를 위한 Hot-Chamber 구현 및 보호 Gas 농도 설정한다. 마그네슘 합금을 이용한 주조공법 도출이 필요하다.

나. 주조조직 제어 및 응고수축 제어 기술

마그네슘 합금 주조조직 제어를 통한 등축정 조직 구현 조건 도출을 위한 주입온도, 용탕 유지 온도 및 시간에 따른 응고조직 분석과 열역학 전산모사 기법을 활용한 마그네슘 합금 응고 거동 분석이 필요하게 된다. 냉각속도에 따른 Residual Stress 및 수축률 DB 확보와 마그네슘 합금 원소 조성에 따른 비평형 응고 거동 조사 등 이루어져야 한다.

다. 주조 공정 도출 및 최적화

Lab scale의 실험 및 시제품에 대한 분석 결과 처리에 분산분석 및 회귀분석을 실시하여 통계적 기법을 적용함으로써 최적화 조건 및 재연성 확보와 양산시스템 구축에 있어 6-SIGMA 및 Taguchi 강건 설계 기법을 이용할 수 있다.

라. 고인성 합금 개량화

열역학적 전산모사 기법을 적용한 원소비에 따른 비평형 응고 거동 및 온도 차이에 따른 변화(Temperature Sensibility)분석과 고체와 액체가 공존하는 영역 확대, 온도와 고상분율(Solid Fraction)정량화가 필요하며 발화 온도 억제를 위한 최적 Ca 첨가량 도출이 중요하다.

마. Flow Forming 및 가공 열처리 조건 도출

열분석 결과를 바탕으로 Annealing 조건 및 Road Wheel Preheating 온도 설정과 Flow Forming 공정 변수에 따른 Strain Quantity vs. Preheating 온도에 따른 Road Wheel 부위별 미세조직 크기 분석이 중요하다.

또한 전용 치공구 설계 및 제작을 통한 가공 열처리 변형 최소화와 열처리 온도 및 시간에 따른 경화 거동 분석이 필요하며 산화 방지를 위한 Argon gas 분위기 최적화가 요구된다.

바. 특성 평가 및 신뢰성 평가

Road wheel 요구 spec 및 JIS, ASTM – Metal Testing 규격 적용이 적용되고 있다.

사. 표면 처리

일반적인 화성처리 및 양극산화법에 의한 Zr, Ti 피막 형성과 후속 표면처리(분체도장, Color & Clear coating) 조건이 필요하다.

아. 결과 공유 및 Feed Back을 통한 상호 학습 구축

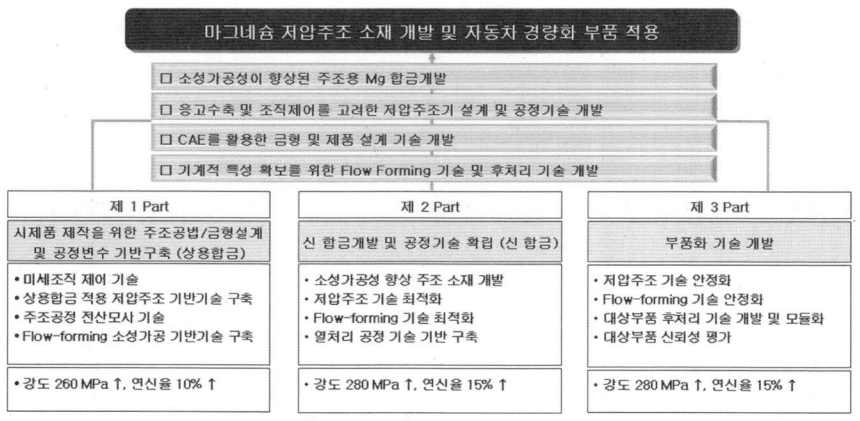

[그림 2.2] 고인성 Mg 합금 Road Wheel 개발 추진 방법

4. 고인성 마그네슘 주단조 소재개발

가. 고인성 마그네슘 신합금 개발

고인성/고품위 수송기기용 신 마그네슘 합금 개발을 위하여 국내/외 마그네슘 합금 수송기기부품의 적용사례 및 기술수준을 파악하여 해결 할 수 있다.

나. 고품위 신 주단조공법 개발

마그네슘 합금의 주조 유동성 및 성형성 확보한 주조공법을 선택하여 건전한 예비 성형체를 형성시키기 위해 마그네슘 용탕 및 주조공정조건, 주조방안, 및 금형냉각 등 수송기기용 마그네슘 합금 주조공정조건이 중요하다.

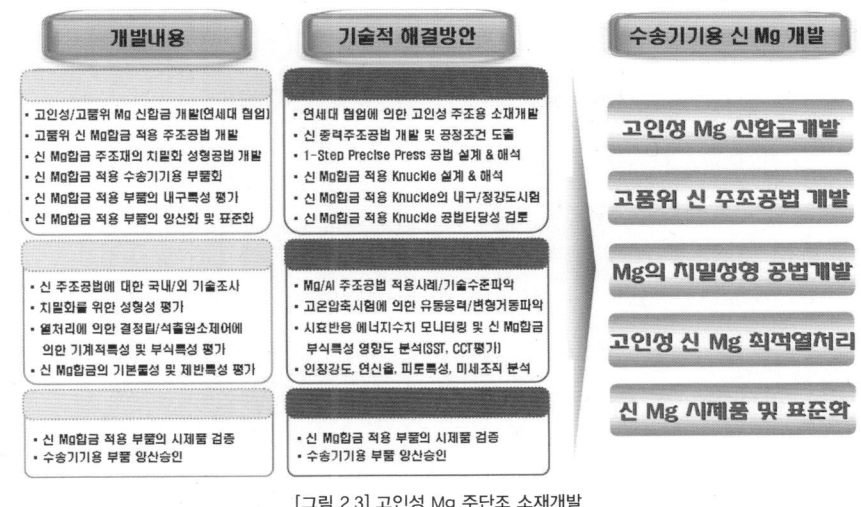

[그림 2.3] 고인성 Mg 주단조 소재개발

다. 신 마그네슘 치밀성형 공법 개발

주조공정에 발생될 수 있는 수축결함, 가스혼입, 기포결함을 최소화하며, 고품위 신 마그네슘 소재를 확보하고자 주조재에 대한 소성변형공정을 추가하여 고치밀화를 도출할 수 있다. 시편을 채취하여 고온 압축 소성거동과 유동응력을 평가하여 수송기기용 부품에 적용가능성을 알아볼 수 있다.

라. 고인성 신 마그네슘 최적열처리

신 마그네슘 합금에 대해 시효시간에 따른 표면경도 분석, 합금별에 따른 시효곡선 Profile 차이, 시효온도별 시효경화분석 등 시효경화에 따른 열처리 공정 분석과 이를 바탕으로 시효반응의 에너지수치를 이용하여 경도 모니터링 및 경도제어와 고인성 확보 열처리 공정 개선 기술이 필요하다.

마. 신 마그네슘 시제품 및 표준화

신 마그네슘 합금 물성특성과 고품위 중력주조공법을 도입하여 Proto Type 너클의 주조 및 단조 성형성 평가와 시제품의 기본물성평가를 통해 Pilot 너클 설계, 생산공정 개선 및 양산 표준화하고자 한다.

5. 마그네슘 고진공 다이캐스팅 기술개발

가. 수송기기용 고강도 마그네슘 합금 벌크소재 개발

고인성 주조용 합금은 인장강도 280MPa, 연신율 15이상, 가스함유량은 3cc/100g 특성으로 제조할 수 있는 공법이 필요하다.

나. 마그네슘 고진공다이캐스팅 공법 개발

현재 일부 다이캐스팅 선진업체에서 시도되고 있는 알루미늄 고진공다이캐스팅공법을 마그네슘에 확장 적용하여 고인성 마그네슘합금을 효율적으로 부품을 제조할 수 있는 공법개발이 필요하다.

다. 마그네슘용 고진공금형 개발

개발된 공법을 바탕으로 제품의 생산에 필요한 금형의 구성요소에 대한 세부적인 설계를 수행, 금형설계기술 및 제작된 금형에 대한 검사기술이 요구된다. 시작금형의 제작을 통해서 Pilot 제품과 성형성 비교 검증을 위한 시제품 제작이 필요하다. 이를 바탕으로 금형설계기술 및 제조공법에 대한 수정 및 보완이 필요하게 된다.

라. 단품 정강도 및 내구 시험

실차 조건에서 발생할 수 있는 최악조건의 해석조건에서 강도가 보증된 모델의 시제품을 제작하여 단품, 모듈 정강도 및 내구 테스트를 거쳐 신뢰성에 대해 검증하는 과정 필요하다.

마. 제품의 사업화

시작 금형 및 시뮬레이터에 대한 기술을 바탕으로 양산성을 고려한 공정의 배치 및 공정간 이송에 대한 자동화를 검토하여 양산성 및 자동화에 필요한 요소기술들이 중요하다. 또한 해외 Tool의 벤치마킹, 금형 파손의 주요 원인 등의 분석결과 도출을 통한 금형수명 향상기술 및 최적화된 금형개발이 필요하다.

제3장 마그네슘 합금 정밀 단조 기술

01_ 마그네슘 합금의 고온 변형관련 문헌 조사
02_ 선진제품 벤치마킹
03_ 변형률-미세조직 연계 단조공정 기초연구

마그네슘 합금의
고온 변형관련 문헌 조사

1. 문헌 조사

실용 합금 가운데 가장 가벼운 마그네슘 합금은 비중이 철의 1/4.5, 아연의 1/4, 그리고 경량화 합금의 대표적인 알루미늄의 2/3 정도로 실용 합금 중에서 비중이 가장 작고 비강성, 비강도가 좋아 자동차와 항공기 등의 경량부품으로 주목을 받고 있다. 이와 같이 우수한 특성에도 불구하고 마그네슘 합금의 사용은 알루미늄에 비하여 매우 저조한 실정인데 그 원인은 가격적인

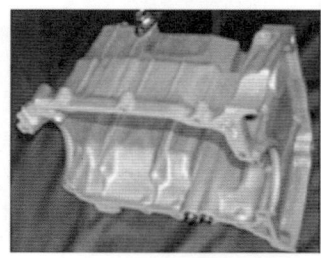 

[그림 3.1] 다이캐스팅 제품(좌), 틱소 몰딩제품(우)

문제와 함께 결정구조가 조밀육방정이기 때문에 소성변형이 용이한 슬립면 (Slip)이 한정되어 상온에서 연성이 낮아 상온 가공이 곤란하기 때문이다. 따라서 마그네슘을 이용한 주요 제품은 주로 다이캐스팅이나 틱소몰딩법에 의해서 제작되고 있다.

이와 같이 결정구조에 의한 낮은 성형성을 극복하고 소성가공을 이용한 사용영역을 넓히기 위해서 결정립 미세화 및 성형성 향상, 온간성형공법 개발 등 다양한 영역으로 연구가 진행되고 있다.

마그네슘 합금은 225℃ 이상에서 상온슬립기구 외에 다양한 슬립기구가 변형에 참가하게 되며 이로 인해 성형성이 증가하게 된다. 마그네슘 소재를 이용하여 225℃ 이상의 각각의 균일한 온도조건에서 Strain Rate에 따른 압축시험

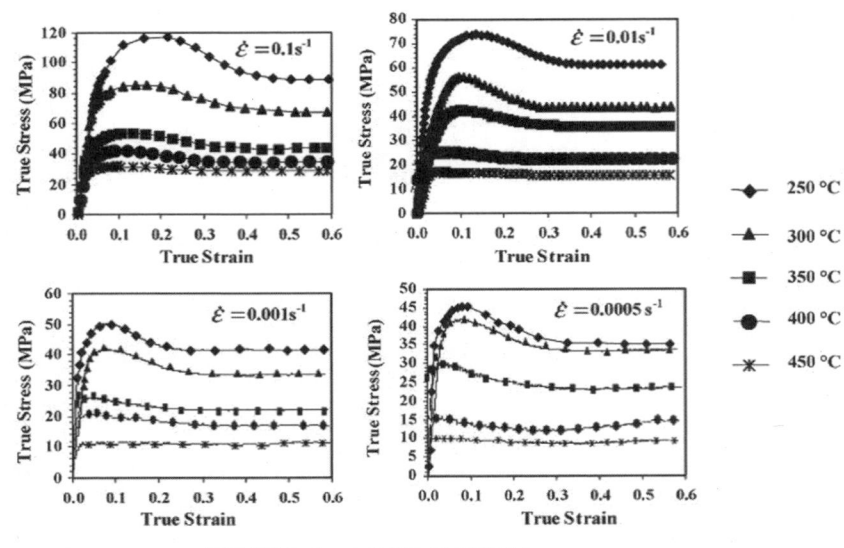

[그림 3.2] Strain rate에 따른 유동응력 곡선

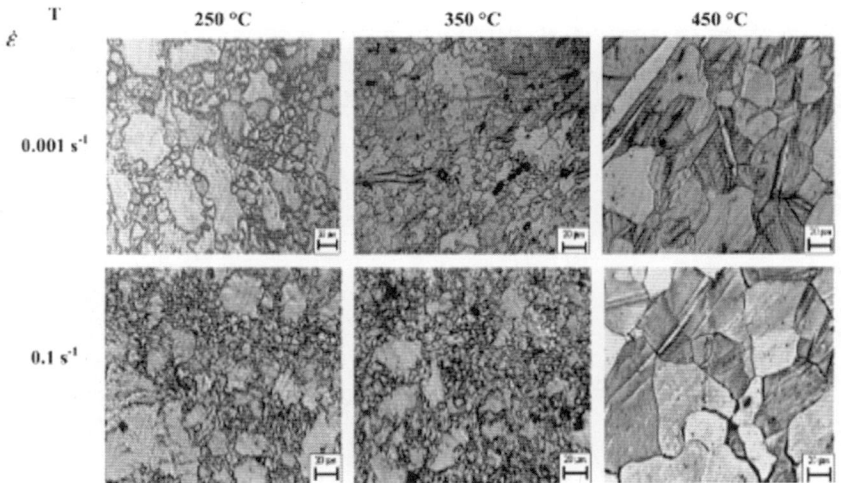

[그림 3.3] 온도와 속도에 따른 결정 변화

을 수행하였을 경우 고온의 조건에서 Strain Rate가 느릴 경우 재결정에 따른 가공연화의 영향을 받아 연성의 증가와 성형하중이 감소하는 것을 볼 수 있다.

일반적으로 마그네슘 합금의 재결정은 유동응력 및 온도의 영향을 받으며, 변형온도가 낮을수록 유동응력의 크기가 높아지므로 재결정립의 크기는 미세하게 변형되며, 결정립의 크기 편차는 커지게 된다. 동일한 변형속도 조건에서는 변형온도가 높아질수록 재결정립의 성장속도가 증가하여 재결정에 의한 결정립 조대화로 인한 성형성의 저하를 야기 시킬 수 있다. 따라서 우수한 성형성 및 기계적 특성을 얻기 위해서는 적절한 온도 및 변형률 속도 제어를 통한 균일한 결정립분포를 얻는 것이 중요하다. 이러한 마그네슘의 특성으로 인해 표 3.1과 같이 균일한 결정립을 가지는 압출소재가 단조품보다 우수한 기계적 특성을 가지는 것을 볼 수 있다.

[표 3.1] 각종 마그네슘 합금의 기계적 특성

Alloy	form	Tensile strength		Tensile yield strength(l)		Elongation (II)	Hardness		Shear strength		Compressive yield strength(l)	
		MPa	ksi	MPa	ksi	%	HB(III)	HRE	MPa	ksi	MPa	ksi
AZ31B	Extrusion	255	37	200	29	12	49	577	131	19	97	14
	Forging	262	38	172	25	15	50	59	131	19		
	Sheet: hard rolled	290	42	221	32	15	73	83	159	23	179	26
AZ61 A	Extrusion	303	44	207	30	16	60	71	138	20	131	19
	Forging	296	43	179	26	12	55	66	145	21	124	18
AZ80A-T5	Extrusion	379	55	276	40	7	80	88	165	24	241	35
	Forging	345	50	248	36	6	72	82	159	23	193	28
ZK60A-T5	Extrusion	352	51	283	41	11	82	88	179	26	248	36
	Forging	303	44	214	31	16	65	77	165	24	159	23

[표 3.2] 각종 마그네슘 합금의 단조 조건에 따른 기계적 특성

ALLOY (TEMPER)[a]	FORFING TEMPERATURE(℃)		TYPICAL MECHANICAL PROPERTIES[b]				OTHER[c]	
	Product	Die	TYS(MPa)	UTS(MPa)	Elong(%)	CYS(MPa)	WELD-ABILITY	CORR. RESIST
AZ31(F)	290~345	260~315	195	260	9	85	E	G
AZ61(F)	315~370	290~345	180	295	12	115	G	G
AZ80(T6)	290~400	205~290	250	245	5	185	G	G
ZK60(T6)	290~385	205~290	270	325	11	170	NR	F

a) Temper condition affects mechanical properties
b) Longitudinal direction - TYS = tensile yield tress; UST = ultimate tensile strength; Elong.= tensile elongation; CYS = compressive yield stress
c) Relative ratings: E = excellent; G = good; F fair; NR= not recommended

표 3.2는 마그네슘 합금의 종류에 따른 물성차이와 함께 단조작업이 가능한 소재의 온도와 금형의 온도범위를 나타낸 것이다. 표에서 보는 바와 같이 마그네슘은 합금의 종류에 따라 각각의 성형가능 구간을 가지며, 기계적 특성 또한 많은 차이를 보이는 것을 알 수 있다.

이와 같이 마그네슘 합금 단조는 첨가되는 합금 성분부터 소재 및 금형의 온도에 이르기까지 다양한 조건을 고려하여야 하며 특히 다양한 조건 변화를 통한 최적 단조 조건을 도출하는 것이 중요할 것으로 판단된다.

2. 특허조사

마그네슘 합금의 단조와 관련된 선행 특허조사를 아래와 같이 실시하였다. 조사된 많은 특허 중 마그네슘 합금 단조용 소재 및 단조 공법에 관한 특허조사로 조사내용을 한정하였으며 국내를 비롯하여 일본, 미국, 유럽에 출원 및 등록된 특허 대부분이 일본특허로 조사되었다. 조사된 특허 내용은 다음과 같이 이루어져 있다.

① 단조 성형성이 우수하고 인장 강도 및 내식성을 향상시킨 마그네슘 합금 소재 및 그 제조 방법
② 평균 결정 입자 지름의 크기를 한정하여 물성이 높은 마그네슘 합금의 성형 방법
③ 균열이나 파단이 생기지 않은 단조 가공을 행할 수 있는 마그네슘 합금의 단조 가공 방법
④ 우수한 형상 정밀도를 확보할 수 있는 마그네슘 합금의 정밀 단조 가공 방법

가. 국내 특허

마그네슘 단조 공법 및 단조용 마그네슘 합금관련 특허 검색을 1차로 〈(마그네슘* or 마그네시움 or Mg) and (단조* or 포징 or forge*)〉 검색 식을

사용하여 총 109건을 검출하였으며, 이중 IPC번호(국제특허분류번호)를 통해 연관성이 있는 5건의 특허를 조사하였다. 참고로 검색된 내용 중 마그네슘 주조 및 판재, 박판, 나사 및 알루미늄 합금에 관한 특허는 제외시켰다. 5건의 특허 중 특허 4건에 대한 출원국은 일본이고 특허 1건에 대한 출원국은 중국이다. 아래에 검색된 특허의 분석한 내용을 정리하였다.

[표 3.3] 마그네슘 단조기술과 관련된 특허 조사_한국

명칭	출원번호 (출원일)	대표청구항(청구항 1항)	대표도면
단조 성형품 및 그 제조 방법	2000-0039478 (2000.07.11)	리튬 β상 구조를 가지는 리튬 함유 마그네슘 합금을 성형함으로써 얻어지는 것을 특징으로 하는 단조 성형품	
마그네슘 합금, 그 단조 성형품 및 마그네슘 합금의 단조성형 방법	2000-0043990 (2000.07.29)	6 내지 10.5 중량%의 리튬과, 4 내지 9 중량%의 아연 및 나머지 잔량의 마그네슘을 포함하는 것을 특징으로 하는 마그네슘 합금	
마그네슘합금의 성형 방법	2003-0015392 (2003.03.12)	알루미늄함유량이 2~10질량%인 마그네슘합금을 주조하여 결정입자지름이 30㎛이하인 주조품을 얻고, 이 주조품을 그 조성에서의 고용온도와 고상선 범위의 온도에서 용체화처리한 후, 단조하여 결정입자지름 10㎛이하인 단조품으로 하고, 이 단조품을 원하는 형상으로 더욱 단조하는 것을 특징으로 하는 마그네슘 합금의 성형방법	
마그네슘 합금 제품 가공 방법 및 제조 공정	2005-0055069 (2005.06.24)	단조 성형 절차를 거쳐 본래의 마그네슘 합금 재료를 예기된 제품 형태로 가공하는 것을 특징으로 하는 마그네슘 합금 제품 가공 방법	
마그네슘합금 소성 가공품 및 그 제조 방법	2007-0120092 (2007.11.23)	상온 및 고온에서의 기계적 특성에 뛰어나고, 또, 단조성에 뛰어나고, 또한 비교적 저렴한, 마그네슘합금 단조소재 및 단조부재 및 상기 단조부재의 제조방법을 제공	

나. 해외 특허

(1) 일본 특허

마그네슘 단조 공법 및 단조용 마그네슘 합금관련 특허 검색을 1차로 〈(마그네슘* or 마그네시움 or Mg) and (단조* or 포징 or forge*)〉 검색식을 사용하여 총 872건을 검출하였으며 이중 IPC번호(국제특허분류번호)를 통해 연관성이 있는 12건의 특허를 조사하였다. 참고로 검색된 내용 중 마그네슘 판재, 박판, 나사 및 알루미늄 합금에 관한 특허는 제외시켰다. 11건의 특허에 대한 출원국은 일본이다. 아래에 검색된 특허의 분석한 내용을 정리하였다.

[표 3.4] 마그네슘 단조기술과 관련된 특허 조사_일본

명칭	출원번호 (출원일)	대표청구항(청구항 1항)	대표도면
고강도 마그네슘 합금제의 열간 단조품 및 그 제조 방법	1996-076175 (1996.03.29)	(a)가돌리늄 또는 디스프로시움 4~15 중량%, 및 (b)칼슘, 이트리움 및 란타노이드 (a)성분을 제외된 군으로부터 선택된 적어도 1종의 원소 0.8~5 중량%를 함유하고, 잔부가 마그네슘과 불가피의 불순물으로 되고, 실온 강도 및 고온 강도가 뛰어나는 마그네슘 합금제의 열간 단조품.	
소성 가공용 마그네슘 합금 주조 소재, 그것을 쓴 마그네슘 합금 부재 및 그것들의 제조 방법	1994-081925 (1994.04.20)	아래와 같은 합금 원소를 포함하고,남은 물건이 Mg과 불가피 불순물으로 이루어지는 마그네슘 합금으로 이루어지고,금속 조직의 평균 결정 입자 지름이 200미크론 m 이하인 단조 성형성이 우수하는 소성가공용 마그네슘 합금 주조 소재. Al : 6.2~7.6mass% Mn : 0.15~0.5mass% Zn : 0.4~0.8mass% Sr : 0.02~0.5mass%	
마그네슘 합금 및 그 단조 방법	2000-0043990 (2000.07.29)	6~10.5 중량%의 리튬을 함유하고, 잔부가 마그네슘과 불가피의 불순물으로 된 마그네슘 합금에 있어, 내부왜를 부여하고, 그 후, 200~300℃로 30분 ~2시 간 열처리를 행한 것을 특징으로 한 마그네슘 합금.	

마그네슘 합금 부재의 열간 단조 성형 방법	2001-107807 (2001.02.28)	열간 압출 성형한 마그네슘 합금 소재를 금형에 의하고 구속하고, 약 200mm/초 이상의 속도로 프레스 하여 열간 단조 성형한 것을 특징으로 한 마그네슘 합금 부재의 열간 단조 성형 방법.	
마그네슘 합금의 성형 방법	2002-067184 (2002.03.12)	알루미늄(aluminium) 함유량이 2~10 질량%의 마그네슘 합금을 주조하고 결정 입자 지름이 30 미크론 m 이하의 주조품을 얻고, 그 주조품을 그 조성으로의 고용 온도와 고체 상태 선의 범위의 온도로 용체화 처리한 뒤, 단조하고 결정 입자 지름 10미크론 m 이하의 단조품으로 하고, 이 단조품을 원하는 형상에 또한 단조하는 것을 특징으로 하는 마그네슘 합금의 성형 방법.	
열간 가공에 의하여 제작되는 내열 마그네슘 합금 및 그 제조 방법	2005-258602 (2005.09.06)	(a)가돌리늄 또는 디스프로시움 4~15 중량%, 및(b)칼슘, 이트리움 및 란타노이드 [(a)성분을 제외한다] 때문에 된 군으로부터 선택된 적어도 1 종의 원소 0.8~5 중량%를 함유하고, 잔부가 마그네슘과 불가피의 불순물로 되고, 실온 강도 및 고온 강도가 뛰어나는 마그네슘 합금제의 열간 단조품.	
마그네슘 합금 단조품 및 그 제조 방법	2006-152572 (2006.05.31)	마그네슘 합금의 다이캐스팅 주조 소재를 250~550℃로 유지하고, 금형 온도를 그 다이캐스팅 주조 소재의 유지 온도보다도 10~50℃ 낮게 유지하고 부분적으로 우는 전면적으로 단조 가공을 하고 강도를 향상시킨 것을 특징으로 하는 마그네슘 합금 단조품의 제조 방법.	
우수한 성형성을 가지는 단조 마그네슘 합금 및 그 제조 방법	2007-507237 (2005.03.11)	우수한 성형성 및 도금 특성을 가지는 단조 마그네슘 합금이고, 0.1으로부터 1.5 원자%의 IIIa족, 1.0으로부터 4.0 원자%의 IIIb족, 0.35 원자% 이하의, IIa족, IVa족, VIIa족, IVb족, 이르고, 그러한 조합으로 되는 무리로부터 선택되는 1개, 1.0 원자%이하의 IIIb족, 이르고, Mg와 불가피 불순물과의 밸런스를 포함하고, 그것 사정에, 제2의 상의 금속간 화합물을 가지는, 단조 마그네슘 합금.	
마그네슘 합금 단조 부재 및 그 제조 방법	2008-132441 (2008.05.20)	다이캐스팅 주조, 저압 주조 또는 중력 주조에 의하여 제조한 마그네슘 합금재에 250~450℃의 온도로 가공율 40%이상의 소성가공을 행하고, 그 뒤 냉간 단조한 것을 특징으로 하는 마그네슘 합금 단조 부재.	

마그네슘 합금의 정밀 단조 가공 방법	2008-160250 (2008.06.19)	단조 가공중에 있어서 마그네슘 합금 소재에 동적 재결정을 발생시키는 것에 따라 재료에 0.2mm의 미세 공간이라도 가소성 유동이 생기는 가공 연화를 발생시키고, 복잡한 형상을 가지는 단조품이라도, 복잡한 유압 기구를 이용하는 일없는, 우수한 형상 정밀도를 확보할 수 있는 마그네슘 합금의 정밀 단조 가공 방법을 제공
단조용 마그네슘 합금	2008-281263 (2008.10.31)	전량에 대해,6~10 중량%의 범위의 알루미늄과,0.4~2 중량%의 범위의 아연과,0.05~0.3 중량%의 범위의 망간과,0.4~1.5 중량%의 범위의 칼슘과 불가피적 불순물을 포함하는 마그네슘 합금의 주조체이고, 수지상정의 덴드라이트 암 간격이 0.5~15미크론 m의 범위이고,Mg-Al 금속간 화합물로 되는 창출물의 입경이 1~10미크론 m의 범위인 것을 특징으로 하는 단조용 마그네슘 합금
Mg 합금 단조품과 그 제조 방법	2009-064111 (2009.03.17)	마그네슘 모상중에 준결정상 또는 그 근사 결정상이 분산되어 지고 있는 마그네슘 합금을 소정의 형상에 단조 가공 되게 되는 마그네슘 합금 단조품이고 ,준결정상 또는 그 근사 결정상이 분산되어 있는 마그네슘 어머니 상이 등이장인 것을 특징으로 하는 마그네슘 합금 단조품.

(2) 미국 특허

마그네슘 단조 공법 및 단조용 마그네슘 합금관련 특허 검색을 1차로 〈(magnesium or Mg) and (alloy) and (forg* or forging or forged)〉 검색식을 사용하여 총 228건을 검출하였으며 이중 IPC번호(국제특허분류번호)를 통해 연관성이 있는 5건의 특허를 조사하였다. 참고로 검색된 내용 중 마그네슘 판재, 박판, 나사 및 알루미늄 합금에 관한 특허는 제외시켰다. 5건의 특허

중 특허 4건에 대한 출원국은 일본이고 특허 1건에 대한 출원국은 프랑스이다. 아래에 검색된 특허의 분석한 내용을 정리하였다.

[표 3.5] 마그네슘 단조기술과 관련된 특허 조사_미국

명칭	출원번호 (출원일)	대표청구항(청구항 1항)	대표도면
Method of manufacturing a forged magnesium alloy	1993-127358 (1993.09.28)	1. A method of making an article of manufacture made of a magnesium alloy, comprising the steps of: • casting the magnesium alloy to provide a casting; • forging the casting to render material of the casting to have an average crystalline particle size of not greater than 100 μm; and • carrying out a T6 treatment with respect to the casting, said T6 treatment including a solution treatment and an artificial aging treatment.	
Magnesium light alloy product and method of producing the same	1996-603201 (1996.02.20)	A method of manufacturing a magnesium light alloy product, comprising the steps of: (a) preparing a magnesium alloy material by casting a magnesium alloy melted metal into a mold; (b) forging the magnesium alloy material into a set shape; (c) conducting T6 treatment to the thus forged magnesium alloy material, wherein the magnesium alloy melted metal contains 0.02-0.5 weight percent strontium so that the magnesium alloy material has an average grain diameter of not exceeding 200 μm, as cast, at the surface and at the inside of the material, wherein the forging step (b) is conducted at a temperature lower than the melting point of the magnesium alloy material and the forging rate is at least 50%.	
Magnesium alloy cast material for plastic processing, magnesium alloy member using the same, and manufacturing method thereof	1997-947414 (1997.10.08)	A continuous cast magnesium alloy for forge processing, of which principal alloy elements consist essentially of Al, Mn and Zn, wherein Al is 6.2 to 7.6 weight percent; Mn is 0.15 to 0.5 weight percent; Zn is 0.4 to 0.8 weight percent and the mean crystal grain size of crystals throughout said continuous cast magnesium alloy is 200 μm or less, wherein said continuous cast magnesium alloy is made by continuous casting.	

Method of manufacturing magnesium alloy products	2003-385722 (2003.03.12)	A method of manufacturing magnesium alloy products comprising the steps of:casting a magnesium alloy containing 2-10 mass percent aluminum to obtain a cast semifinished product having crystal grain size not greater than 30 &mgr;m; subjecting the cast semifinished product to solution treatment at a temperature between the solid solution temperature and the solidus curve of the composition of the alloy, after solution treatment, forging the cast semifinished product to have a forged semifinished product having crystal grain size not greater than 10 &mgr;m, and further forging the forged semifinished product to have a desired shape.	
PROCESS FOR MANU-FACTURING HOT-FORGED PARTS MADE OF A MAGNESIUM ALLOY	2007-374548 (2007.07.19)	A process for manufacturing a part made of a magnesium alloy, comprising a step of forging a block of said alloy followed by a heat treatment, characterized in that the alloy is a casting alloy based on 85% magnesium, and containing, by weight: • 0.2 to 1.3% zinc; • 2 to 4.5% neodymium; • 0.2 to 7.0% rare-earth metal with an atomic weight from 62 to 71; • 0.2 to 1% zirconium, and in that the forging is carried out at a temperature above 400° C.	

(3) 유럽 특허

마그네슘 단조 공법 및 단조용 마그네슘 합금관련 특허 검색을 1차로 ⟨(magnesium or Mg) and (alloy) and (forge* or forging or forged)⟩ 검색식을 사용하여 총 98건을 검출하였으며 이중 IPC번호(국제특허분류번호)를 통해 연관성이 있는 4건의 특허를 조사하였다. 참고로 검색된 내용 중 마그네슘 판재, 박판, 나사 및 알루미늄 합금에 관한 특허는 제외시켰다. 4건의 특허 중 특허 3건에 대한 출원국은 일본이고 특허 1건에 대한 출원국은 프랑스이다. 다음 페이지에 검색된 특허의 분석한 내용을 정리하였다.

[표 3.6] 마그네슘 단조기술과 관련된 특허 조사_유럽

명칭	출원번호 (출원일)	대표청구항(청구항 1항)	대표도면
Magnesium alloy cast material for plastic processing, magnesium alloy member using the same, and manufacturing method thereof [German] [French]	94119977 (1994.12.16)	A continuous cast magnesium alloy for forge processing, of which principal alloy elements consist essentially of Al, Mn and Zn, wherein Al is 6.2 to 7.6 weight percent; Mn is 0.15 to 0.5 weight percent; Zn is 0.4 to 0.8 weight percent and the mean crystal grain size of crystals throughout said continuous cast magnesium alloy is 200 μm or less, wherein said continuous cast magnesium alloy is made by continuous casting.	
Magnesium alloy forging material and forged member, and method for manufacturing the forged member [German] [French]	99117054 (1999.08.30)	A magnesium alloy forging material characterized by containing at least aluminum and calcium and having a critical upsetting rate of not less than 70% at 300 ø C.	
Method of manufacturing magnesium alloy products [German] [French]	03002095 (2003.01.30)	A method of manufacturing magnesium alloy products comprising steps of: casting a magnesium alloy containing 2-10 mass % aluminum to obtain a cast semifinished product having crystal grain size not greater than 30 æm, subjecting the cast semifinished product to solution treatment at a temperature between the solid solution temperature and the solidus curve of the composition of the magnesium alloy, after that, forging the semifinished product to have a forged semifinished product having crystal grain size not greater than 10 æm, and further forging the forged semifinished product to have a desired figure.	
PROCESS FOR MANU-FACTURING HOT-FORGED PARTS MADE OF A MAGNESIUM ALLOY [German] [French]	07823307 (2007.07.19)	A process for manufacturing a part made of a magnesium alloy, comprising a step of forging a block of said alloy followed by a heat treatment, characterized in that the alloy is a casting alloy based on 85% magnesium, and containing, by weight: • 0.2 to 1.3% zinc; • 2 to 4.5% neodymium; • 0.2 to 7.0% rare-earth metal with an atomic weight from 62 to 71; • 0.2 to 1% zirconium, and in that the forging is carried out at a temperature above 400° C.	

선진 제품 **벤치마킹**

현재까지 자동차 현가부품의 마그네슘 합금 단조제품의 실용 사례가 없는 관계로 시장에서 관련 제품을 구할 수는 없었다. 이에 저자들은 단조용 소재로 주목을 받고 있는 상용 마그네슘 합금인 AZ61 및 AZ80 소재를 대상으로 C국, U국, J국 3개국의 소재를 입수하여 각 국가의 마그네슘 합금 압출봉재를 비교평가 하였다.

1. 대상 마그네슘 합금

소재의 비교분석을 위해 C국, U국, J국 등의 해외 각국에서 AZ80 및 AZ61 압출봉재 등의 다양한 마그네슘 합금들을 입수하였다. 1차적으로 (a) C국 AZ80 압출봉재, (b) U국 AZ80 압출봉재 그리고 (c) C국 AZ61 압출봉재의 특성을 비교 분석하였다. 그림 3.4에 압출봉재를 나타내고 있다.

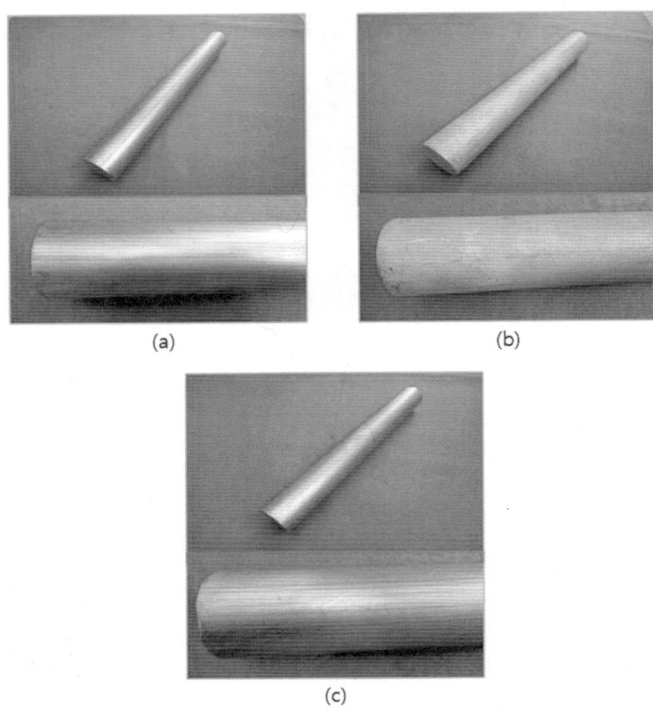

[그림 3.4] 마그네슘 압출봉재, (a)C국 AZ80, (b)U국 AZ80 그리고 (c)C국 AZ61.

사용된 다양한 마그네슘 합금들의 화학 조성을 표 3.6에 나타내었다.

[표 3.7] 마그네슘합금의 화학 조성

	Al	Zn	Mn	Fe	Si	Cu	Ni	Mg
AZ80 규격	9.20~7.80	0.80~0.20	0.50~0.12	0.005↓	0.10↓	0.05↓	0.005↓	Bal.
C국 AZ80	8.35	0.49	0.26	0.005	0.016	0.002	0.001	Bal.
U국 AZ80	8.2	0.36	0.17	0.002	0.03	0	0.001	Bal.
AZ61 규격	7.70~5.80	1.50~0.40	0.35~0.15	0.005↓	0.10↓	0.05↓	0.005↓	Bal.
C국 AZ61	6.14	0.77	0.25	0.002	0.033	0.002	0.001	Bal.
K국 AZ61	5.93	0.752	0.205	0.002	0.023	0.002	0.002	Bal.

2. 마그네슘 합금의 미세조직 관찰

마그네슘 합금들의 미세조직을 그림 3.5에 나타내었다. 그림에서 보는 바와 같이 C국 AZ80 압출봉재의 미세조직이 U국 AZ80 압출봉재의 조직에 비해 결정립이 조대하고, Al-Mg상($Al_{12}Mg_{17}$ Phase) 또한 U국 AZ80압출봉재

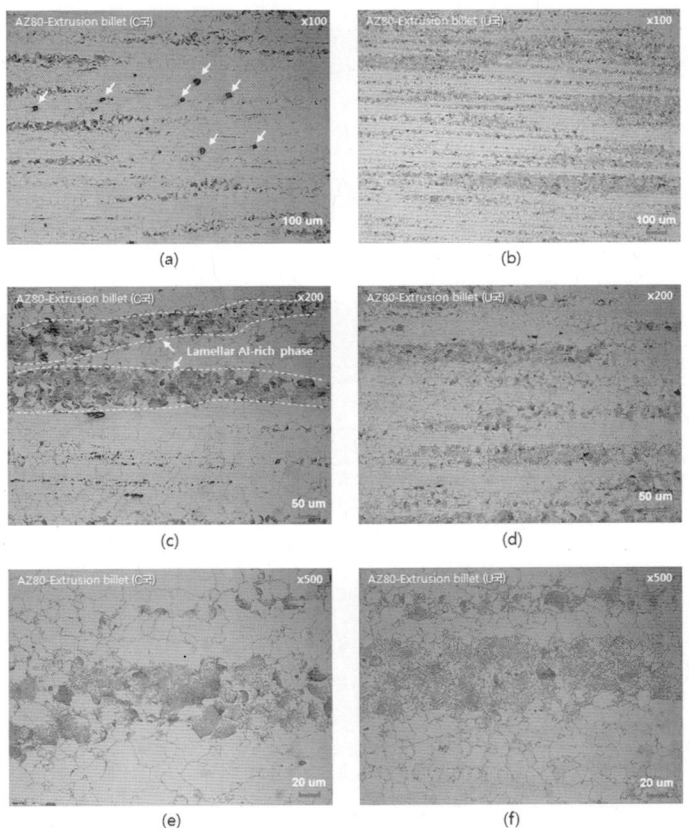

[그림 3.5] 마그네슘 합금 압출봉재의 미세조직(Longitudinal view), (a) C국 AZ80 (x100), (b) U국 AZ80 (x100), (c) C국 AZ80 (x200), (d) U국 AZ80 (x200), (e) C국 AZ80 (x500) 그리고 (f) U국 AZ80 (x500).

에 비해 조대한 것을 알 수 있다. C국 AZ80 압출봉재에서 국부적으로 조대한 Lamellar Al-Rich 상이 분포하고 있다.

3. 마그네슘 합금의 기계적 특성 평가

마그네슘 합금의 기계적 특성을 표 3.8에 나타내었다. 표에서 보는 바와 같이 C국 AZ80합금에 비해 U국 AZ80합금이 인장강도 및 항복강도가 3~4% 정도 낮게 나타났으나, 연신율은 40% 정도 높게 나타났다. 이와 같이 U국 AZ80 합금이 유사한 강도를 가지면서, 보다 높은 연신율을 나타내는 경향이 앞서 언급한 미세 조직적으로 U국 AZ80합금이 안정적인 것과 연관이 있는 것으로 판단된다.

[표 3.8] 마그네슘합금의 기계적 특성

		UTS (MPa)	YS (MPa)	Elongation (%)
C국 AZ80 (압출봉재)	①	356	252	8.4
	②	352	251	8.5
	③	336	242	7.8
	Avg	348	248	8.2
U국 AZ80 (압출봉재)	①	334	236	13.3
	②	338	239	13.8
	③	342	242	14.2
	Avg	338	239	13.8
C국 AZ61 (압출봉재)	①	289	178	13.9
	②	302	197	16
	③	294	194	12.8
	Avg	295	190	14.2

4. 마그네슘 합금의 최적 열처리 조건 확립

열처리 조건은 단조공정에서 소재의 가열온도와 함께 최종제품의 품질과 직결되는 아주 중요한 공정이다. 그러므로 마그네슘 합금 단조품의 최적 열처리 조건을 도출하기위해 C국 AZ80 압출봉재를 이용하여 열처리 조건 설정 시험을 실시하였다. 그림 3.6은 본 열처리 시험에 사용된 마그네슘 합금 전용 시험 가열로의 형상이다. 열처리 조건 설정 시험의 정확도를 높이기 위해 시험가열로의 승온 능력 및 편차의 평가를 각 구간별로 실시하였으며, 구간별 온도 편차를 ±2℃로 보정하였다.

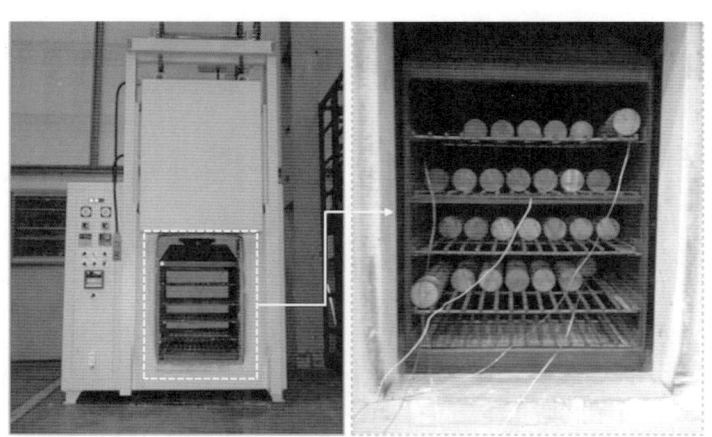

[그림 3.6] 마그네슘 합금 전용 시험가열로

열처리 설정시험은 문헌조사를 통해 용체화 처리 온도 및 시간을 최종 적으로 400℃의 온도에서 4시간 동안 유지하는 조건으로 확정하였다. 이는 앞서 실시한 열 특성 분석 데이터와도 부합되는 제2상의 용융이 발생하지 않는 구간에 초대한 고용을 높일 수 있는 온도구간이다. 시효처리의 조건 역시 표 3.9를 참고하여 8시간, 16시간 그리고 24시간 동안 유지하는 조건으로 시험을 실시하였다.

[표 3.9] 마그네슘 합금 단조품의 추천 열처리 조건

Alloy	공정	용체화 처리		시효처리(T4 후)	
		온도 (℃)	시간 (h)	온도 (℃)	시간 (h)
AZ80A	T4	399	2~4	177	16~24
	T6	399	2~4	177	16~24

* Reference) ASTM B661 - Heat treatment of Mg Alloys.

그림 3.7은 열처리 조건에 따른 인장강도 그래프를 나타낸 것이다. 그래프에서 보는 바와 같이 C국 AZ80 압출봉재의 인장강도는 용체화처리(T4) 후 348MPa에서 342MPa로 소폭 감소하였으며, 용체화 처리한 것을 다시 시효(T6) 처리를 한 결과 강도가 시효시간이 증가함에 따라 점차적으로 증가하는 경향을 나타내었다. 시효시간이 8시간 조건 일 때 359MPa에서 시효시간이 16시간

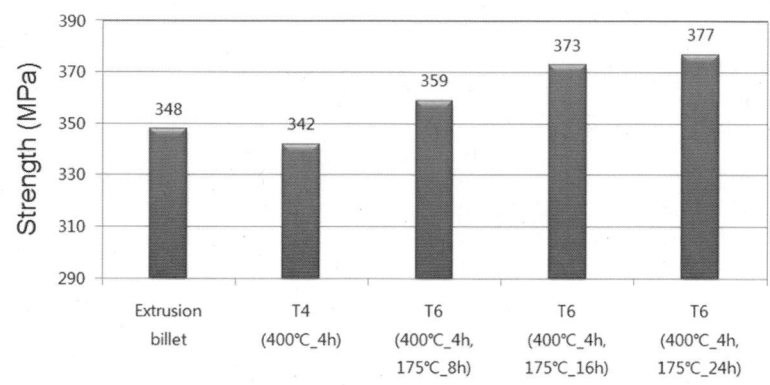

[그림 3.7] C국 AZ80 압출봉재의 열처리 조건에 따른 인장강도 변화

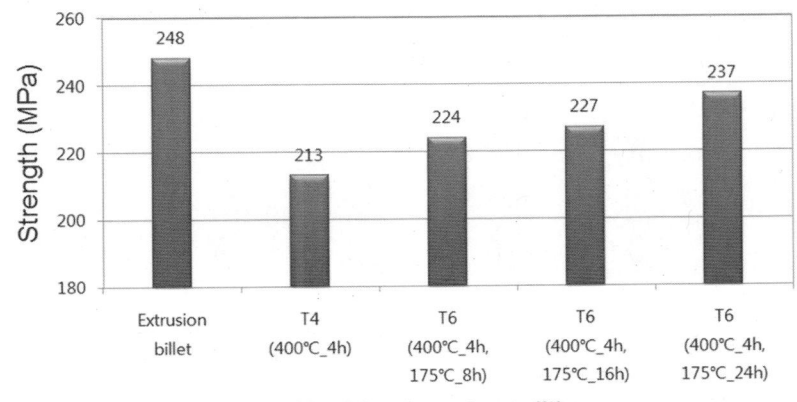

[그림 3.8] C국 AZ80 압출봉재의 열처리 조건에 따른 항복강도 변화

일 때 373MPa로 4% 향상되었으며, 시효시간이 24시간으로 늘어남에 따라 인장강도가 377MPa로 5% 향상되었다.

그림 3.8은 열처리 조건에 따른 항복강도 그래프를 나타낸 것이다. 그래프에서 알 수 있듯이 인장강도와 동일한 경향을 보이고 있다. 용체화 처리 후 248MPa에서 213MPa로 소폭 감소하였으며, 용체화 처리한 것을 다시 시효(T6)처리를 한 결과 강도가 시효시간이 증가함에 따라 점차적으로 증가하는 경향을 나타내었다. 시효시간이 8시간 조건 일 때 224MPa에서 시효시간이 24시간으로 늘어남에 따라 항복강도가 237MPa로 6% 상승하였다.

그림 3.9는 열처리 조건에 따른 연신율 변화를 나타낸 것이다. 그래프에서 보는 바와 같이 용체화처리 후 8.2%에서 13.2%로 대폭 상승하였으며, 용체화 처리한 것을 다시 시효(T6)처리를 한 결과 연신율이 시효시간이 증가함에 따라 점차적으로 감소하는 경향을 나타내었다. 시효시간이 8시간 조건 일

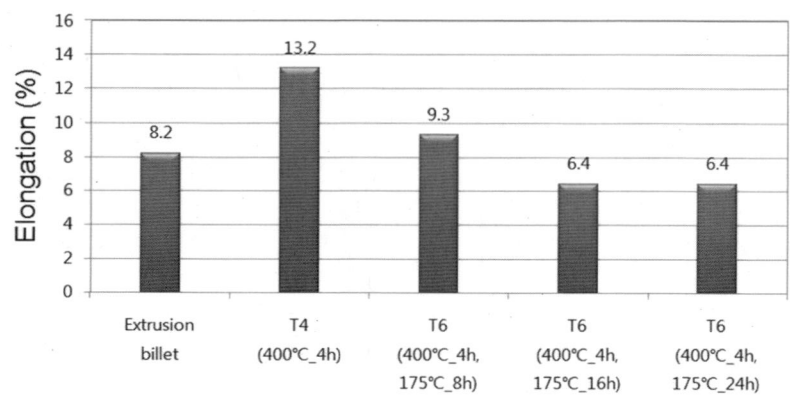

[그림 3.9] C국 AZ80 압출봉재의 열처리 조건에 따른 연신율 변화

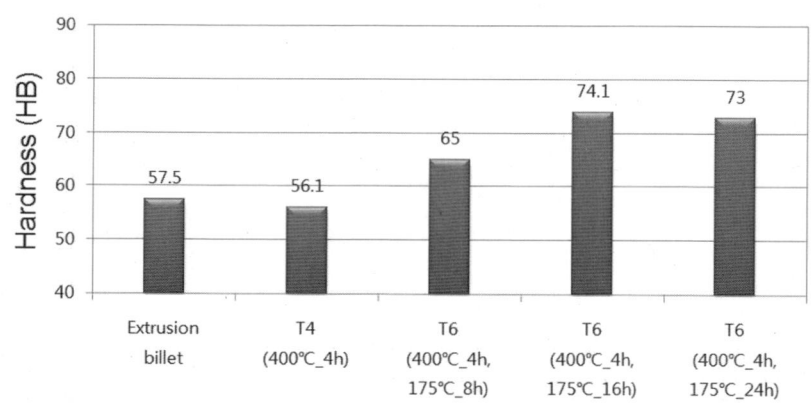

[그림 3.10] C국 AZ80 압출봉재의 열처리 조건에 따른 경도 변화

때 9.3%에서 시효시간이 16시간일 때 6.4로 4% 상승하였다. 그러나 시효시간이 24시간으로 늘어남에도 불구하고 연신율의 변화는 나타나지 않았다.

그림 3.10은 열처리 조건에 따른 경도 변화를 나타낸 것이다. 그래프에서

알 수 있듯이 인장 및 항복강도와 유사한 경향을 보이고 있다. 용체화 처리 후 다시 시효처리를 실시한 결과 경도가 시효시간이 증가함에 따라 점차적으로 증가하는 경향을 나타내었다. 시효시간이 8시간 조건 일 때 65HB에서 시효시간이 16시간으로 증가되었을 때 74.1HB를 나타내었다. 그러나 시효시간이 24시간으로 늘어남에도 불구하고 경도는 증가하지 않고 73HB로 유사한 경도 값을 나타내었다.

본 열처리 조건 설정시험에서 최적의 열처리 조건으로는 용체화 처리 조건을 400℃에 4시간으로 유지하고, 시효처리 조건을 강도의 차이가 적으면서 연신율을 확보할 수 있는 175℃ 8시간으로 나타났다. 이후 단조품의 열처리 시 상기 조건을 확정 및 적용하기로 하였다.

변형률-미세조직 연계 단조공정 기초 연구

1. 마그네슘 합금의 단조 가공

마그네슘은 조밀육방정 (Hexagonal Close Packed, HCP) 결정구조를 가지고 있으므로 상온에서의 슬립시스템이 3개인 관계로 면심입방정(FCC) 구조를 갖는 알루미늄이나 체심입방정(BCC) 구조를 갖는 철강에 비해 성형성이 좋지 않고 또한 비열이 낮기 때문에 고온 변형시 온도가 조금만 변화되어도 쉽게 온도변화를 일으켜 균열이 생기는 단점이 있다. 현재 압출, 압연 및 단조용 소재로서 선진국에서 다양한 소재가 개발되어 있으나, 고온 프레스단조와 같은 공정을 통해 제품에 들어있는 복잡한 형태를 성형하기 위해서는 연성이 크면서 강도가 높은 소재의 개발이 필수적이다. 또한 향후 단조로 제조되는 부품의 적용 영역의 확대를 위해서는 단조 기술뿐만 아니라 고연성 고강도 마그네슘 합금 개발의 지속적인 연구가 필수적이다.

미국의 Spctruilte사에서는 Mg-Al계, Mg-Zr계 단조용 빌릿을 생산, 공급하고 있으며 러시아 경금속연구소(VILS)에서는 Mg-Li계, Mg-Y계, Mg-Mn-Zr계의 합금판재를 생산하고 있다. 또한 독일의 OTTO Fuchs사에서는 30,000톤급 이상의 단조 프레스를 보유하여 부품의 적용범위를 확대시키고 있다. 이외에 영국의 MEL사, 노르웨이의 Norsk Hydro사 등의 메이져 마그네슘 업체들은 독자적인 합금 개발과 성형기술의 확보에 박차를 가하고 있다.

이들 선진국에서는 자동차용, 항공기용 대형 마그네슘 합금 부품을 프레스성형 또는 열간단조 조건을 최적화하여 제품을 양산하고 있지만, 국내에서는 이에 대한 기술개발이 시작단계에 있는 실정이다. 특히 프레스성형에 의한 전자부품 케이스의 제조는 일본에서도 불과 1~2년 전에 양산화가 이루어져 지기 시작한 기술이므로 빠른 시일내에 기술 개발을 함으로써 선진국과의 기술격차를 줄이고 전자, 컴퓨터 및 IT산업의 발달과 함께 급속하게 증가될 관련 제품들의 수요에 적극적으로 대처하여야 할 것이다.

주요 단조용 마그네슘 합금들의 특성을 아래의 표에 나타내었다. 마그네슘에 있어서 Near-Net-Shape의 성형이 가능한 열간단조가 다이캐스팅과 틱소소몰딩 보다 일반적으로 특성이 유리하다고 보고 되어있다. 표 3.9는 단조재와 다이캐스팅재, 틱소몰딩재와의 기계적 성질 및 제품특성을 비교한 예로 AZ31 단조재가 AZ91 다이캐스팅과 틱소몰딩재 이상의 강도를 보이는 것과 같이 소성가공에 의한 단조재가 우수한 강도와 연성을 동시에 가지는 것을 알 수 있다. 그리고 고비강도를 얻을 수 있는 AZ80과 ZK60, 고온강도가 우수한 HM21 등의 합금이 단조용으로 주로 이용된다. 단조용 소재로써 대형 제품에 대해서는 반연속주조 잉곳을 사용하고 소형 제품의 경우는 압출봉재를 각각 적당한 크기로 절단하여 이용한다. 주조 잉곳인 경우 환봉 또는 각봉으로 예비단련하여 가공조직으로 만들어 단조를 실시한다. 자유 단조에 있어서는 제품표면에서의 열간 균열이 발생하기 쉽기 때문에 온도제어에 주의하여야 하며 열간 균열 온도 이하에서 유지가 필요하다.

[표 3.10] 마그네슘 합금 단조품 선택 기준

합금	단조 난이도	가격	합금특성	용도
AZ31B	보통	낮음	강도, 연신율 내식성 우수, 용접가능	Bracket 류
AZ61A	매우 용이	중간	일반적인 단조품 사용, 내식성 우수	
AZ80	나쁨	높음	강도, 압축강도, 크립 저항성 우수, 내열성있음	항공기 박판
M1A	매우 용이	낮음	용접성, 성형성 우수, 강도 보통	
ZK60A	용이	높음	강도,충격,압축강도 우수, 노치 감수성 낮음	항공기 박판
TA54A	매우 용이	낮음	헤머단조 적당, 중간정도의 강도	
H31A	-	-	고온 강도, 피로강도 양호, 용접 가능	내열 부품
HM31	용이	높음	200-260℃ 항복강도, 크립특성 양호	

*마그네슘합금의 기초 및 응용 (철강금속신문)

[표 3.11] 단조용 합금의 화학성분 및 추천 단조 온도

합금	일반적 성분 (%)						소재온도 (℃)	금형온도 (℃)
	Al	Zn	Mn	Di	Ag	Zr		
AZ31B	3	1	0.2	...			290-345	260-315
AZ61A	6.5	1	0.15				315-370	290-345
AZ80A	8.5	0.5	0.15				290-400	205-290
QE22A				2.1	2.5	0.7	345-385	315-370
ZK21A		2.3				0.45	300-370	260-315
ZK60A		5.5				0.45	290-385	205-290

* ASM Magnesium and Magnesium Alloys Handbook

마그네슘 열간 단조에 있어서 소재온도, 금형온도, 변형속도를 엄격히 관리할 필요가 있으며, 이를 위해서는 사용 단조기의 방식은 유압프레스 방식이 선호되고 있다. 표 3.11에 단조 소재별 단조온도 조건 및 금형 온도조건을 나타내

었으며, 금형의 온도는 소재의 가열온도보다 낮게 설정한다. 또한 금형의 설계 시에는 각 부분에 있어서 변형 속도가 일정한 범위 내에 있도록 주의해야 한다.

마그네슘 합금 단조품은 고객의 요구, 품질보증 정도에 따라서 단조공정, 검사공정을 정하여 제조한다. 이들의 공정을 진행함에 있어서 금형, 소재를 가열하는 가열로, 단조에 쓰이는 해머, 프레스, 버(Burr-거스러미) 제거용 설비 및 각종 검사 설비를 사용하고 있다

가. 단조 기계

- 마그네슘 합금의 단조에는 수압 프레스, 크랭크 프레스, 해머 등이 쓰이고 있다. 마그네슘 합금의 소성변형에는 소재온도 뿐만 아니라 금형온도, 가공량 관리도 중요하며 충격하중이 변형하는 해머에서는 고온 유지가 어렵고 또한 균일한 변형이 되기 어려워 단조 균열이 생기기 쉽다. 수압 프레스는 하중부하 속도가 낮아 복잡한 형상이나 대물 단조품 제조에 적합하다.

- 프레스와 해머에 의한 단조품의 공차를 보면 해머 쪽이 프레스 쪽보다 빼기 구배를 크게 할 필요가 있다(해머의 빼기 각도는 7°, 프레스의 각도는 3°). 즉 정밀도가 약간 낮다고 볼 수 있다.

나. 단조 부대설비

- 금형가열에는 배치식, 대차인출식의 가열로가 사용되고 있다. 금형가열 온도는 대략 200~425℃이다. 소재가열에서는 열풍순환식의 전기가열로,

가스 연소식 머플로 또는 유도가열로가 이용되며 250~525℃의 단조 온도로 가열한다. 마그네슘 합금은 400℃ 부근이 되면 대기와 반응하여 산화가 촉진된다. 산화 방지를 위하여 0.7~1.0%의 SO_2, BF_3 또는 CO_2 가스 분위기로 하는 것이 추천된다.

- 마그네슘 합금의 가열은 알루미늄 합금 가열로를 공용으로 사용하여도 무방하나, 알루미늄 합금과 마그네슘 합금이 로에서 서로 접촉되어서는 안 된다. 또한 소재 절삭 시 절삭분(Chip)이 소재에 부착되지 않도록 주의해야 한다.

- 단조 중간공정 및 끝마무리 작업인 단조 후 버나 핀(Fin) 제거 작업을 한다. 트리밍 작업은 열간에서 하며 형은 250℃ 이상으로 가열한다. 또한 로드가 적으면 냉간에서 톱으로 절단한다. 단조 후 표면 세정한 단조품의 요구에 따라 품질검사와 성능검사를 한다. 이들 검사는 형광침투탐사검사, 초음파탐상검사, 인장검사, 경도시험 등의 설비를 사용한다.

다. 단조용 재료

- 제품이 소물인 경우는 압출봉재 또는 대물제품의 그레인 플로를 특별히 제어할 필요가 있을 때에는 반 연속주괴를 균열처리한 후, 자유단조로 환봉 또는 각봉으로 예비단조를 한다. 예비단조는 제2상 정출물이 조대하게 분포되어 있는 주조조직을 단조조직으로 변환시키는 동시에 주조결함을 감소시킨다. 예비단련은 제품의 글레인 플로, 기계적 성질을

형성하기 위한 1단계다. 예비단련을 한 소재는 요구되는 치수로 절단하여 사용한다.

- 마그네슘 단조용 합금은 미국의 A.A.규격 등에 단조용 합금으로 화학성분, 기계적 성질을 규정하고 있다. 마그네슘 단조용 합금에서 Mg-Al-Zn계, Mg-Zn-Zr계가 주요 합금으로 이 합금은 주조용합금과 유사하나 가공을 고려한 합금원소 첨가가 다르다. Mg-Al-Zn계 합금은 마그네슘에 Al과 Zn을 첨가하여 인장강도를 향상시키고 있다. Mg-Zn-Zr계 합금은 Zr을 첨가하여 조직, 기계적 성질의 개선을 꾀하고 있다. Zr은 결정립 미세화의 결정핵으로 작용하여 결정입이 미세화하고 제2상정출물을 감소시킨다.

라. 단조작업

- 단조는 소성가공의 한분야로서 주괴 내에 존재하는 미세 결함을 압착시키고, 결정립을 미세화하고 제품형상에 따른 냉각과정을 말한다. 그러므로 기계적 성질이 우수하고 신뢰성이 높다. 단조 가공은 가공 방법에 따라 자유단조와 형단조로 크게 나눈다. 또한 단조온도에 따라 열간, 온간과 냉간 단조로 구분한다. 마그네슘 합금은 일반적으로 열간 또는 온간에서 단조를 한다.

- 단조 방법 : 자유단조는 압축 프레스 또는 해머와 같은 장비로 여러 가지 치공구를 사용하여 각주, 원주, 원반, 링 등 비교적 간단한 형상으로 단조하는 방법이다. 자유단조 제품은 기계 가공하여 최종제품 형상이 되는 것으로

형단조하기가 어려운 대물 단조나 단조 수량이 많지 않은 제품에 사용된다.
- 형단조법는 금형을 사용하여 특정 형상으로 단조 하는 방법으로 여러 가지 방법으로 분류된다. 브러커 타입 단조법은 필레트와 코너의 R을 크게 하여 빼기 구배가 3~10°나 된다. 따라서 단조 압력은 1.5~3톤/㎠로 성형되어 가장 적다. 형단조법은 가장 일반적인 방법으로 재료 회수율이 높고 단조 압력은 필레트 R이 적어 2.5~4톤/㎠로 높다. 정밀 단조법은 치수 정밀도가 좋고 최종 제품형상을 단조하여 제조하는 방법이다.
- 형단조로 제일 많이 연신된 방향(길이방향)에 단류선이 형성되어 단조품의 제 특성은 길이방향이 가장 우수하고 압축되는 방향(두께방향)이 가장 열악하다. 그러므로 단조품은 응력이 작동하는 방향을 길이방향으로 되도록 금형 설계를 해야 한다.
- 마그네슘 합금은 조밀육방구조로 변형의 미끄러짐은 저면(底面) 미끄러짐, 주면(柱面) 미끄러짐, 추면(錐面) 미끄러짐의 3가지가 있다. 저면 미끄러짐이 가장 일어나기 쉽고, 주면과 추면 미끄러짐은 고온이 되면 나타나기 시작한다. 따라서 균일한 현형을 하기 위해서는 300℃로 할 필요가 있다. 변형결정립이 미세하게 되거나 또 온도가 높아지면 좋아진다. 균일 변형이 가능한 온도 범위에서는 변형 저항값은 알루미늄 합금에 비해 낮아, 가공에 요하는 힘의 양은 적어진다.
- 주괴를 단조 소재로 사용하면 압출 빌릿보다 40~100℃ 단조 온도가 좁아진다. 이는 열간 균열 감수성이 다르기 때문이다. 금형 온도는 보통 소

재 온도보다 50~100℃ 낮춰 단조를 한다. 이는 초기 공정에서 메탈 플로의 형성 및 차 공정에서의 재가열에 의한 연화를 방지하고 가공경화에 의한 기계적 성질을 향상시키기 위함이다. Mg-Al-Zn계 합금은 융점이 낮아 단조 상한 온도도 낮아진다.

마. 윤활

- 열간 단조에서 윤활의 좋고 나쁨은 단조 힘의 양, 주조 결함, 금속의 유동 등에 영향을 준다. 일반적으로 고순도 미립자 흑연을 유성 타입으로 한 것이 좋은 윤활제로 알려져 있다. 단조 표면에 부착한 윤활제는 접촉 부식의 원인이 되는 것으로 완전히 제거하여야 한다. 산세는 90~100℃의 NaOH 수용액에 약 20분간 침지시킨다. 물세척후 Cr_3+$NaNO_3$ 3분간 침지시킨다. 또한 샌드 블라스트로 윤활제를 제거할 경우는 2% H_2SO_4+HNO_3 수용액으로 세척한다.

바. 열처리

- 마그네슘 합금의 열처리는 기본적으로 재료 특성의 향상을 목적으로 시행된다. 전신용 합금에서는 미세조직 개선, 강도와 연성 밸런스의 개선, 회복과 재결정 조직을 제어하여 재료 특성을 향상시키고 제품의 치수를 안정화 하는데 목적이 있다. 주조용 합금에서는 미세조직이나 응고편석(Solidifying Segregation)의 개선 및 강도증대 주조 변형의 저감이나 치

수 안정화를 도모하기 위해 열처리를 실시한다. 시효(Ageing) 열처리는 전신용 합금 및 주조용 합금 모두 고강도화를 목적으로 하고 있으며 용체화 처리(Solution Treatment), 퀜칭 처리(Quenching)및 시효 처리를 주로 실시한다. 각 열처리는 합금성분에 맞게 최적으로 실시할 필요가 있다.

- 용체화 처리 : 합금 원소의 편석을 해소하고 용질 원소를 충분히 고용하기 위해 실시한다. 용체화 온도는 공정온도 바로 아래의 온도로 하는 것이 좋다. 용체화 온도가 높게 되면 공정융해 등이 일어나 팽창하거나 기공(Void)이 발생하기 때문에 주의가 필요하다. 용체화 온도까지 승온은 천천히 하여 과열에 의한 부분용해 등이 일어나지 않도록 주의하여야 하며 승온시간은 제품의 크기나 두께, 합금성분 등을 고려하여 결정한다. 용체화 시간은 비평형상의 용해나 편석해소에 필요한 시간으로 결정한다. 주조조직이 미세하면 짧은 시간으로도 소정의 균일조직이 얻어지기 때문에 유리하다. 마그네슘은 400℃ 이상의 높은 온도에서 장시간 유지하면 산화가 진행되어 발화할 가능성이 있으므로 산화방지 분위기를 유지할 필요가 있다.

- 퀜칭 처리 : 마그네슘 합금 제품은 통상 대기 중에서 냉각을 실시한다. 제품의 두께가 두꺼운 경우에는 강제 공랭이 필요하다. 60~90℃의 물 혹은 오일에 퀜칭하는 경우가 있다. 이때 퀜칭에 의해 변형이 발생하지 않도록 주의하여야 한다.

- 시효 석출처리 : 합금의 과포화 고용체로부터 새롭게 별도의 고상(고용체, 금속간 화합물 상태 등)이 형성되는 현상을 석출이라고 부른다. 석출

은 용질원자의 고체 내 확산에 의해 일어나는 확산 상 변태이다. 과포화 고용체로부터 연속적 또는 불연속적으로 석출이 진행된다. 연속석출에는 핵생성-성장과정이나 스피노달(Spinodal) 분해과정이 있으며 합금계에 따라서는 GP Zone (Guinier Preston Aggregate)이나 중간상을 거쳐서 안정상에 도달한다. 과포화 고용체(Supersaturated Solid Solution)로부터 여러 종류의 석출이 일어나도록 하기 위해 시효처리를 실시한다. 합금계나 시효 온도에 따라 여러 가지 상(Phase)의 석출현상이 일어난다. 석출이 일어나는 각 상의 TTT곡선(C곡선) 상에는 석출이 가장 빨리 일어나는 노즈 온도(Nose Temperature)가 있는데 이 온도를 기준으로 시효 온도를 결정하여야 한다. 시효 처리에 의해 합금의 경도나 강도는 증대되며 연성은 반대로 저하 하는 경향이 있다. 이는 시효석출 현상과 유사하게 석출상과 전위(Dislocation)와 상호작용 관계에 의해 여러 종류로 변화한다. 합금의 고용도가 온도가 낮아짐에 따라 감소하는 경우는 과포화 상태를 해소하기 때문에 시효석출이 일어난다. 시효석출 과정이나 석출조직은 합금계나 시효온도 또는 첨가원소의 유무 등에 의해 변화한다.

- Mg-Al/Mg-Zn계 합금

• Mg-Al 이원합금의 석출과정은 $\alpha \rightarrow \beta(Mg_{17}Al_{12})$이고 GP Zone이나 중간상 등과 같은 준안정상이 형성되면 직접 안정상이 석출된다. β상의 결정구조는 BCC이고 결정입 내에 석출하는 연속 석출과 입계 반응형의 불연속 석출로부터 형성된다. β상은 α-Mg 모상의 저면에 래스(Lath)상으로 석출

하고 불연속 석출은 구상(Nodular) 조직(또는 Cell상 조직)을 형성한다.
- 마그네슘에 알루미늄을 고용시키면 격자변형이 일어나며 시효 석출에 의해 시효 경화가 크게 발생한다.
- Mg-Zn 합금의 석출과정은 복잡하고 4단계의 과정을 거친다. 강도가 최대가 되는 것은 β1'상 단계이며 저온에서 예비 시효를 실시하여 GP Zone을 형성시킨 다음 높은 온도에서 시효하면 β1'상이 미세하게 된다.
- Mg-Zn 합금에 Ag나 Ca을 미량 첨가하면 시효 경화가 촉진되며 경도도 증대된다. Ag첨가에 의해 시효 경화가 증대하고 특히 Ca을 첨가하면 경도가 더욱 증가한다.

− Mg-Mn/Mg-RE/Mg-Ca계 합금
- Mg-Mn 합금에서는 시효 경화가 거의 일어나지 않는다. 석출과정은 $\alpha \rightarrow \alpha$-Mn(Cubic Crystal)이고 준안정상은 나타나지 않는다. α-Mn상은 봉상이며 Mg 모상과는 2개의 방위관계를 가지고 있다.
- Mg-Re계 합금에서는 시효 경화가 현저하게 나타나는데 시효 초기에 육방정(Hexagonal Crystal)의 규칙구조인 D019형 구조(Mg_3Cd형구조)가 형성된다.
- Mg-Ca 합금의 석출과정은 충분히 조사되어 있지 않다. 안정상으로 Mg_2Ca가 석출한다. Mg_2Ca는 육방정으로서 α=0.623nm c=1.012nm이다. Mg-1%Ca 합금에 Zn 1%를 첨가하면 시효 경화가 크게 증대한다. Mg-1%Ca 합금에서는 석출물이 비교적 조대하지만 Mg-1%Ca 합금에서는 석출물이 미세하다.

- Mg-Ag-RE/Mg-Li-Zn계 합금

• Mg-Re(Nd)-Zr 합금 등에 Ag를 첨가하면 시효 경화성이 증대한다. Ag농도가 2% 이하에서는 석출과정이 Mg-RE 합금과 동일하고 Ag 함유량 2% 이상에서는 $Mg_{12}Nd_2Ag$가 석출한다. Mg-Ag-RE(Nd) 합금의 석출과정은 복잡하여 충분히 해명되지 않은 상태에 있다.

• Li가 함유되기 때문에 경량의 합금으로 된다. Li 함유 합금은 비강성(Specific Rigidity) 및 비강도(Specific Strength)가 우수하다. Al, Zn 또는 RE를 첨가한 합금이 검토되고 있으며 지금까지 LA141합금이나 LS141 합금 등이 개발되어 있다.

2. 단조 전산 모사 기술 연구

가. 재료물성치 연구

(1) 배경 및 목적

소성변형을 받고 있는 재료의 항복응력은 유효변형률, 유효변형률속도, 온도 등의 함수이며, 재료의 기계적 성질 또는 상태를 반영한다. 이 함수를 변형저항식 또는 유동응력(Flow Stress)함수라고 한다.

변형률 및 변형률속도가 유동응력에 영향을 미치지 않는 경우를 완전소성(Perfectly Plastic) 재료라 하고, 탄성변형을 무시한 소성변형률 만의 함수, 즉,

$$\bar{\sigma} = \bar{\sigma}(\bar{\varepsilon}^p)$$

인 경우를 강소성(Rigid-plastic) 재료라고 한다. 강점소성(Rigid-Viscoplastic) 재료는 소성변형률과 소성변형률속도의 함수이고, 강열점소성(Rigid-Thermo Viscoplastic) 재료는 소성변형률, 소성변형률속도, 온도의 함수로서 유동응력함수는 각각 다음과 같이 표현된다.

$$\bar{\sigma} = \bar{\sigma}(\bar{\varepsilon}^p, \dot{\bar{\varepsilon}}^p)$$

$$\bar{\sigma} = \bar{\sigma}(\bar{\varepsilon}^p, \dot{\bar{\varepsilon}}^p, T)$$

그림 3.11은 온도, 변형률, 변형률속도 등이 재료의 유동응력 함수에 미치는 영향을 도시한 것이다. 그림에서 T_m은 재료의 용융점 온도를 의미하며, 저온에서 상온 사이의 변형률속도와 상온과 고온에서의 변형률을 비교한 것이다. 저온영역에서는 변형률과 변형률속도, 온도변화 모두 유동응력 함수에 비교적 큰 영향을 미치며, 상온영역에서는 변형률속도와 온도변화의 영향이 미

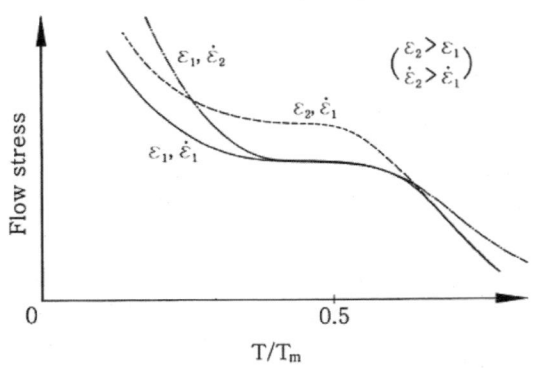

[그림 3.11] 온도, 변형률, 변형률속도가 유동응력에 미치는 영향

미한 반면, 고온 영역에서는 영향이 크다는 점을 알 수 있다. 그리고 고온으로 갈수록 변형률의 영향이 무시할 수 있을 정도로 작아지고, 변형률속도와 온도변화가 큰 영향을 미친다는 것을 알 수 있다.

이처럼 열간 단조 공정에서 소재는 열점소성의 성질을 가지고 있으므로 온도에 따라 유동응력이 달라진다. 따라서 온도해석과 유동해석이 동시에 실시되어야 하는데 이를 비등온해석(Non-Isothermal Analysis) 또는 연계해석(Coupled Analysis)이라고 한다.

비등온공정(Non-Isothermal Process)을 정확하게 해석하기 위해서는 온도와 변형률속도에 따른 재료의 유동응력(Flow Stress)에 대한 자료가 확보되어야 한다.

(2) 온도 및 변형률속도에 따른 재료의 유동응력

AZ61 압출봉재에 대해서 고온압축실험을 수행한 온도별, 변형률속도별 유동응력곡선을 활용하여 단조품에 대한 성형해석을 수행하였다. 그림 3.12부터 3.15까지는 각각 일정 온도에서 변형률속도에 따른 유동응력의 차이를 보여주고 있으며 이 응력-변형률곡선을 통해 온도가 증가할수록 유동응력이 감소하고, 변형률 속도가 증가할수록 유동응력이 증가한다는 사실을 알 수 있다. 또한 특정 변형률 이하에서 즉, 피크변형률(Peak Strain) 값에 도달한 이후에는 변형률의 증가가 유동응력의 변화에 큰 영향을 못 준다는 사실도 알 수 있다. 이는 피크변형률 이후부터 단조중에 소재의 온도

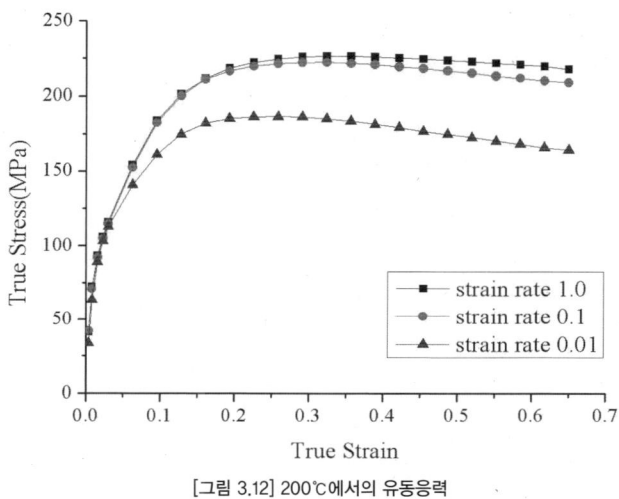

[그림 3.12] 200℃에서의 유동응력

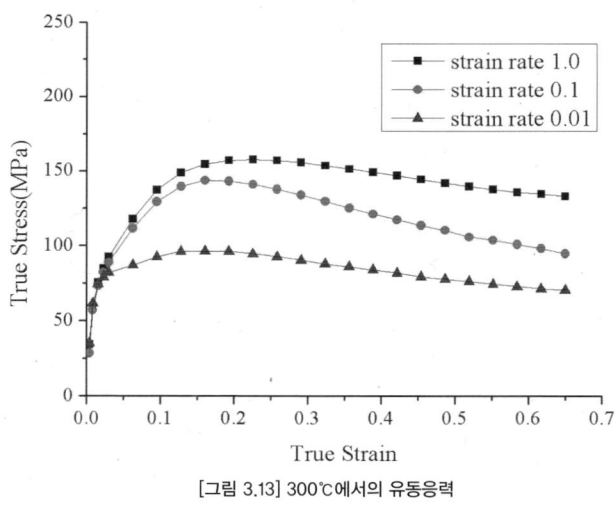

[그림 3.13] 300℃에서의 유동응력

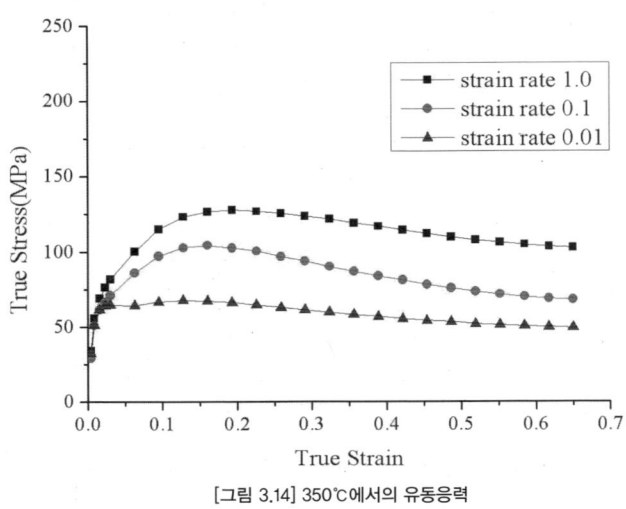

[그림 3.14] 350℃에서의 유동응력

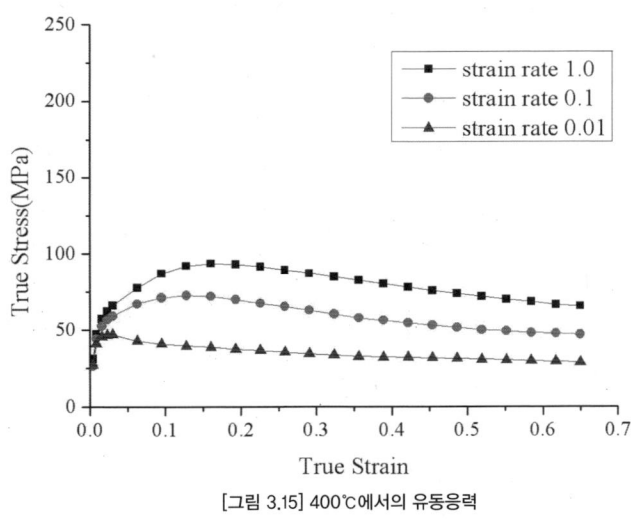

[그림 3.15] 400℃에서의 유동응력

가 증가하여 변형경화를 완화시킴으로써 유동응력의 증가를 저지하는 것으로 추정된다.

단조 하중 및 압력은 단조작업 시에 성형되어지는 형상에 따라서 매우 크게 변화하게 된다. 그러므로 단조품의 플래쉬의 치수 즉, 플래쉬 랜드의 길이, 플래쉬 두께의 작은 변화에 비례하여 단조하중에서의 변화를 이끌어 낼 수 있으므로 낮은 성형하중을 위해서 이를 재료의 유동응력자료와 더불어 금형 설계시에 활용되어야 한다.

나. 성형해석 기술의 적용

(1) 전산모사를 위한 공정 및 관련 조건

일반적인 성형가공(Forming)은 압축가공(Compression Forming), 인장가공(Tensile Forming), 굽힘가공(Forming by Bending) 및 전단가공(Shear Forming) 등으로 구분이 되며 압축가공의 경우 금형의 구조에 따라서 자유단조(Open Die Forging), 형단조(Close Die Forging), 압출(Extrusion) 및 회전단조(Rolling)등으로 분류가 된다. 압축가공의 종류 중에서 플래쉬을 가지는 형단조를 대상으로 전산모사를 수행하였다. 전산모사에 활용되어진 단조품은 링크류의 형상을 가진 제품으로 그림 3.17에 그 형상을 나타내었다. 성형해석에 적용되어진 단조공정은 그림 3.18에 나타내어져 있으며 단조공정은 대략 다음과 같다. 먼저 단조소재인 봉재를 목적한 온도로 승온시키는 가열단계를 거친 후

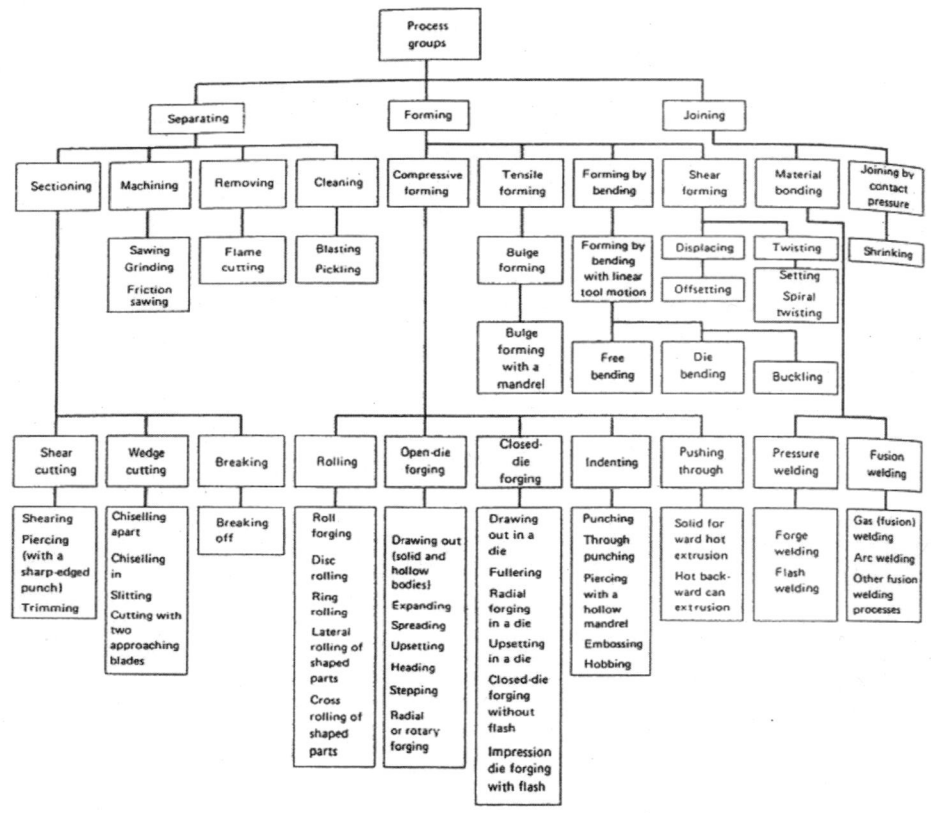

[그림 3.16] 성형가공의 분류

단조금형에 의해 2단계 즉, Blocker와 Finisher 성형단계를 거치게 된다. 마지막으로 Finisher성형 후 단조품의 외곽에 존재하는 Flash를 제거하는 트리밍공정을 거치게 된다. 상기의 여러 공정들 중에서 단조금형에 의해 소재가 성형되어지는 Blocker, Finisher 성형단계에 대해서 성형해석을 수행하였다.

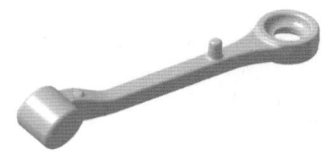
[그림 3.17] 전산모사를 위한 단조품의 형상

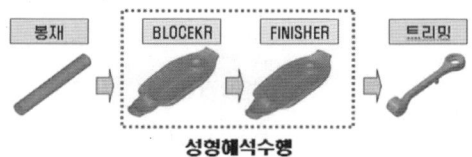
[그림 3.18] 성형해석 공정

(2) Mg 합금소재의 성형성 평가

앞서 선정되어진 단조품의 형상에 대한 Mg소재의 성형성을 검토하기 위해서 Blocker, Finisher 공정에 대한 금형을 모델링하게 된다. 모델링 되어진 금형의 형상은 우측 그림 3.19와 같다.

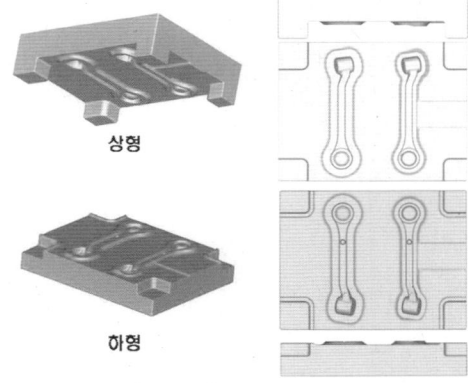
[그림 3.19] 금형모델링 형상

성형해석에 사용된 소재의 온도는 350℃로 금형온도는 250℃로 설정하였으며 마찰은 마찰상수 0.2, 쿨롱마차계수를 0.1로 설정하여 성형해석을 수행하였다. 소재의 재질은 AZ61 압출봉재로 앞서 확보된 온도별, 변형률속도별 유동응력곡선의 자료를 사용하였고 성형해석에 사용된 Press사양은 1,600Ton Crank Press를 적용하였다.

초기에 소재가 금형에 안착된 소재의 형

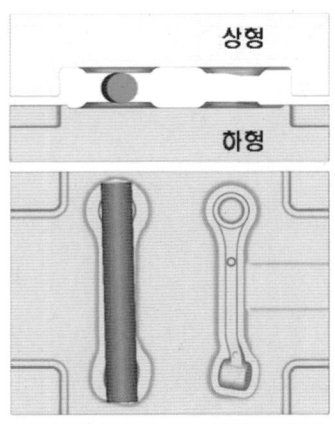
[그림 3.20] Blocker에 소재의 안착 형상

제3장 마그네슘 합금 정밀 단조 기술 **129**

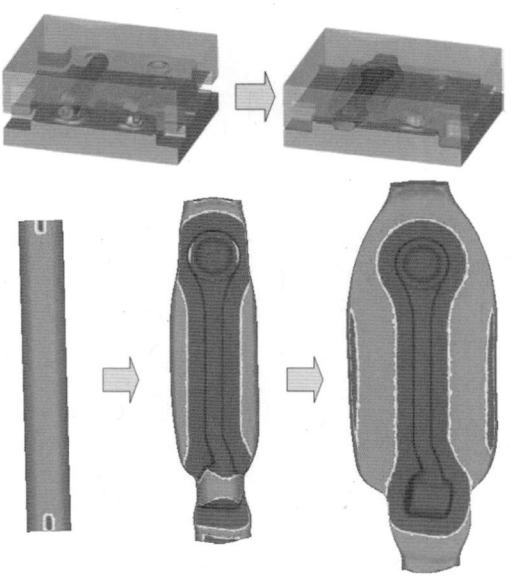

[그림 3.21] Blocker 성형해석 결과

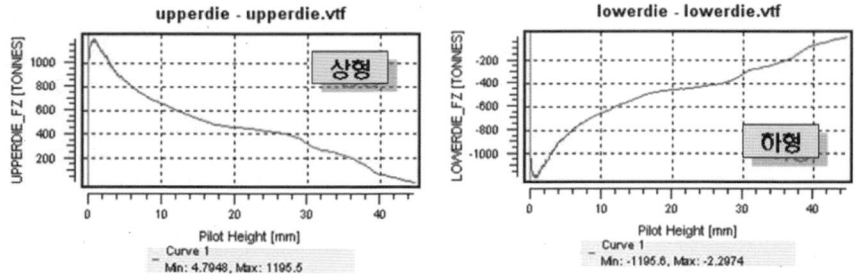

[그림 3.22] Blocker 성형하중

상은 그림 3.20과 같다. 봉재가 Blocker성형이 되는 과정은 그림 3.21에 나타냈으며 성형이 완료된 형상에서 결육 및 결함은 관찰되지 않으며 이때 발생한 성형하중은 1,200Ton으로 나타났다.

Finisher 금형에 Blocker 성형형상이 안착되어진 형상은 그림 3.23과 같

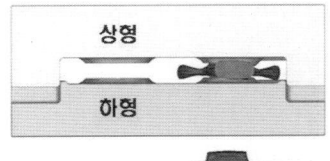
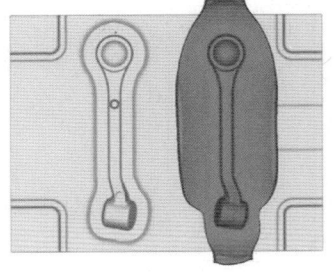

[그림 3.23] Finisher에 소재의 안착 형상

다. Blocker 성형형상이 Finisher 금형형상에 의해서 성형이 되어지는 과정은 그림 3.24에 나타내어져 있으며 성형이 완료되어진 형상에서 결함이 관찰되지 않고 있으며 이때 발생한 성형하중은 1,500Ton이 발생하고 있다.

봉재형태의 소재가 Blocker, Finisher공정을 거치는 과정 중 소재의 온도 변화에 대해서 그림 3.26에 나타내었다. 초기 소재의 온도가 350℃에서 시

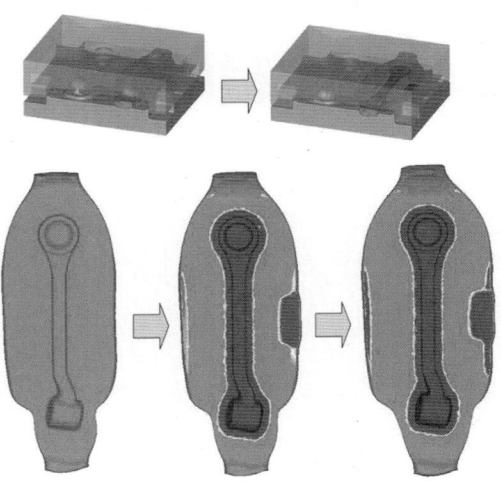

[그림 3.24] Finisher 성형해석 결과

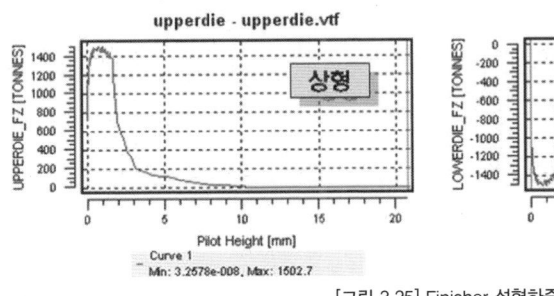
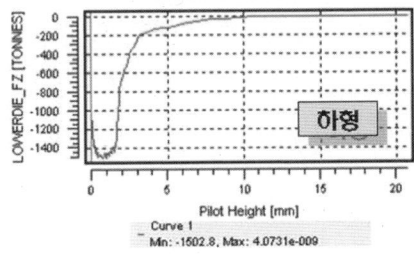

[그림 3.25] Finisher 성형하중

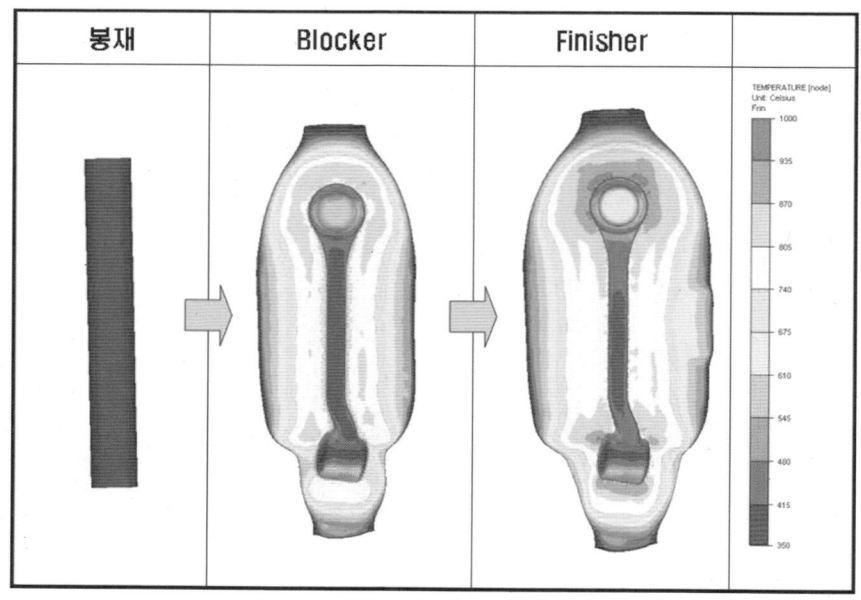

[그림 3.26] Finisher 성형온도 변화 결과

작하여 Blocker공정의 종료 시 소재의 온도가 867℃로 517℃가 높아지게 되고 Finisher 공정의 종료 시의 소재의 온도가 969℃로 Blocker 공정에 비해서 102℃가 높아지며 초기 소재의 온도 350℃에 비해서 619℃가 높아지는 것을 볼 수 있다. 일반적으로 마그네슘 합금의 용융온도가 620℃로 해석 결과에서의 온도가 너무 높게 나타나는 것을 알 수 있으며 이는 해석의 초기 열전도 및 열전달계수등의 온도와 관련된 조건들의 재설정 및 실제 단조 시작업시 소재의 온도를 측정하여 해석과 일치시키는 작업이 필요할 것으로 판단된다.

(3) 마그네슘 및 알루미늄 합금의 단조성과 성형하중 비교

AZ61압출봉재의 단조품과 성형해석 비교 결과를 나타내고 있다(그림

3.27). 여기서 실제 작업이 완료된 단조품에서 플래쉬부가 찢어짐이 발생하고 있는데 성형해석 형상에서는 플래쉬가 찢어지는 현상이 존재하지 않는 것을 볼 수 있다. 향후에 실제 단조품의 형상을 전산모사에서 구현이 되도록 플래쉬의 찢어지는 현상에 대한 연구가 필요하다. 그림 3.28에서는 동일한 소재사양 및 금형모델에 대한 AZ61 및 Al합금소재에 대한 성형하중을 비교하였다. 그 결과, AZ61이 Al합금소재에 비해서 Blocker의 경우 3.6배 높게 나타났으며 Finisher의 경우 2.87배 높게 나타났는데 Blocker, Finisher 2공정의 결과를 볼 때 AZ61 합금소재가 Al 합금소재에 비해서 단조품의 형상을 성형하는데 3배정도의 높은 하중이 필요하다는 것을 알 수 있다.

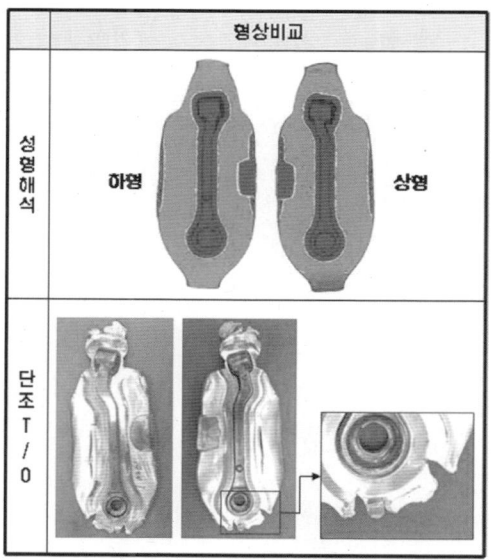

[그림 3.27] 성형해석결과와 실단조품의 형상 비교

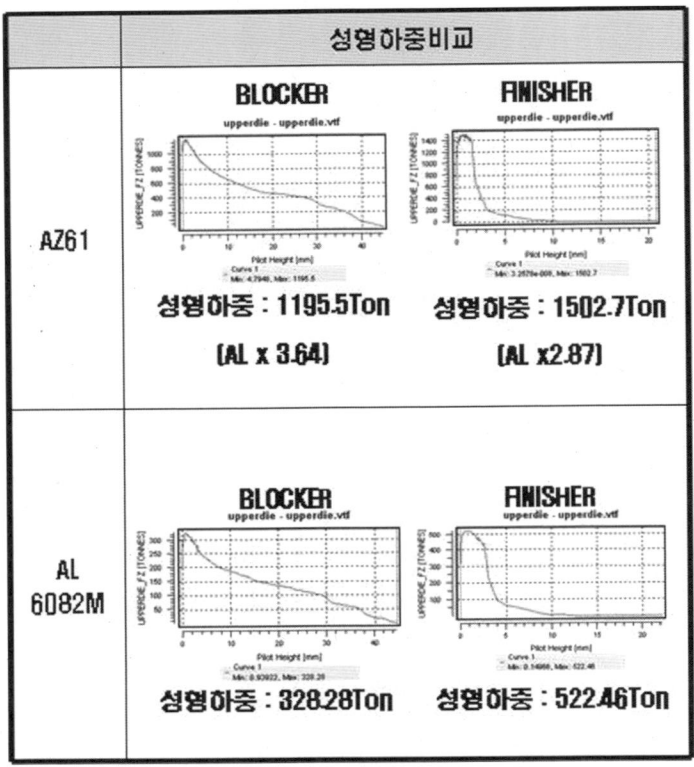

[그림 3.28] AZ61과 AL6082M의 성형하중비교

2. 예비 단조 공정 개발도

마그네슘 합금의 시제품 단조성형 공정도는 다음과 같다.

그림 3.29는 마그네슘 합금 시제품의 단조 공정 순서를 나타낸 것이다. 그림에서 보는 바와 같이 시제품 단조는 소재가열 → 열간단조 → 트리밍 → 열처리 → 검사 순의 공정을 거쳐 제작 하였다. 소재가열에 이용된 가열방식은

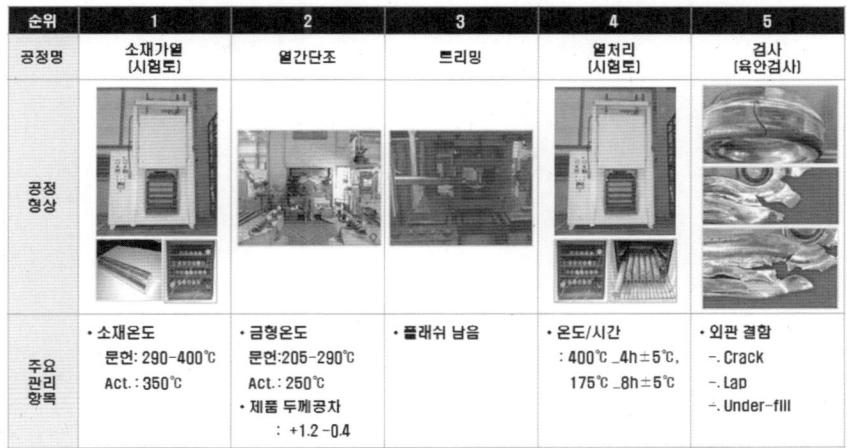

[그림 3.29] 마그네슘 합금의 시제품 단조 공정도

열풍 순환 간접 가열방식을 채택하였다. 이는 마그네슘 원소재의 직접가열에 의한 표면 용융을 피하고 소재 내·외부의 균일한 온도 분포를 유지하기 위함이다. 한편 스틸의 경우에는 빠른 사이클 타임을 위해 고주파 유도 가열방식을 일반적으로 채택하고 있으나 마그네슘 합금의 경우 내·외부의 온도 편차를 10℃ 이내로 유지하기에는 고주파 유도 가열방식은 부적합 하여 시제품 제조 시 채택하지 않았다.

단조공정에서는 문헌조사 및 해외전문가 초청 협의 등을 통해 기 확보된 자료를 바탕으로 금형온도를 250℃까지 승온 하였으며, 1,600톤 크랭크 프레스를 사용하여 65spm의 속도로 단조작업을 실시하였다. 이후 트리밍을 통해 단조제품과 플래쉬를 분리하여 최종제품을 생산하였다. 열처리 공정은 소재 가열과 동일한 열풍 순환 가열방식인 시험 가열로에서 실시하였다.

제4장 마그네슘 합금 단조 공정기술

01_ 마그네슘 합금의 열특성 분석
02_ 마그네슘 합금의 기초물성
03_ 단조금형 기술 연구

마그네슘 합금의 **열특성 분석**

상용 마그네슘 합금에 대한 기초 물성 시험 조건을 확립하였다. 상용 마그네슘 합금의 고온압축시험을 통하여 데이터베이스(DB)를 구축하고 단조 공정시에 적용되는 윤활제의 특성을 비교 평가하였다. 또한 성형해석 정밀도 향상을 위한 수치해석 기법을 도입하였으며 마그네슘 합금 고온압축시험 DB를 적용하여 CAE 해석을 수행하였다.

1. 상용 마그네슘 합금 열특성 분석을 통한 단조 온도 조건

단조 온도의 조건 설정이 고온 단조 공정에서 아주 중요한 인자로 작용한다. 단조 온도(소재가열 온도)는 제품의 성형성 뿐만 아니라 금형 및 프레스의 수명과도 깊은 연관이 있다. 그 이유는 프레스의 하중에 가장 큰 영향을 미치는 인자가 소재 온도이며, 소재의 온도가 낮아질수록 성형시 필요한 하중과 금형과의 마찰계수가 증가하게 되어 금형 및 프레스의 수명을 저하시키기 때문이다. 그리고 소재온도는 최종 제품의 건전성과도 연관이 깊다. 소재 온도가 낮으면 단조시 소재의 성형성이 감소하여 외관적으로 미성형 및 조대 균열 등의 결함이 발생하고 단조품 내부적으로 단조 성형시 가지게 되는 잔류응력으로 최종 제품의 미세조직에 결정립성장 등과 같은 불안정한 조직 결함 등이 발생하게 되어 기계적 특성이 열화되는 결과를 초래하기도 한다. 이와 반대로 소재가열 온도가 너무 높아지게 되면 단조 성형시 소재 온도가 순간적으로 상승하기 때문에 소재 내부에 국부 용융이 발생할 수 있다. 이렇게 단조공정에서 소재의 가열온도 설정은 최종 제품의 품질과 직결됨으로 신중히 결정되어야 한다. 그래서 본 교재에서는 최적 단조온도 설정을 위해 단조용 마그네슘 합금들의 열특성 분석을 실시하였으며, 그 결과를 바탕으로 국부 용융이 발생하지 않는 온도 영역에서 최대한 성형성이 우수한 온도 영역을 도출 하였다.

그림 4.1은 각종 마그네슘 합금의 열특성 분석 결과를 나타낸 결과이다. 마그네슘 합금 모두 420℃ 부근에서 좁은 폭의 흡열반응을 나타내었다. 이는 420℃ 부근에서 마그네슘 합금의 제2상(Second Phase-$Al_{12}Mg_{17}$)의 용융에 의해 흡열반응이 나타난 것이다. 곡선의 최저점에서 제 2상이 모두 녹아 더 이상 열을 흡수하지 않고 발열현상을 보여준다. AZ61 합금의 경우 흡열반응이 시작되는 온도가 K국 소재의 경우 423℃이고 C국 소재는 423℃로 유사한 온도 경향을 보였으며, AZ80 합금 또한 429℃로 동일한 결과를 나타내었다. 이와 같이 소재의 합금조성이 동일하면 열특성 역시 동일한 결과를 나타

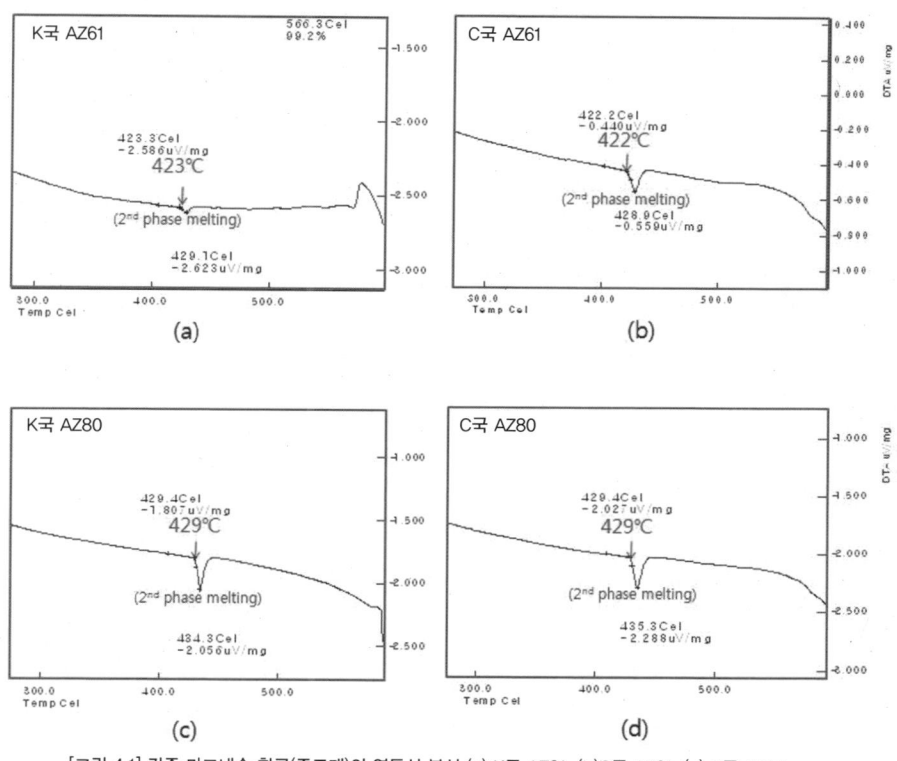

[그림 4.1] 각종 마그네슘 합금(주조재)의 열특성 분석 (a) K국 AZ61, (b)C국 AZ61, (c) K국 AZ80 그리고 (d) C국 AZ80.

내었다. 따라서 각 합금의 제2상의 용융온도를 확보하였으며, 이 열 특성 결과와 기존의 알루미늄 합금의 고온 단조 전산모사 결과를 참고하여 마그네슘 합금의 단조온도를 설정하였다. 알루미늄 합금의 단조 성형시 소재의 온도는 +35~45℃ 정도 상승함으로써 마그네슘 합금의 제2상의 용융점이 420℃ 부근임을 감안할 때 380℃의 소재 온도를 설정하고 여기에 안전율을 감안하여 350℃로 최종 설정하였다. 따라서 마그네슘 합금의 단조온도(소재가열온도)는 350℃가 적절한 것으로 판단된다.

2. 상용 및 개발 마그네슘 합금 단조조건 도출 위한 열특성 분석

최적 단조온도 설정을 위해 상용 및 개발 마그네슘 합금의 열특성 분석을 실시하였으며, 그 결과를 바탕으로 국부 용융이 발생하지 않고 최대한 성형성이 좋아지는 온도 영역을 도출 하였다. 분석 소재는 개발 마그네슘 합금 (TAZ711, TAZ811) 압출봉재를 이용하였다.

[표 4.1] 마그네슘 합금의 화학조성

Mg alloy	Chemical composition(%)				
	Sn	Al	Mn	Zn	Bal.
TAZ711	7.0	1.0	–	1.0	91.00
TAZ811	8.0	1.0	–	1.0	90.00

그림 4.2에 개발 마그네슘 합금 들의 열특성 분석 결과를 나타내었다. DTA 분석결과는 온도변화에 따른 열량변화를 분석하여 초기용융(Incipient Melting Point)온도를 도출할 수 있으며, TG 분석결과는 온도변화에 따른 중량변화를 통해 산화반응의 시작온도를 분석할 수 있다. 그림 4.2(a)와 같이 TAZ711합금은 520℃에서 초기 용융이 시작되었으며 녹는 점(Melting Point)은 672℃로 나타났다. 그리고 산화반응은 523℃에서 시작된 것을 알 수 있다(그림 4.2(b)). 초기 용융과 산화반응이 거의 동시에 진행되었다. 그림 4.2(c)는 TAZ811합금의 초기 용융이 533℃에서 시작되었으며, 산화반응은 543℃에서 시작되었다(그림 4.2(d)). TAZ711합금에 비해 TAZ811 합금이 초기 용융온도가 10℃ 높았으며, 산화반응온도는

20℃ 높게 나타났다.

이 열특성 결과와 상용 마그네슘 합금들의 열특성 분석결과 및 고온 단조 전산모사 결과를 활용하여 마그네슘 신합금의 단조온도를 설정하였다. TAZ711합금 주조재를 이용하여 압출을 수행하였으며 성형성 평가를 실시하였다. 단조 성형시 소재의 온도상승 폭이 소재온도에 + 35~45℃ 정도 상승

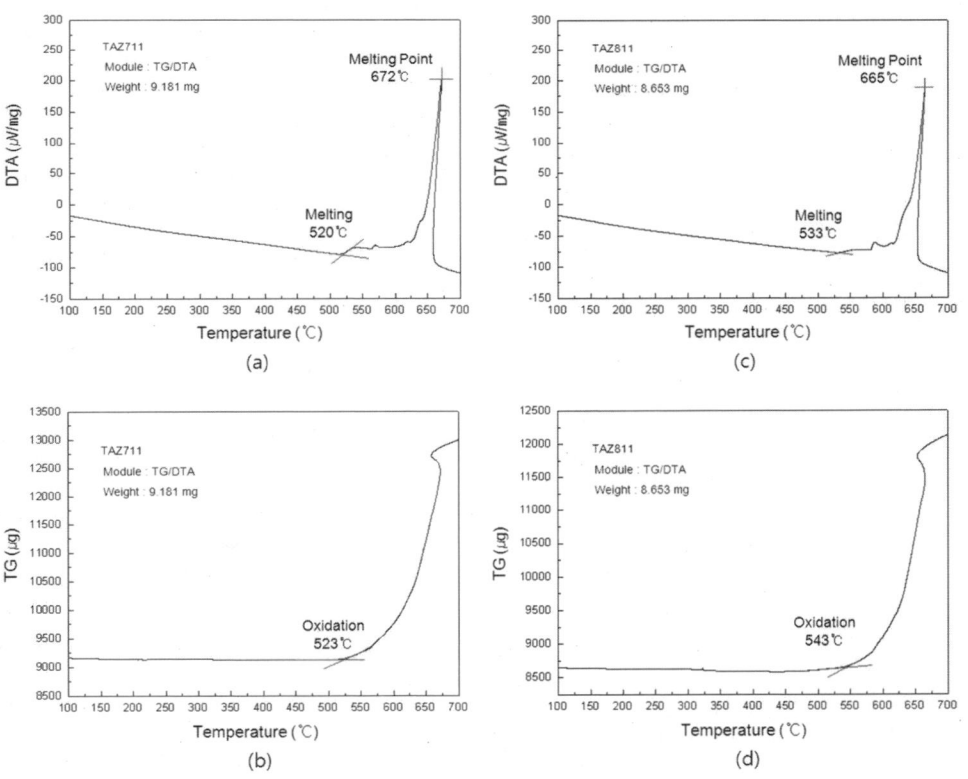

[그림 4.2] 마그네슘 신합금(TAZ711, TAZ811)의 열특성 분석결과, (a) TAZ711 DTA 분석, (b) TAZ711 TG 분석, (c) TAZ811 DTA 분석 및 (d) TAZ811 TG 분석.
* 시차열분석법(DTA, Differential Thermal Analysis)   * 열 중량 분석(TG, Thermogravimetry)

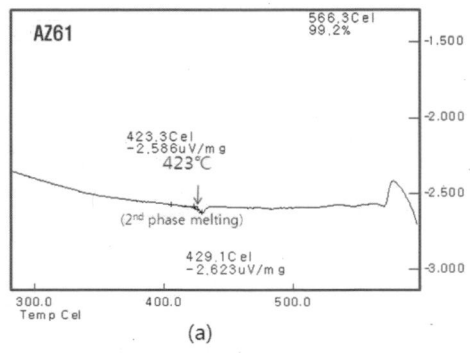

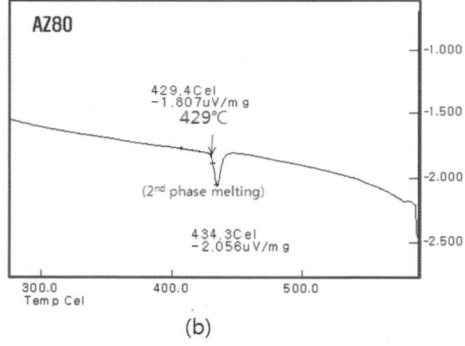

[그림 4.3] 상용 마그네슘 합금의 열특성 분석, (a) AZ61 및 (b) AZ80.

하므로 TAZ711합금의 초기 용융점이 520℃ 부근임을 감안할 때 480℃로 소재 온도가 설정 안전율을 감안하여 450℃ 적절할 것으로 판단된다. 따라서 TAZ711합금의 단조온도(소재가열온도)는 최고 450℃로 최종 선정하였다. 그림 4.3은 신합금과 상용합금의 열특성을 비교하기 위해 상용 AZ61과 AZ80 의 열특성분석 결과를 나타내고 있다.

상용합금의 열특성 분석 비교결과 개발 마그네슘 합금의 초기용융온도가 약 100℃정도 높은 것을 알 수 있다. 따라서 단조 성형 가능 온도 구간 역시 넓게 확보할 수 있다.

마그네슘 합금의 **기초물성**

1. 상온 인장 및 압축시험

가. 상용 마그네슘 합금

상용 마그네슘 합금 AZ31과 AZ80 압출봉재의 ED(Extrusion Direction) 방향으로 인장시편(ASTM B557M)규격으로 가공하여 상온에서 변형률속도 0.001/sec으로 인장압축시험을 수행하였다.

[그림 4.4] 인장시편

그림 4.5는 상온에서 준정적(Quasi-Static, 0.001/sec) 인장 및 압축시험 결과를 나타내고 있다. 인장 변형 시에 마그네슘 합금의 유동응력은 전형적인 슬립 변형에 의한 형태로서 일반적인 알루미늄이나 스틸에서 나타나는 위로

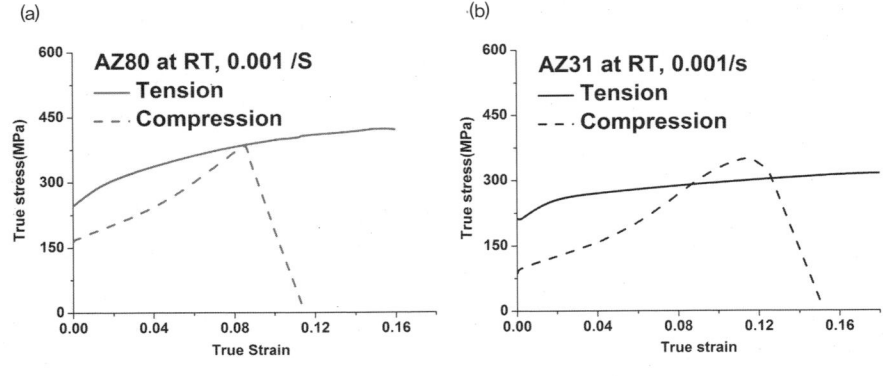

[그림 4.5] AZ31과 AZ80의 상온 인장 및 압축실험

볼록한 경화(Hardening)곡선을 나타내지만, 압축 변형 시에는 쌍정이 형성되어 아래로 볼록한 형태의 경화곡선을 갖는다.

나. 상용 및 개발 마그네슘 합금

마그네슘합금 AZ61과 TAZ711 압출봉재의 ED 방향으로 가공하여 인장시편 ASTMB557M규격을 이용하여 상온에서 변형률 속도 0.001/sec으로 수행하였다.

[그림 4.6] 인장시편

그림 4.7은 상온에서 준정적(Quasi-Static, 0.001/sec) 인장 및 압축시험 결과를 비교한 그래프이다. 인장 변형 시에 마그네슘 합금의 유동응력은 전형적인 슬립 변형에 의한 형태로서 일반적인 알루미늄이나 스틸에서 나타나는

위로 볼록한 경화(Hardening)곡선을 나타내지만, 압축 변형 시에는 {10̄12}쌍정이 형성되어 아래로 볼록한 형태의 경화곡선을 갖는다.

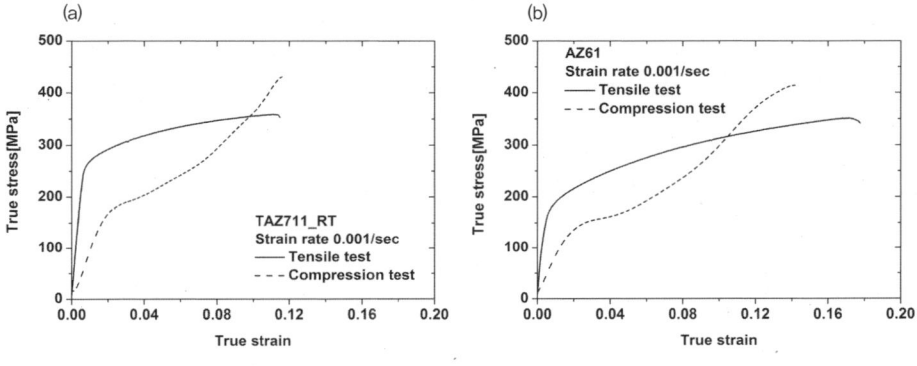

[그림 4.7] AZ61과 TAZ711의 상온 인장 및 압축실험

2. 고온압축시험

가. 상용 마그네슘 합금

AZ31과 AZ80 압출봉재를 이용하여 압출방향과 평행한 ED(Extrusion Direction)방향으로 직경 10㎜, 높이 15㎜(D10L15)의 원통시편으로 가공하여 사용하였다. ED 압축시편에 고온 압축시험 조건은 250, 300, 350, 400℃와

[그림 4.8] 압축시편채취방향   [그림 4.9] 시편 형상

변형률속도 0.001, 0.1, 1, 10/sec에 대하여 수행하였다.

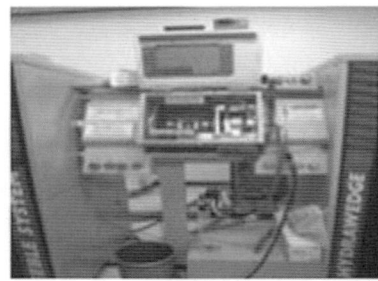

[그림 4.10] Gleeble3800장비

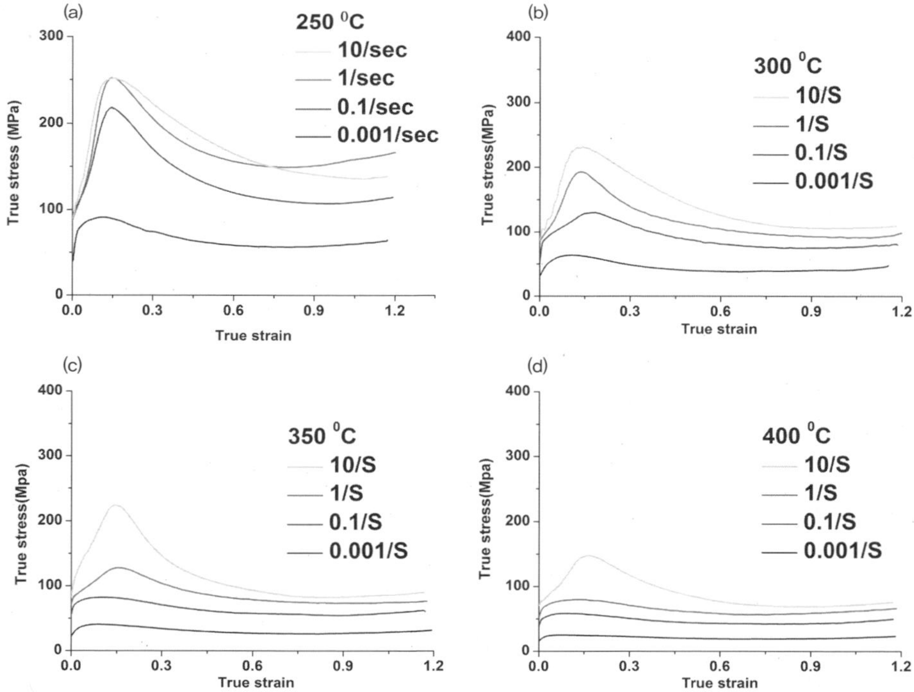

[그림 4.11] AZ31의 유동응력 곡선

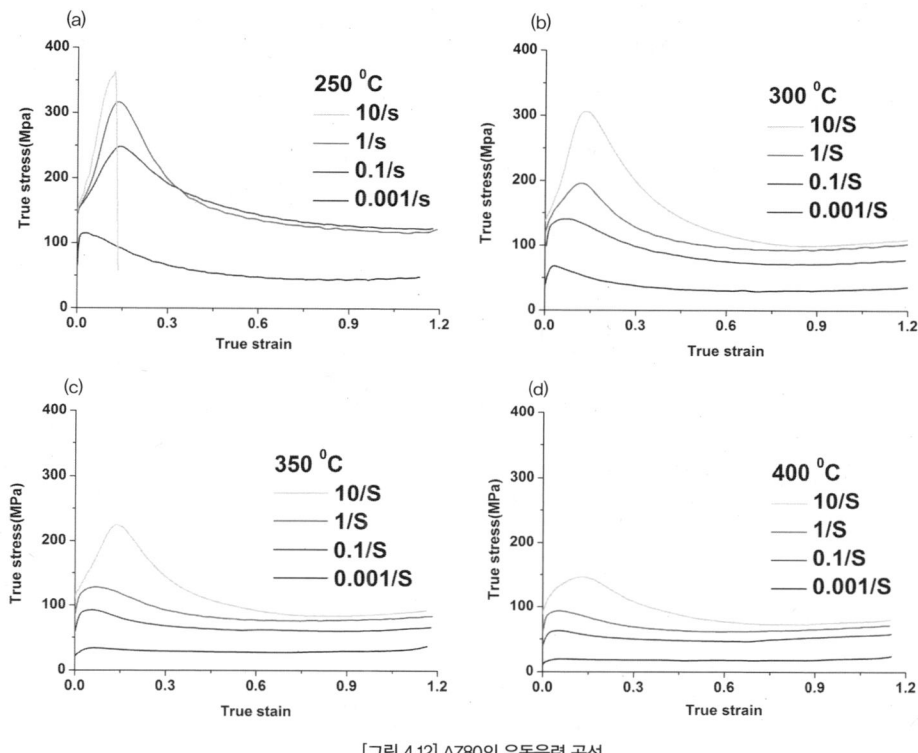

[그림 4.12] AZ80의 유동응력 곡선

그림 4.11과 그림 4.12는 AZ31 및 AZ80에 대한 압축시험 결과를 나타내었다. 모든 유동곡선은 소성 변형이 진행됨에 따라 피크(Peak) 유동응력에 도달한 뒤, 연화(Softening)되면서 포화(Saturation) 응력상태에 도달하는 형태를 보이고 있다. 유동응력이 피크 유동응력에 도달하는 양상을 살펴보면 그림 4.12 (a)의 250℃, 10/sec과 같이 아래로 볼록한 형태로 경화가 진행되는 경우가 있는 반면, 그림 4.12 (c)의 350℃, 10/sec과 같이 위로 볼록한 형태의 경화가 발생하는 경우가 있다. 변형 초기 낮은 경화율을 보이는 아래로

볼록한 경화곡선은 성형온도가 낮을수록 그리고 변형률 속도가 높을수록 뚜렷이 나타나며 이는 쌍정 발생이 낮은 온도와 높은 변형률 속도에서 용이해지기 때문이다. 성형 온도가 증가함에 따라 비저면 슬립의 임계분해 전단응력(CRSS, Critical Resolved Shear Stress)이 감소하여 쌍정의 형성이 억제되고 슬립이 용이하게 활성화되어, 대부분의 유동곡선이 위로 볼록한 형태를 보인다. 또한, 변형률 속도가 증가함에 따라 변형률 속도 경화(Strain Rate Hardening)를 보이고 있으며 0.001/sec 변형률 속도의 유동곡선을 제외하고 모든 곡선들이 0.6 이상의 변형률 영역에서 비슷한 크기의 유동응력으로 포화되는 것을 관찰할 수 있다.

상용 AZ80, AZ61, ZK60 압출봉재를 Ø10 X L15㎜로 시험편을 제작하여 사용하였다. 시험온도 조건은 각각 200, 250, 300, 350, 400℃의 온도에서 변형률 속도 0.01, 0.1, 1, 10, 20/sec로 압출율 50까지 진행하였으며, 그림 4.13~그림 4.15와 같은 유동 응력 곡선(Flow Stress Curve)를 얻을 수 있었다.

압축시험에 사용된 상용 소재중 AZ80과 AZ61의 경우 200℃ 온도의 0.01, 0.1, 1, 10/sec의 변형률 속도 조건과 250℃ 온도의 20/sec의 변형률 속도에서 시편에 Crack이 발생하였으며, 300℃ 이후에는 Crack 없이 성형이 진행된 것을 확인 할 수 있었다. 반면 ZK60의 경우 200℃의 20/sec 조건 이외에는 Crack 없이 성형되었다. 이와 같은 결과로 마그네슘 합금 성형성은 단조 온도 및 변형률속도 그리고 합금 성분에 따라 성형성의 차이가 존재함을

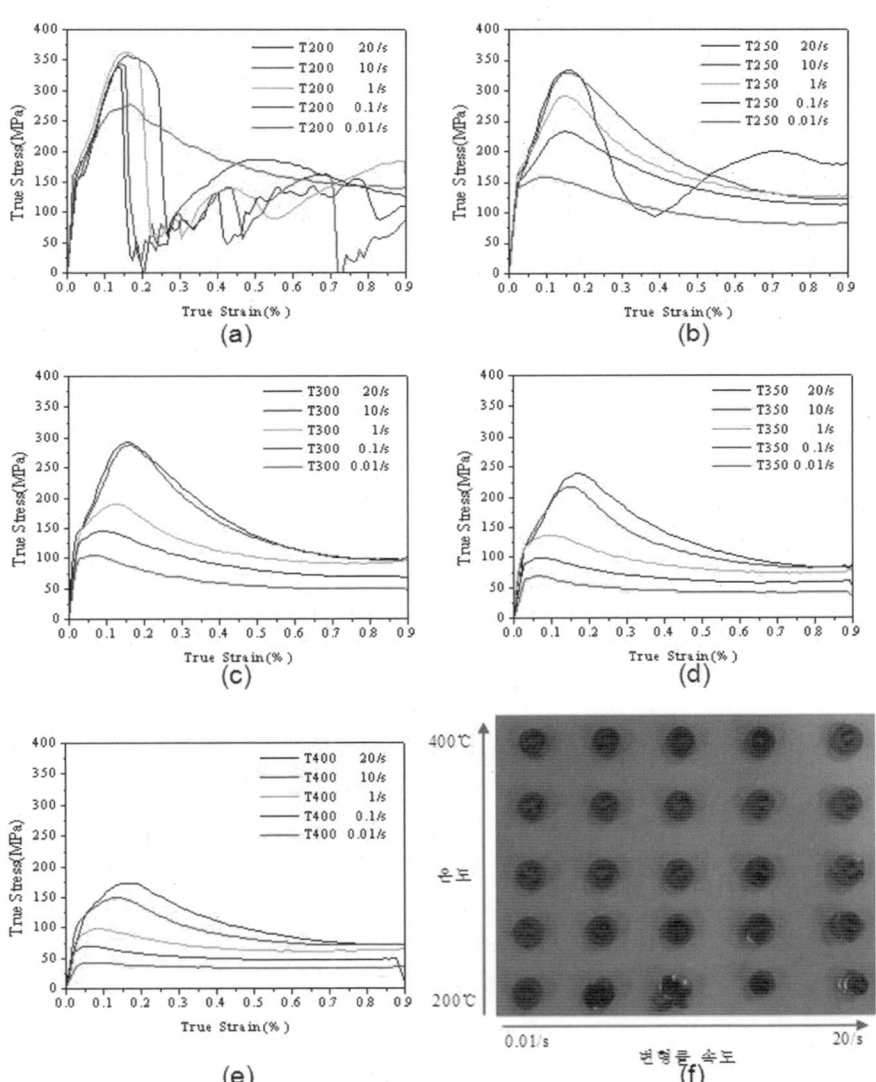

[그림 4.13] AZ80 유동응력 곡선 및 압축시편 (a)200℃, (b)250℃, (c)300℃, (d)350℃, (e)400℃, (f) 압축시편

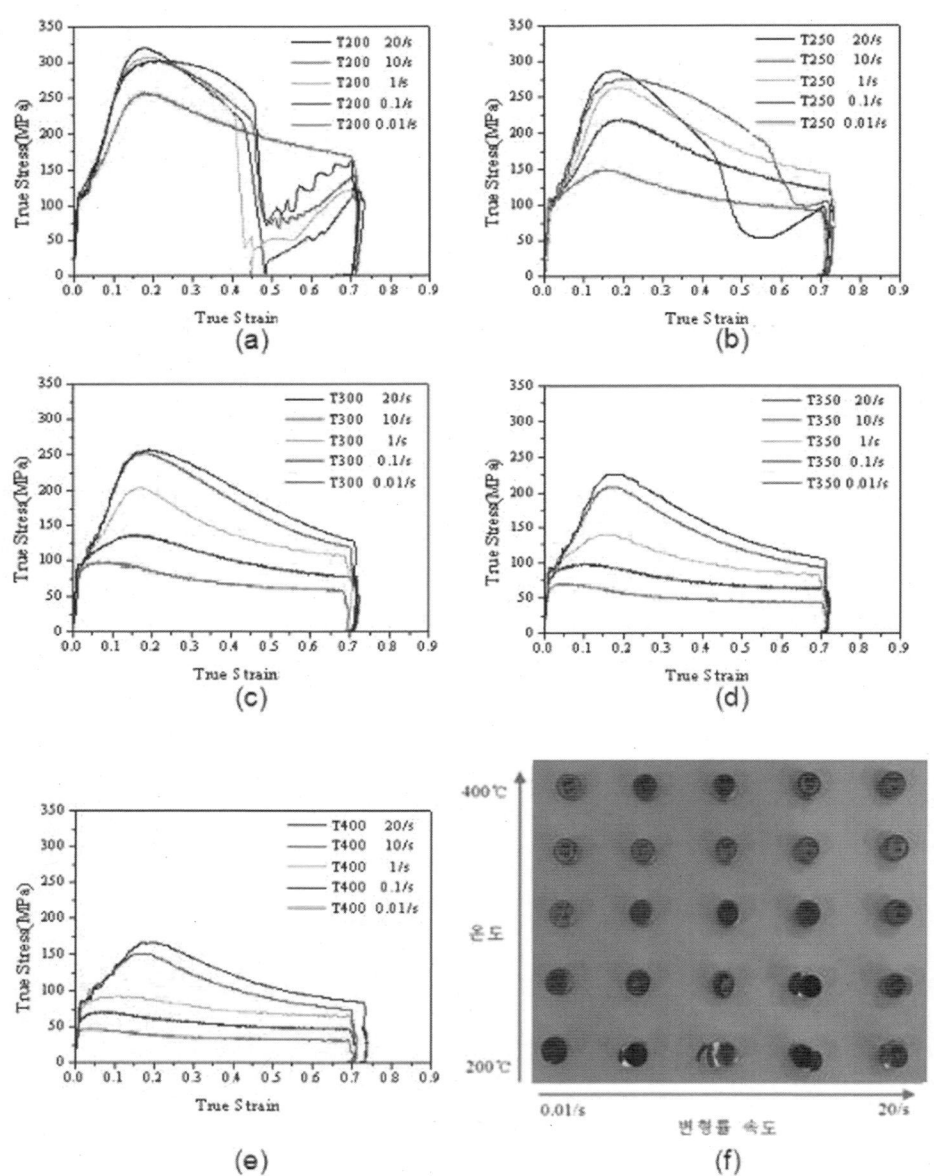

[그림 4.14] AZ61 유동응력 곡선 및 압축시편 (a)200℃, (b)250℃, (c)300℃, (d)350℃, (e)400℃, (f) 압축시편

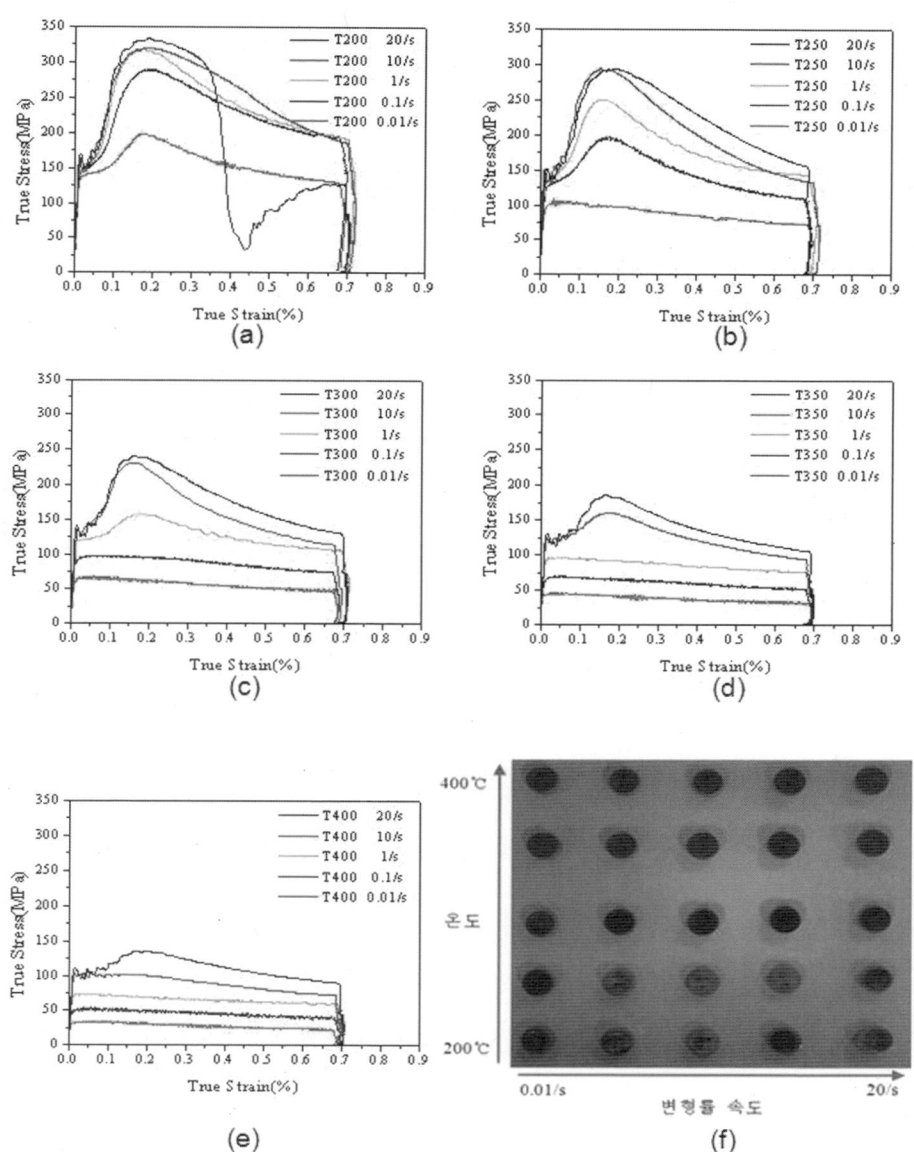

[그림 4.15] ZK60 유동응력 곡선 및 압축시편 (a)200℃, (b)250℃, (c)300℃, (d)350℃, (e)400℃, (f) 압축시편

알 수 있었다. 이러한 결과는 마그네슘 합금의 변형기구와 관련이 있으며, 일반적인 마그네슘 합금은 225℃ 이상에서 상온 슬립기구 외에 다양한 슬립기구가 변형에 관여하게 된다. 이러한 특성으로 성형성이 증가하게 되며 225℃ 이상의 각각의 온도조건에서 Strain Rate가 느릴 경우 재결정에 따른 가공연화의 영향을 받아 연성이 증가한다는 것을 알 수 있었다.

따라서 225℃ 이상의 온도영역에서 성형속도가 느릴수록 마그네슘 합금의 단조 성형 하중이 감소되고 성형성이 좋아질 것으로 예상된다. 또한 마그네슘 합금의 성형성은 합금 원소에도 큰 영향을 받으며 주요 합금원소인 Al, Zn, Zr의 영향은 다음과 같다. 알루미늄(Al)은 마그네슘 내 10wt% 이내의 함류량을 가지며, 6wt% 이내에서 강도 및 연신율에 대한 양호한 물성을 지닐 수 있게 한다. 아연(Zn)은 Al과 같이 첨가되어 결정립 미세화로 강도 증가시키는 역할을 하며, 지르코늄(Zr)과 동시에 첨가하면 결정립 미세화 효과를 더욱 향상시킬 수 있다. 지르코늄(Zr)은 마그네슘의 결정립 미세화로 연신율을 향상시키며, 이러한 특성은 지르코늄의 격자 상수가 마그네슘과 유사하여 용해시 형성된 지르코늄 입자가 응고 과정에서 마그네슘의 핵생성 장소를 제공하기 때문으로 알려져 있다. 따라서 대표적인 상용 소재인 AZ80, AZ61, ZK60을 비교하였을 경우 ZK60의 성형성이 가장 좋은 것을 확인 할 수 있었다.

나. 상용 및 개발 마그네슘 합금

압출비(25:1)를 이용하여 압출 한 소재 상용 합금 AZ61 및 개발합금

TAZ711 압출봉재를 이용하여 압출방향과 평행한 (ED, Extrusiondirection) 방향으로 직경 10㎜, 높이 15㎜(D10L15)의 원통 형상의 시편으로 가공하였

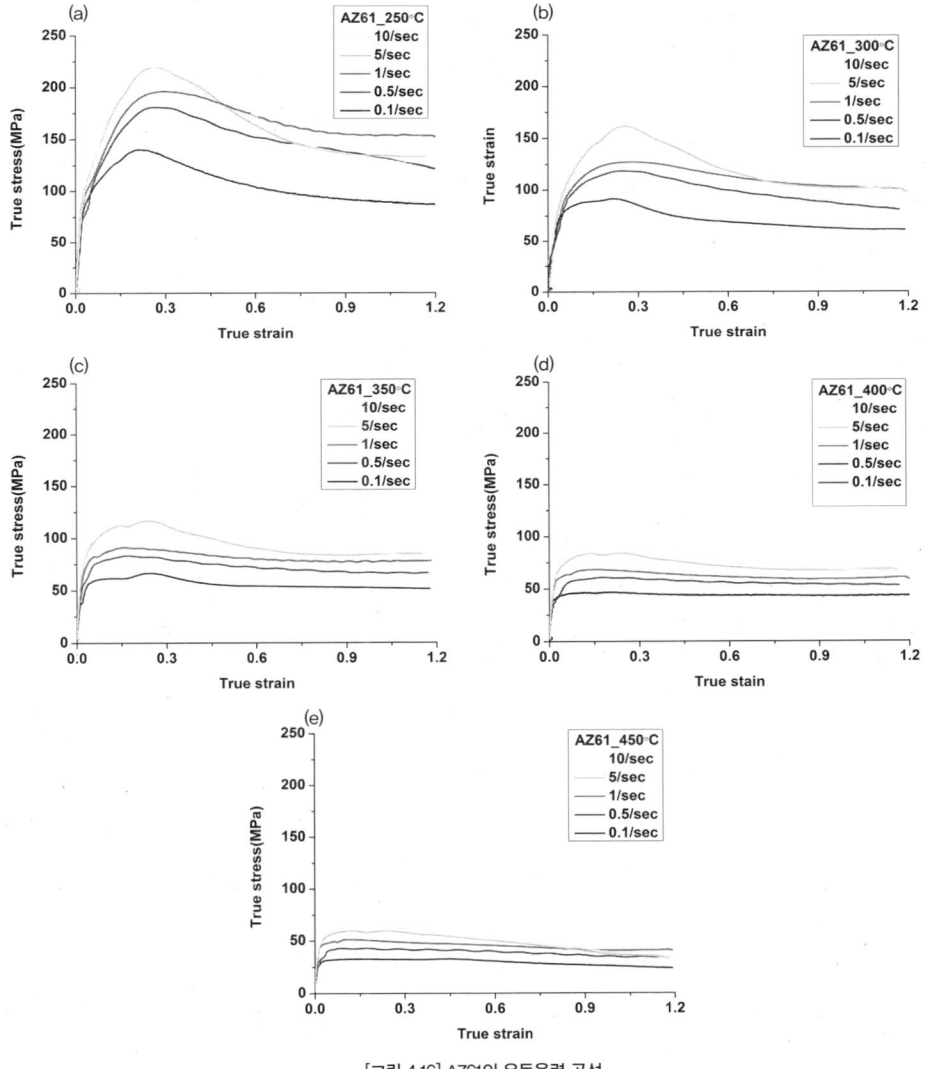

[그림 4.16] AZ61의 유동응력 곡선

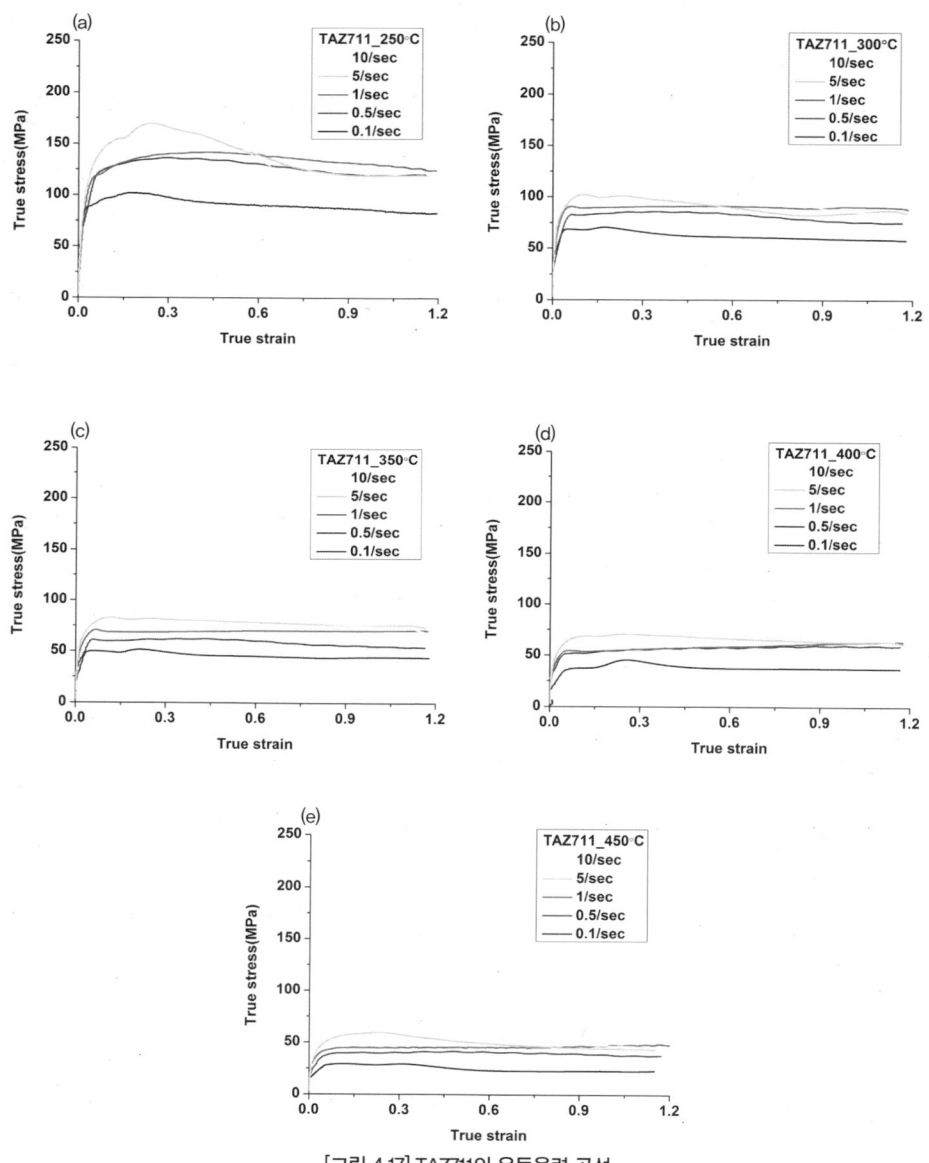

[그림 4.17] TAZ711의 유동응력 곡선

다. 시험장비는 Gleeble3800을 이용하였으며, 압축시험 온도조건은 250, 300, 350, 400, 450℃와 변형률 속도 0.1, 0.5, 1, 5, 10/sec에 대하여 압축시험을 수행하였다.

그림 4.16과 그림 4.17은 AZ61 및 TAZ711에 대한 압축시험 유동응력 곡선을 보여주고 있다.

모든 성형조건에서의 유동곡선은 소성 변형이 진행됨에 따라 피크(Peak) 유동응력에 도달한 뒤, 연화(Softening)되면서 포화(Saturation) 응력상태에 도달하는 형태를 보이고 있다. 유동응력이 피크 유동응력에 도달하는 양상을 살펴보면 온도가 낮고 변형률 속도가 높을수록 뚜렷이 나타난다. 비저면 슬립의 임계분해 전단응력(CRSS, Critical Resolved Shear Stress)이 감소하여 쌍정의 형성이 억제되고 슬립이 용이하게 활성화되어, 대부분의 유동곡선이 위로 볼록한 형태를 보인다.

3. 방향별 압축시험

상용 마그네슘 합금 AZ31과 AZ80 압출봉재를 사용하여 압출방향의 수직(TD, Transverse Direction)방향으로 압축시편을 직경 10㎜, 길이 15㎜(D10L15)로 가공하여 압축시험을 수행하였다. 시험 시 성형온도는 350℃로 하고 변형률속도 0.1/sec에 대하여 실시하였다.

[그림 4.18] 압축시편채취방향   [그림 4.19] 시편 형상

그림 4.20은 AZ80의 방향별 ED와 TD 시편의 압축 유동응력을 비교한 결과이다. TD시편의 유동응력을 관찰하면 피크 값에 도달한 뒤 ED 시편에 비하여 연화가 크게 일어나지 않고 포화되고 있다.

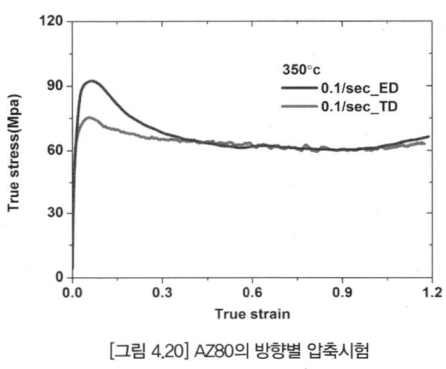

[그림 4.20] AZ80의 방향별 압축시험

그림 4.21는 AZ80의 ED와 TD시편을 성형온도 350℃로 고정하고 압축속

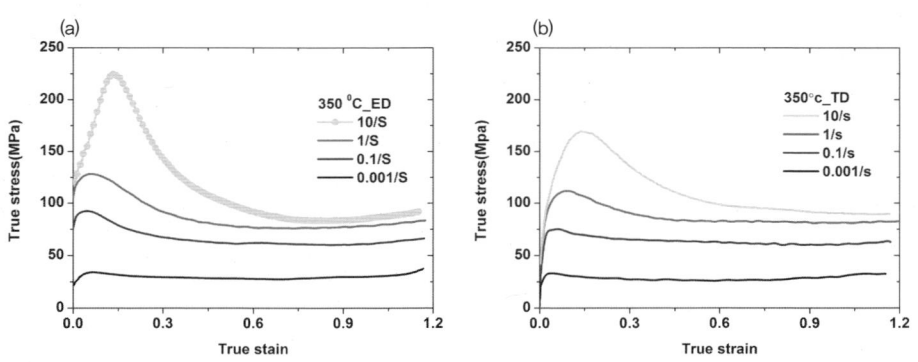

[그림 4.21] AZ80의 ED와 TD시편을 변형률 속도별 압축시험

도별 시험한 유동응력 곡선을 나타내고 있다. 그림 4.21 (a)의 경우 고변형률 속도(10/sec)에서 Twin에 의한 하드닝이 관찰되는 반면, TD에서는 관찰되지 않았다.

4. 상용 마그네슘 합금의 재결정 발생 기초연구

가. 변형률에 따른 조직변화

마그네슘 합금의 변형률에 따른 조직변화를 관찰하기 위해 ED, TD 시편에 일정한 변형률을 부과한 뒤, 방위특성과 결정립 변화를 관찰하였다. 변형률에 따른 집합조직 효과를 최소화하기 위하여 0.1/sec으로 변형률 속도는 고정하고 각 유동곡선 상에서 특징적인 변화를 갖는 지점을 그림 4.23와 그림 4.26 같이 선정한 뒤, 일정한 압축 변형률을 부과하여 조직 실험을 위한 시편을 가공하였다. EBSD실험은 Schotty 방식의 HITACHISU6600 FE-SEM 전계방출형 주사전자현미경을 이용하였다.

AZ80[ED]_EBSD시편				
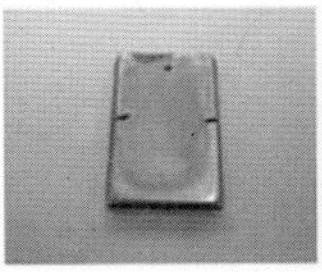	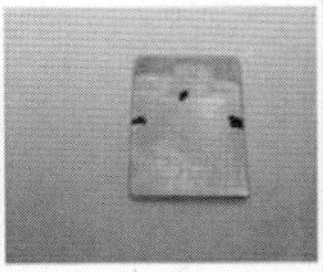	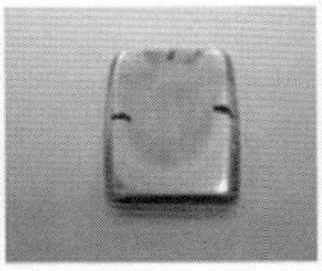	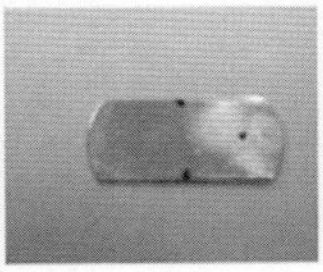	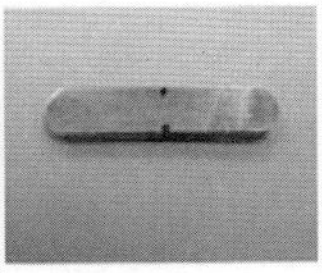
ε=0	ε=0.06	ε=0.19	ε=0.68	ε=1.2

[그림 4.22] EBSD시편

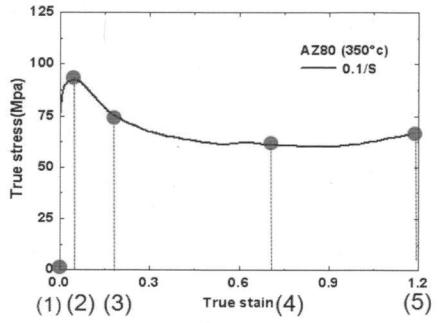

[그림 4.23] AZ80(ED)의 유동곡선에서 특징적인 변화를 갖는 지점

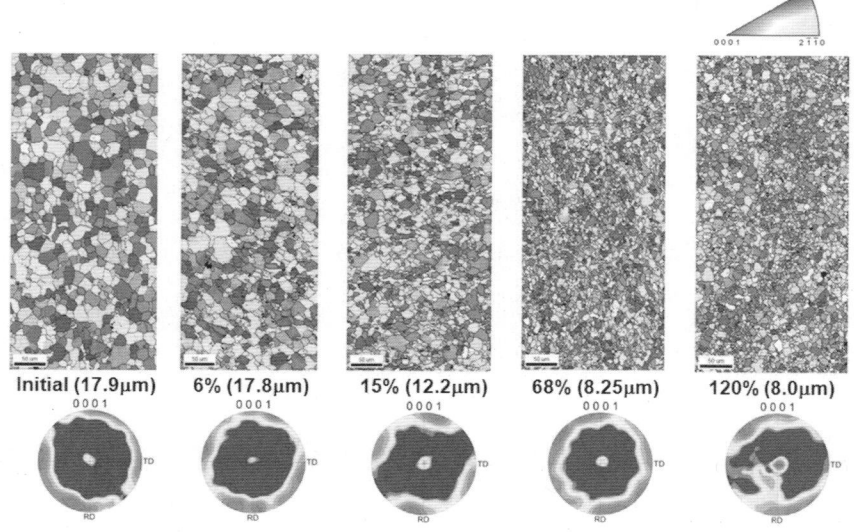

[그림 4.24] AZ80(ED)의 변형률 증가에 따른 집합조직 변화

- Extrusion direction (ED)

초기 압출봉재의 집합조직은 {10$\bar{1}$0}, {2$\bar{1}$$\bar{1}$0}이 지배적으로 나타나고 있다. 그림 4.24의 압축률 6%에서는 수 개의 쌍정이 관찰되고 있지만, 350℃의 비

교적 높은 성형온도에서 쌍정의 분율(Fraction)은 매우 낮은 것으로 관찰되었다. 소성변형률이 증가함에 따라 결정립계의 굴곡(Corrugated)이 심해지며, 압축률 15%에서 미세한 결정립들이 생성되는 것을 관찰할 수 있다. 이러한 전형적인 동적 재결정은 변형률 0.19, 즉, 유동곡선 상에서는 피크 응력과 포화 응력의 중간지점에서 시작되고 있다. 동적 재결정으로 인한 결정립 크기의 감소로 인하여 압축률 68%를 부과한 시편에서는 전영역에 걸쳐 균일한 결정립 미세화가 진행되었다. 일반적으로 HCP 구조를 갖는 마그네슘 합금은 온간 및 열간 변형 시 기저면이 압축방향에 수직하게 배열되어 Basal 집합조직이 형성된다. 압축률 120% 의 Pole Figure를 보면 Basal 집합조직이 급격

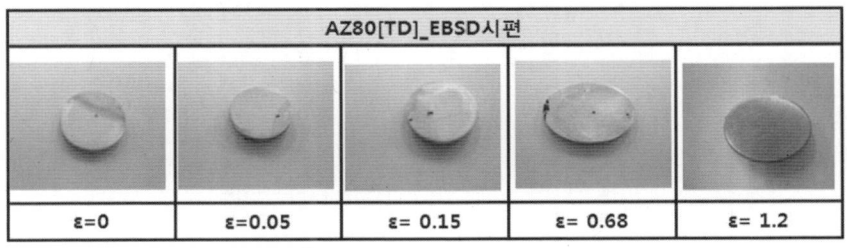

[그림 4.25] AZ80(TD) EBSD시편

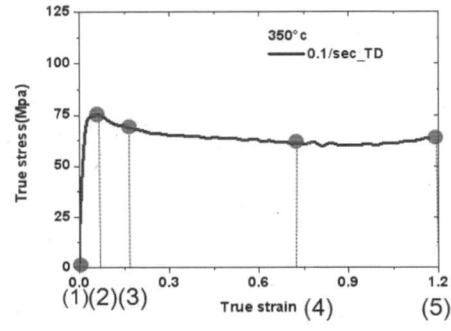

Position	Compression(%)
(1)	0 (initial specimen)
(2)	5
(3)	15
(4)	68
(5)	120

[그림 4.26] AZ80(ED)의 유동곡선에서 특징적인 변화를 갖는 지점

하게 증가한 것을 관찰할 수 있으며 측정 영역의 방위가 등축정(Equiaxed) 화 된 것을 알 수 있다.

■ Transverse direction (TD)

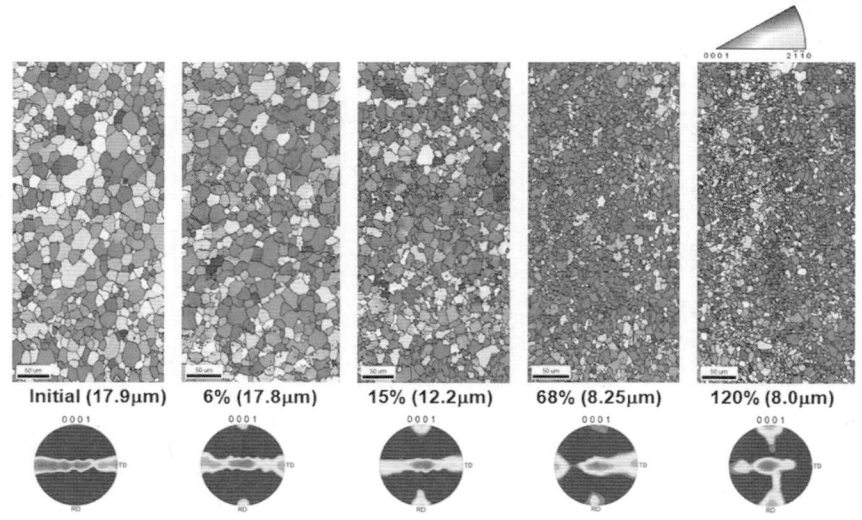

[그림 4.27] AZ80(TD)의 변형률 증가에 따른 집합조직 변화

그림 4.27은 TD시편의 변형률 증가에 따른 집합조직 변화를 나타낸 그림 이다. 초기 시편에서 기저면이 압출방향과 평행하게 배열된 전형적인 압출 집 합조직이 지배적으로 관찰되고 있으며 ED 시편과 같이 변형률 0.15 지점에서 동적 재결정이 시작되고 있다.

나. 결정립 크기 변화 (ED & TD)

그림 4.28은 변형률 증가에 따른 ED, TD 시편의 평균 결정립 크기 변화

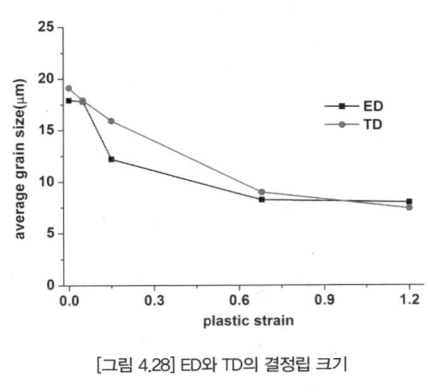

[그림 4.28] ED와 TD의 결정립 크기

를 나타낸다. 동적 재결정으로 인하여 결정립 크기가 감소하고 있으며, ED와 TD 방향의 유동응력이 거의 일치하게 되는 변형률 0.68영역에서 평균 결정립 크기 역시 8㎛로 수렴하는 것을 볼 수 있다. TD 시편과 비교하여 ED 시편의 평균 결정립 크기 감소율이 변형률 0.19에서 매우 큰 것을 확인할 수 있다. ED와 TD 시편의 가장 큰 차이점은 초기 집합조직의 분포인 점을 고려할 때, ED와 TD 의 유동응력 차이는 초기 집합조직의 변화에 기인한다고 할 수 있다. TD 시편은 초기 Basal 집합조직이 지배적인 구조를 갖고 있어 변형률이 증가함에 따라 Basal 집합조직이 강화될 뿐 변화가 크지 않지만, ED 시편의 경우 HCP의 기타 집합조직(Prismatic, Pyramidal)에서 Basal 집합조직으로의 변화가 상대적으로 많기 때문에 유동응력의 차이를 발생시킨다고 판단된다. 또한, AZ80 압축 시편의 방향 별 유동응력 차이는 피크 응력이 발생하는 변형률 영역에서 쌍정의 발생으로 인하여 발생된다고 할 수 있다. ED 시편의 경우 피크 응력이 발생하는 변형률 부근까지 낮은 분율의 쌍정이 관찰되었지만 TD 시편의 경우 쌍정의 발생을 찾아볼 수 없었다. ED 시편에서 피크 응력이 나타나는 변형률 근처에서 발생된 쌍정으로 인하여 동적 재결정이 가속화되고 유동응력의 연화가 급격히 발생하게 된다.

단조금형 기술 연구

1. 단조품의 설계

일반적으로 단조품의 설계시 필수적으로 고려되어야 하는 사항으로는 기본적인 빼기 구배각(Draft Angle) 및 코너 R값 검토에서부터 단조품과 연결되는 상대부품에 의한 단조품 작동영역의 영향, 자동차의 경량화를 위해 필요한 강성범위 내의 중량절감 등의 고려가 필요하다. 이러한 위 조건과 단조시 작업성들을 고려하여 최종적인 단면형상을 결정하게 된다.

첫째로 빼기 구배각은 단조 성형 후에 예비공정품 및 최종 공정품을 금형에서 취출을 원활하게 하는 기능을 가지고 있다. 일반적인 빼기 구배각은 5°로 하며 그림 4.29와 같이 단조모델을 설계하게 된다. 구배각도가 작은 경우 즉, 3°, 1°인 경우 단조품이 금형에서 취출이 되지 않는 경우가 발생할 수 있다.

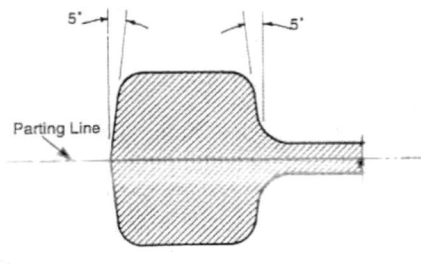

The usual standard draft angle for hammer or press forgings is 5 degrees.

[그림 4.29] 일반적인 구배각 기준

단조품의 형상에 따라서 그림 4.30의 A의 a, b와 같이 형분할선(Parting Line)을 기준으로 단조품의 상, 하 높이차이가 발생할 경우 그림 4.30의 A의 c와 같이 형분할선에서 구배면의 끝단이 일치하지 않는 문제가 발생하게 된다.

이를 해결하기위해 강도적인 측면을 고려하여 가공모델의 외곽보다 단면의 형상이 작아지지 않는 방향에서 형분할선을 기준으로 5°의 각도를 가지는 한쪽 구배면을 먼저 만들게 된다. 그리고 형분할선과 앞서 만든 구배면이 만나는 곡선을 기준으로 반대방향의 구배각도를 결정하여 구배면을 만들게 된다.

만약 그림 4.30의 B에서와 같이 상부의 구배각도가 수정이 이루어지지 않는다면 단조공정품의 트리밍(Trimming) 후 과잉트리밍(Negative Trimming) 혹은 잔류 Flash 초과 등의 문제가 발생된다.

두 번째로 코너 R의 경우 단조성형시에 소재가 금형의 구배면에 힘을 가하게 되는데 R의 치수가 작은 경우는 그림 4.31에서와 같이 노치(Notch)와 같은 응력집중에 의해 금형 파손을 야기시킨다. 금형상에서 파손이 이루어지는 부분은 평면부와 구배면이 만나는 코너 R부에 응력이 집중되므로 단조형상의 모델링시에 일반적으로 코너 R치수를 R5이상으로 설계하는데, 단조품의 강도 확보 상의 이유로 코너 R치수가 작게 설계할 경우 상대적으로 금형

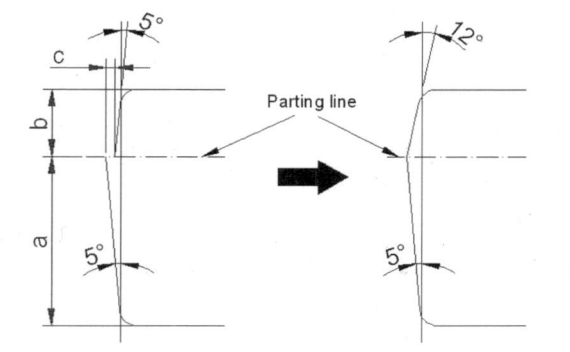

[그림 4.30] 단조품의 형상에 따른 구배각도의 결정

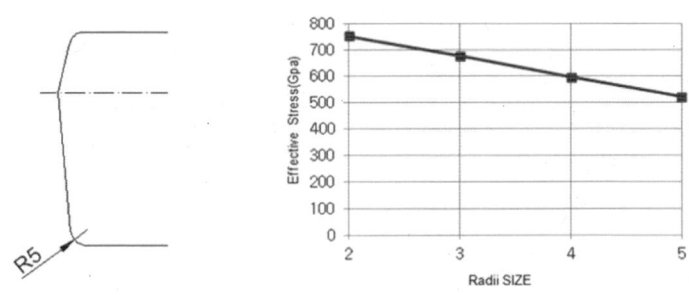

[그림 4.31] 코너 R치수의 변화에 따른 응력변화

수명은 감소한다.

추가적으로 단조품의 설계시에 중요하게 고려되어야 하는 사항으로 형분할선(Parting Line)의 결정이다. 형분할선은 단조품의 품질 및 양산성을 결정하는 중요한 변수이며, 그림 4.32에서와 같이 형분할선이 기울어지는 경우 성형이 기울어진 방향으로 금형에 추력(Side Thrust)이 작용하여 금형에 형이탈이 발생하여 단조품상에서 상하형상, 구배면 등이 어긋나게 된다. 그 결

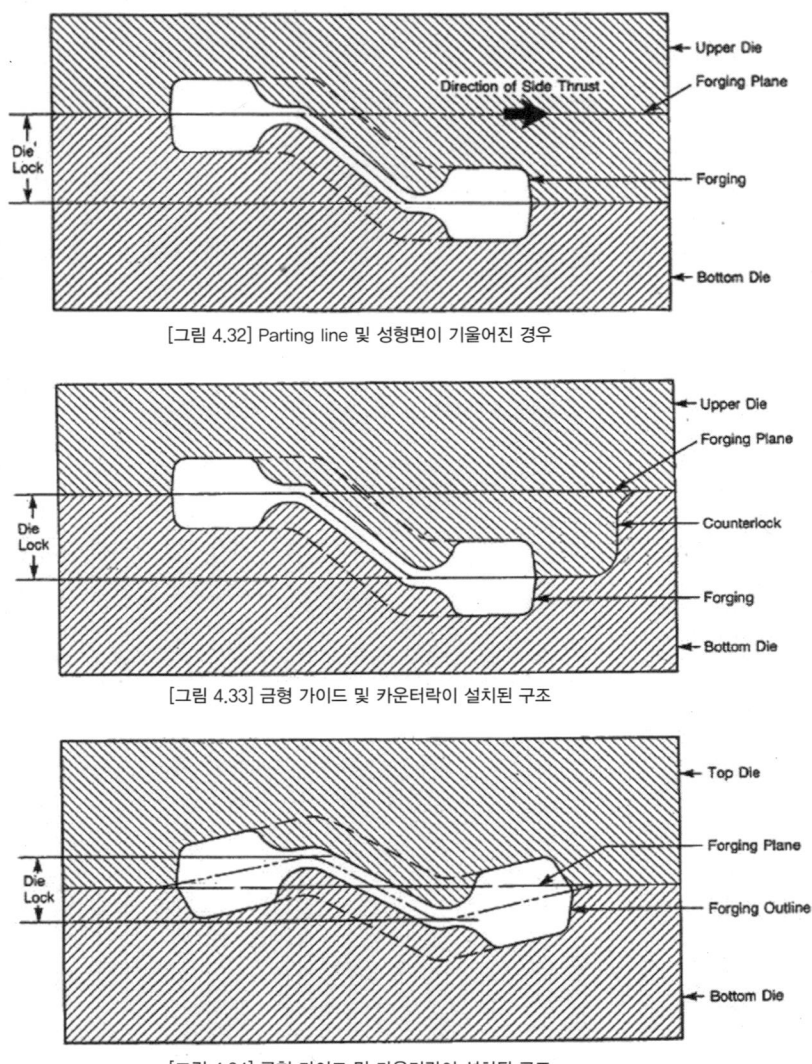

[그림 4.32] Parting line 및 성형면이 기울어진 경우

[그림 4.33] 금형 가이드 및 카운터락이 설치된 구조

[그림 4.34] 금형 가이드 및 카운터락이 설치된 구조

과 Flash 남은량 및 과잉 트리밍 등의 품질적인 문제가 발생하게 된다. 이를 방지하기 위해서 그림 4.33에서와 같이 금형구조상에 가이드(Guide) 및 카운

터락(Counterlock) 등을 설치한다. 하지만 단조시 가이드 및 카운터락의 마모 등이 발생하게 되면 추가적인 금형수정이 필요하게 되거나, 성형시에 발생하게 되는 추력에 의해서 반복적인 하중이 가이드 및 카운터락에 작용되어 가이드 및 카운터락에 크랙(Crack)이 발생되기도 한다. 이러한 문제를 해결하기 위해서 가장 선호되는 방법이 그림 4.34에서와 같이 형분할선과 성형면 등이 수평과 성형면의 배치가 상하 및 좌우가 대칭이 되도록 단조품의 형분할선을 결정하는 것이다.

2. 단조모델의 단조성 검토

단조품의 설계기준을 바탕으로 설계되어진 단조모델에 대한 단조성 검토시에 주로 수행되어지는 구배각(Draft Angle) 및 코너 R(Corner R)의 검토를 3D CAD (Computer Aided Design)를 이용하여 검토하였다. 검토의 대상이 되는 단조모델의 형상과 가공모델과의 형상비교를 그림 4.35와 4.36에 나타내었다.

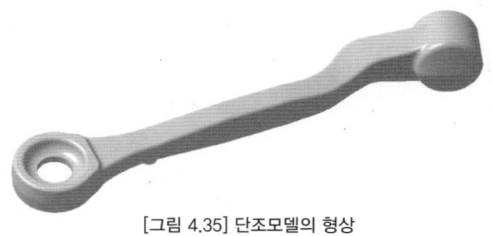

[그림 4.35] 단조모델의 형상

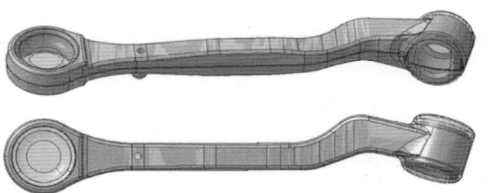

[그림 4.36] 단조모델과 가공모델의 형상비교

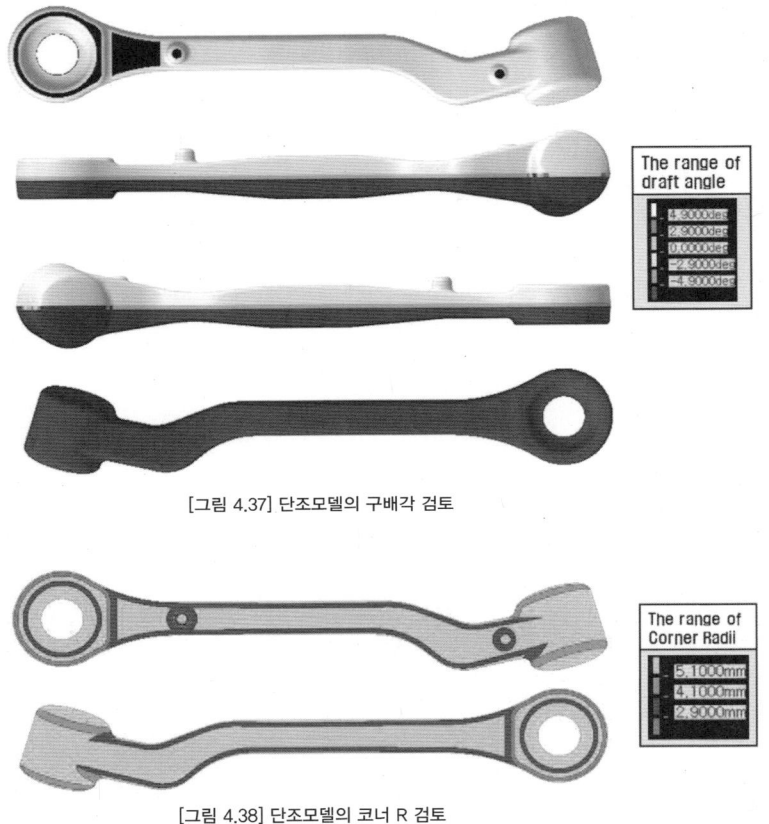

[그림 4.37] 단조모델의 구배각 검토

[그림 4.38] 단조모델의 코너 R 검토

그림 4.37에서 단조모델에 대한 구배각 검토 결과 역구배(Back Draft Angle)나 구배각이 5° 이하인 구간이 존재하지 않는 것을 확인 하였다. 그림 4.38에서 단조모델에 대한 코너 R 검토 결과 단조모델상에 코너 R치수가 R2.5(흑색)가 존재하는 것을 알 수 있다. 앞서 기술된 내용과 같이 코너 R2.5인 부분은 다른 부분에 비해서 금형의 조기파손이 발생할 가능성이 높은 것을 알 수 있다. 그러므로 이러한 코너 R치수가 R2.5인 부분에 대해서는 강도상에서

만족될 수 있는 수준에서 R을 크게 하는 것이 금형 수명 확보에 유리하다.

3. 금형설계

대량 생산체제에서의 알루미늄 단조 금형 설계시 고려해야 할 부분은 양산성, 성형성, 저하중, 품질 안정성으로 나눌 수 있다.

첫 번째 양산성이다. 대량 생산체제에서의 소재 이송 방법은 Robot이나 트랜스퍼 형태 등의 자동화된 장치이기 때문에 성형 후 금형의 하부에 Blocker, Finisher 제품이 일정하게 위치되어야 자동화가 가능하기 때문에 금형 설계시 적절한 Draft Angle이나 Flash Land의 평면구간 설계를 통해 Robot이 안정적으로 단조품을 이송할 수 있게 한다. 다음은 Knock Out Pin 설계이다. 금형과 PIN과의 공간 사이로 미세 Flash가 밀려들어간 후 지속적으로 작동을 하게 되면 금형으로부터 단조품의 취출 불안정이 발생하게 되고 이때 발생되어진 미세 Flash가 성형면에 들어가서 소재와 동시 성형되어져서 단조품에 Lap을 발생시켜 품질을 저하하는 경우가 빈번하게 발생 한다. 이를 해결하기 위해 기존 Knock Out Pin의 형상을 Blocker, Finisher 성형면 외부의 Gutter면에 접촉이 이루어지지 않게 수정하여 Flash가 Knock Out Pin과 Knock Out Hole사이에 들어가는 것을 방지하였다. 그림 4.39에 단조금형의 하금형 형상을 볼 수 있으며 자동화를 위해서 Flash가 성형면을 제외하고는 Flash Land이후에 Flash가 금형과 접촉이 이루어지지 않게 설계되어진 것을 알 수 있다. 그림 4.40에서는 Blocker성형해석 결과 중에서 하형금형과 소재가 접촉되는 부분을 나타내고 있는데 Flash Land 이후로는 국부적인 부분을 제외하고는 소재가 금형과 접촉되는 부분이 없는 것을 볼 수 있다. 그 결과 작업 중 Flash가 성형면에 들어가지 않도록 하였다. 그림 4.41에서 Finisher공정 성형해석시 소재와 하금형과의 접촉상태를 볼 수 있으며 자동화를 위해 Flash의 일부분을 평면화 하는 것을 확인할 수 있다.

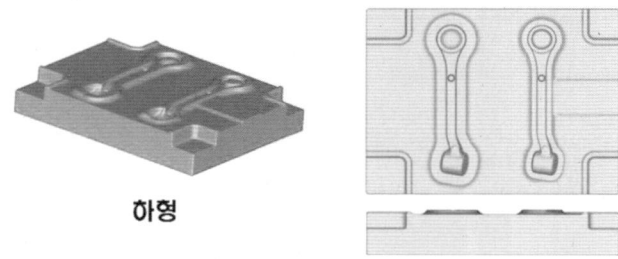

[그림 4.39] 단조금형의 하금형 형상

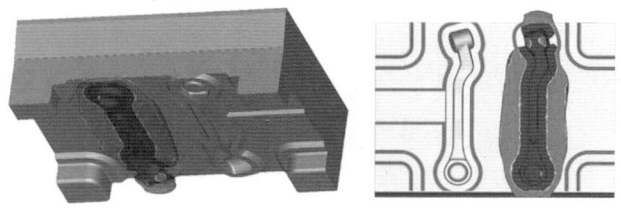

[그림 4.40] Blocker공정 성형해석시 소재의 하금형과의 접촉상태

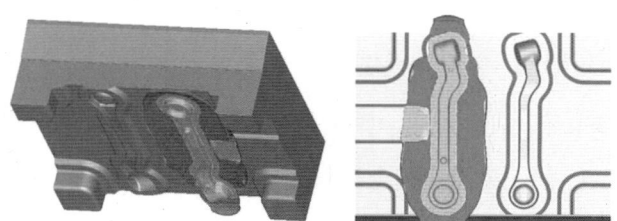

[그림 4.41] Finisher공정 성형해석시 소재의 하금형과의 접촉상태

두 번째 성형성이다. 마그네슘의 특성상 특정온도 구간에서만 성형성이 확보되므로 최적의 성형성을 가지기 위해서 일정한 금형온도를 유지하는 것이 중요하며, 금형 온도를 유지하기 위해서는 금형, Hard Plat, Dieset 등에 장치의 설치가 필요하다. 또한 설비에는 금형의 온도가 전달하지 않도록 하기 위해 금형과 Die set 사이에 절연체를 삽입하기도 한다.

세 번째는 저하중성이다. 일반적으로 모든 소성을 일으키는 물체는 최대한 작은 변형을 가지게 하는 것이 재료의 변형성 및 조직 균일성면에서도 유리하다. 또한 작은 하중으로 성형할 경우 금형 수명 및 장비 부하들에서 많은 이점을 얻을 수 있다. 마그네슘의 경우 동일한 변형률 속도에서 알루미늄보다 항복강도 및 인장강도가 높아서 단조품을 성형하기 위해서는 알루미늄에 비해 상대적으로 높은 하중이 필요하게 되므로 상대적으로 장비의 제약받게 된다. 이를 해결하기 위해서는 알루미늄보다 성형하중이 높게 발생하므로 Flash Land 높이 및 Blocker, Finisher 변형량 분배를 통해 하중을 낮게 그리고 공정별로 고르게 분산 시키는 것이 매우 중요하다.

마지막으로 품질 안정성이다. 현재의 고객이 단조품의 외관 품질은 미세한 찍힘도 허용하지 않으므로 금형 설계시 찍힘 방지를 위한 고려도 많은 부분을 차지한다. 이에 대한 방안으로 트리밍 금형에서 소재의 가공 시에 제품과 금형이 간섭이 일어나지 않도록 복동식으로 설계를 하였고 복동식 설계 사례를 그림 4.42에 나타내었다. 그림 4.43에서 단조금형 Layout을 나타내었다.

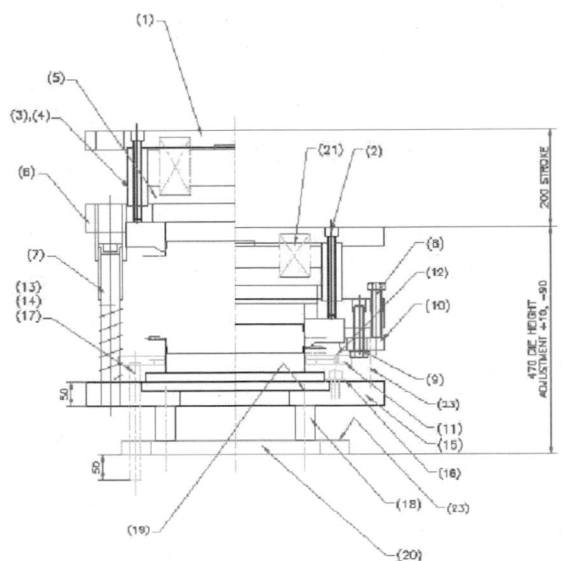

[그림 4.42] 복동식 트리밍 설비의 Layout

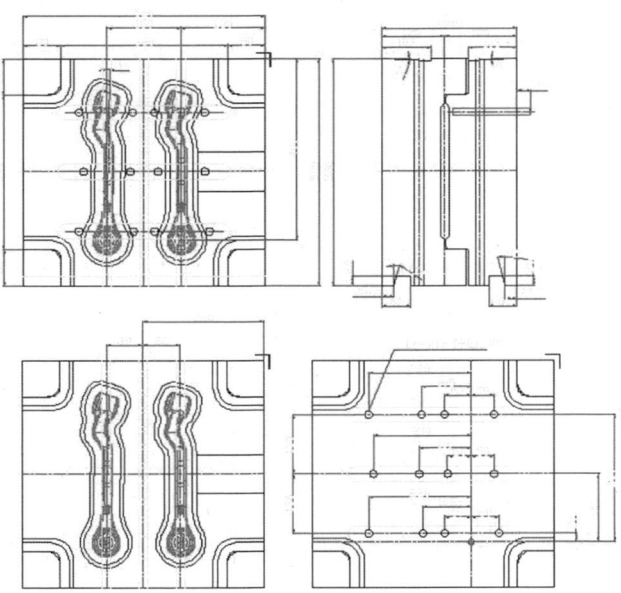

[그림 4.43] 단조금형 Layout

가. 트리밍 금형 안착 자동화 연구

앞서 단조품 제작에 있어서 다양한 공정에 대한 최적화 연구를 수행하였다. 모든 단조 성형공정에 대한 최적화가 이루어 졌다 하더라도 최종 제품의 품질에 미치는 영향도가 가장 높은 것은 단조품과 플래쉬를 분리하는 공정인 '트리밍' 공정이라 할 수 있다. 건전한 단조품을 성형한 후에 최종적으로 단조품과 플래쉬를 분리하는 트리밍 과정에서 안정적인 공정을 수행하지 못한다면 제품에 뜯김(Over Trimming) 이나 플래쉬 남음 등의 결함으로 불량품이 나올 수밖에 없다. 이러한 불량들은 모두 트리밍 금형에 단조품의 정위치 안착 유무에 따라 발생된다. 트리밍 공정에서 가장 중요한 인자는 단조품의 정위치 안착에 있다. 따라서 단조품의 최종 품질에 가장 중요시 되는 트리밍 공정의 금형안착의 안정성 및 자동화에 대한 기술개발을 수행하였다.

그림 4.44에 단조품의 트리밍 불량 형상을 정상품과 함께 비교하였다. 단조품의 정위치 안착이 이루어지지 않으면 트리밍 공정에

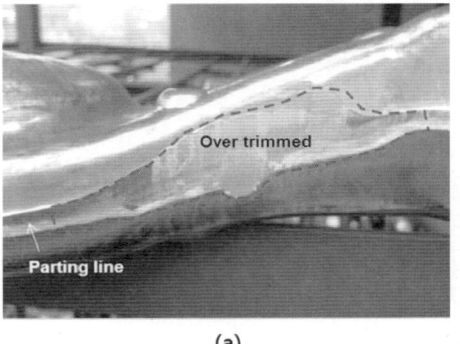

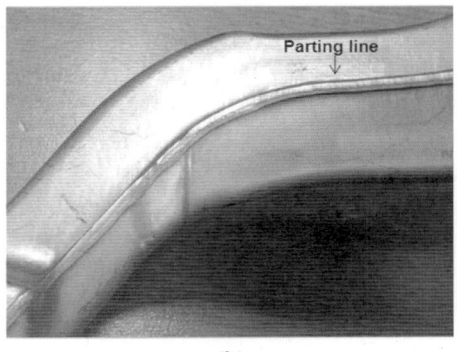

[그림 4.44] 트리밍 단조품 형상, (a) 과트리밍, (b) 정상트리밍

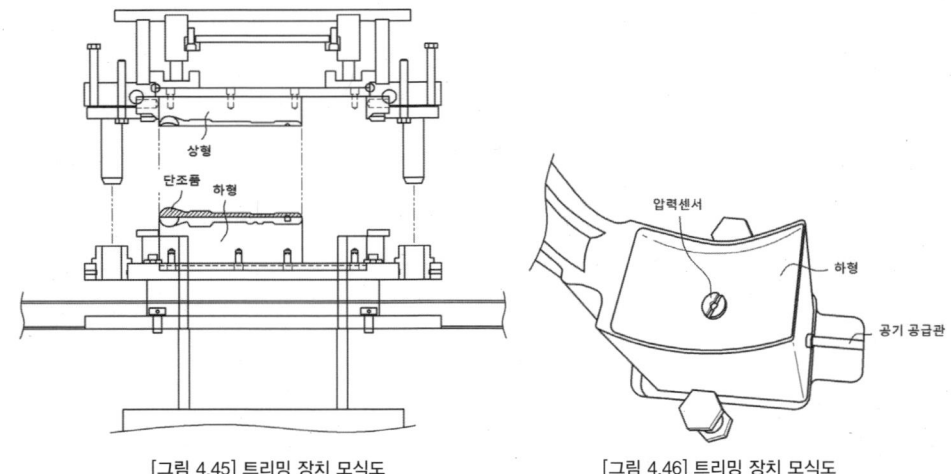

[그림 4.45] 트리밍 장치 모식도　　　[그림 4.46] 트리밍 장치 모식도

서 단조품 표면이 뜯겨져 나가는 현상이 발생하게 되어 상품가치가 없어지게 된다. 이러한 불안정한 정위치 안착 공정을 개선하기 위해 정위치 자동화 센서를 개발하였다. 그림 4.45에 트리밍 장치의 모식도를 나타내었다. 트리밍 프레스 하형에 제품을 안착한 후 상형이 아래로 이동하면서 단조품을 트리밍하는 구조로 되어있는데, 이때 제품이 정위치에서 벗어날 경우 트리밍 불량이 발생된다. 이를 방지하기 위해 그림 4.46과 같이 하형의 제품 안착부위에 압력센서를 장착하여 제품이 정위치에 놓여져야 트리밍 공정이 진행 되도록 설계하였다. 압력센서는 공기압 공급장치와 연결되어있으며, 제품이 안착되기 전에 일정압력을 지속적으로 가해준다. 일정한 공기압을 유지한 금형에 제품이 정위치에 안착이 되었을때 공기압이 변화하게 되면서 압력제어 컨트롤 박스에 정보가 전달되면 트리밍 공정이 시작될 수 있도록 설계하였다. 이 트리밍 금형장치를 시험 적용한 결과 기존 양산 공정에서 발생되던 트리밍 불량이

대폭 감소하는 효과를 얻었다.

4. AZ80 소재의 성형성 검토

마그네슘 합금 단조공정은 그림 4.47에서 보는 바와 같이 단조용 압출봉재를 목표 온도로 승온시키는 가열단계를 거친 후 단조금형에 의해 Blocker와 Finisher 성형단계를 거치게 된다. 마지막으로 단조품의 외곽에 존재하는 Flash를 제거하는 트리밍 공정을 거치게 된다. 상기의 여러 공정들 중에서 단조금형에 의해 소재가 성형되어지는 Blocker, Finisher 성형단계에 대해서 성형해석을 수행하였다.

[그림 4.47] 성형해석 공정

앞서 선정된 단조품의 형상에 대한 마그네슘 합금의 성형성을 검토하기 위해서 Blocker, Finisher 공정에 대한 금형을 모델링하였다. 모델링되어진 금형의 형상은 다음 그림 4.48과 같다.

성형해석에 사용된 소재의 온도는 350℃로 금형온도는 250℃로 설정하였으며 마찰은 마찰상수 0.2, 쿨롱마찰계수를 0.1로 설정하여 성형해석을 수행하였다. 소재의 재질은 AZ80 압출봉재로 앞서 확보된 온도별, 변형률속도

별 유동응력곡선의 자료를 사용하였고 성형해석에 사용된 Press사양은 1,600 Ton Crank Press를 적용하였다.

초기에 소재가 금형에 안착이 된 소재의 형상은 그림 4.49과 같다. 봉재가 Blocker 성형이 되는 과정은 그림 4.50에 나타내었는데 성형이 완료된 형상에서 결육 및 결

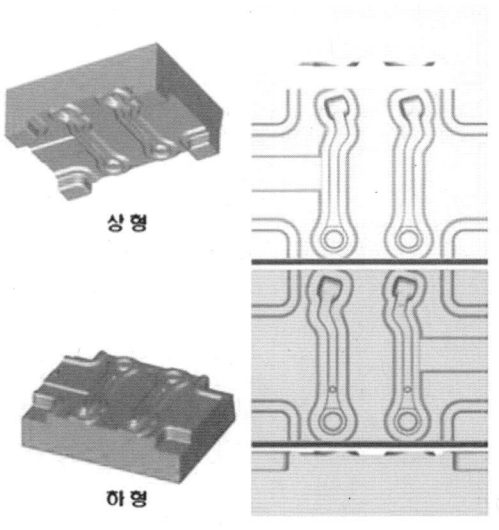

[그림 4.48] 금형모델링 형상

함은 관찰되지 않았으며 이때 발생한 성형하중은 741.02Ton이다.

그림 4.52에 Finisher 금형에 Blocker 성형품은 안착시킨 형상을 나타내

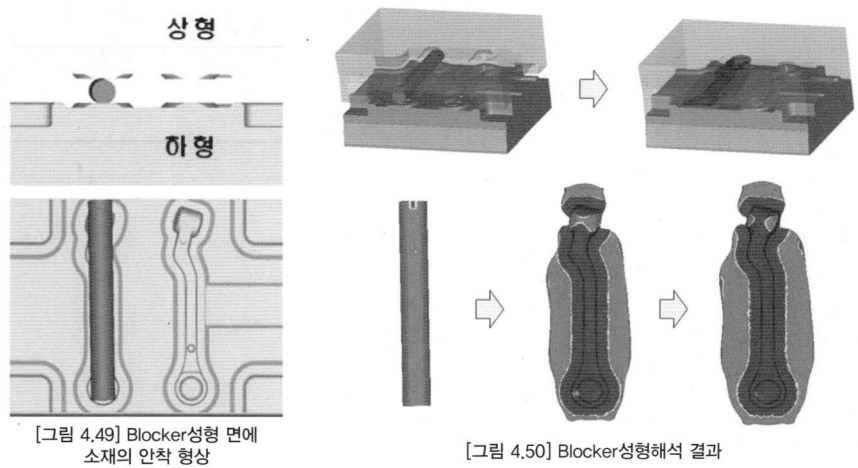

[그림 4.49] Blocker성형 면에 소재의 안착 형상

[그림 4.50] Blocker성형해석 결과

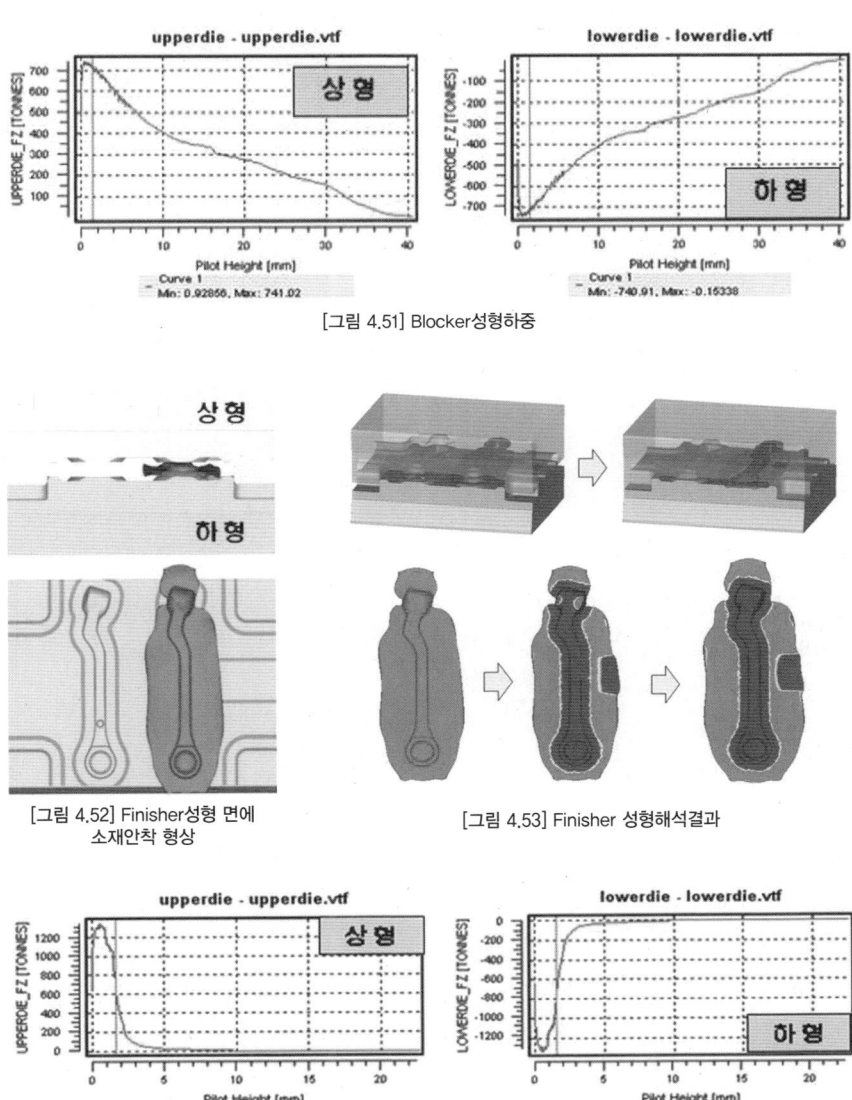

[그림 4.51] Blocker성형하중

[그림 4.52] Finisher성형 면에 소재안착 형상

[그림 4.53] Finisher 성형해석결과

[그림 4.54] Finisher 성형해석결과

었다. 그림 4.53에서 보는 바와 같이 Blocker성형품이 Finisher 금형에 의해

서 성형이 완료된 형상에서 어떠한 결함도 관찰되지 않았으며, 이때 발생한 성형하중은 1,338.3 Ton에 달한다.

5. 마그네슘 합금소재 AZ61과 AZ80의 성형성 검토

그림 4.55에서는 동일한 소재사양 및 금형모델에 대한 AZ61 및 AZ80에 대한 성형하중을 비교하였다. 그 결과, AZ61합금소재가 AZ80합금소재에 비해서 Blocker의 경우 1.4배 높게 나타났으며 Finisher의 경우는 유사한 하중

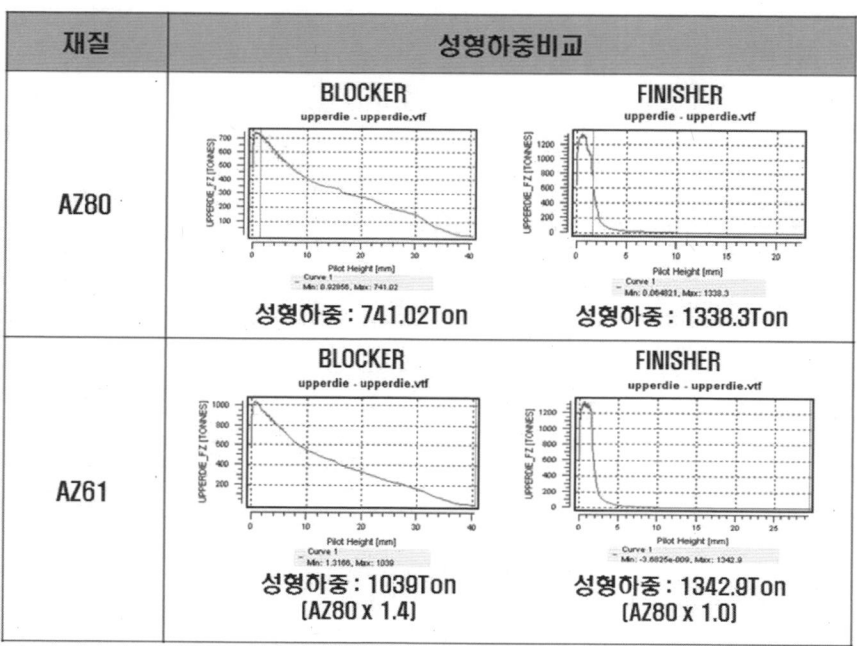

[그림 4.55] AZ61, AZ80의 성형하중비교

재질	성형형상비교
AZ80	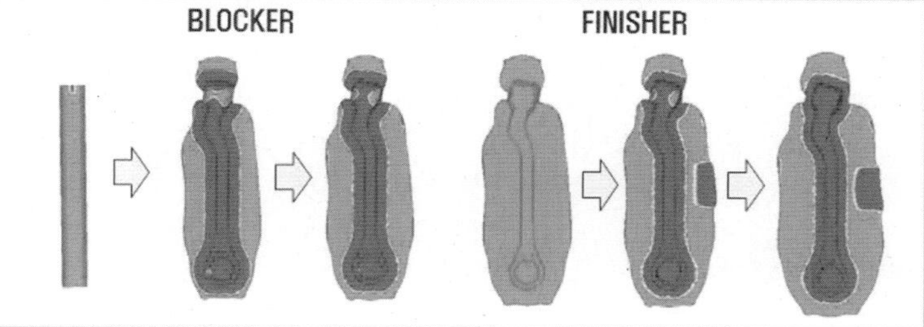 BLOCKER　　　　　　　FINISHER
AZ61	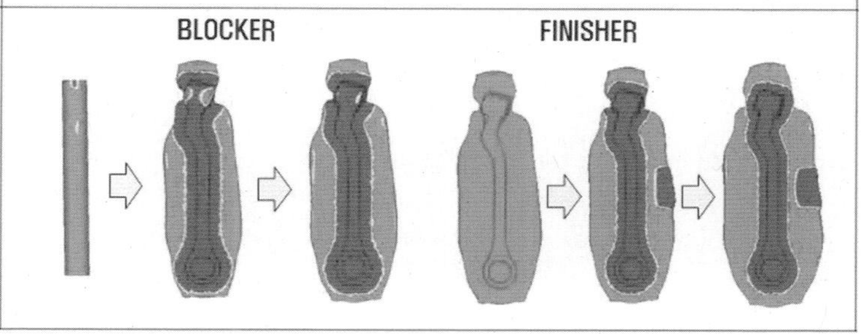 BLOCKER　　　　　　　FINISHER

[그림 4.56] AZ61, AZ80의 성형 형상 비교

을 나타내고 있다. Blocker, Finisher 2공정의 결과를 볼 때 AZ61 합금소재와 AZ80 합금소재로 동일한 단조품의 형상을 성형하는데 유사한 성형하중이 필요로 하는 것을 알 수 있다. 그림 4.56에서는 소재별 성형형상에 대해서 비교 하였는데 Blocker공정에서 AZ80 합금소재가 AZ61 합금소재보다 소재의 유동성이 낮아서 B/J부가 결육이 되는 것을 볼 수 있고 Finisher 공정에서 AZ80 합금소재의 경우 Blocker에서 발생되어진 결육부가 AZ61 합금소재보다 Finisher성형 면에 늦게 채워지는 것을 볼 수 있다. 그 결과, AZ61 합금소재가 AZ80 합금소재에 비해서 성형성이 좋은 것을 알 수 있다.

6. 성형속도에 대한 마그네슘 합금소재의 성형성 검토

그림 4.57에서는 동일한 소재사양, 금형모델 및 AZ80에 대해 Press TYPE의 경우 따른 성형하중을 비교하였다. 그 결과, Knuckle Press가 Crank Press에 비해서 Blocker의 경우 1.18배 높게 나타났으며 Finisher의 경우는 1.31배 높게 나타내고 있다. Blocker, Finisher 2공정의 결과를 볼 때 동일한 단조품의 형상을 성형하는데 Knuckle Press가 Crank Press에 비해서 높은 성형하중이 필요로 하는 것을 알 수 있다. 그림 4.58에서는 소재별 성형형상에 대해서 비교를 하였는데 Blocker공정에서 Knuckle Press

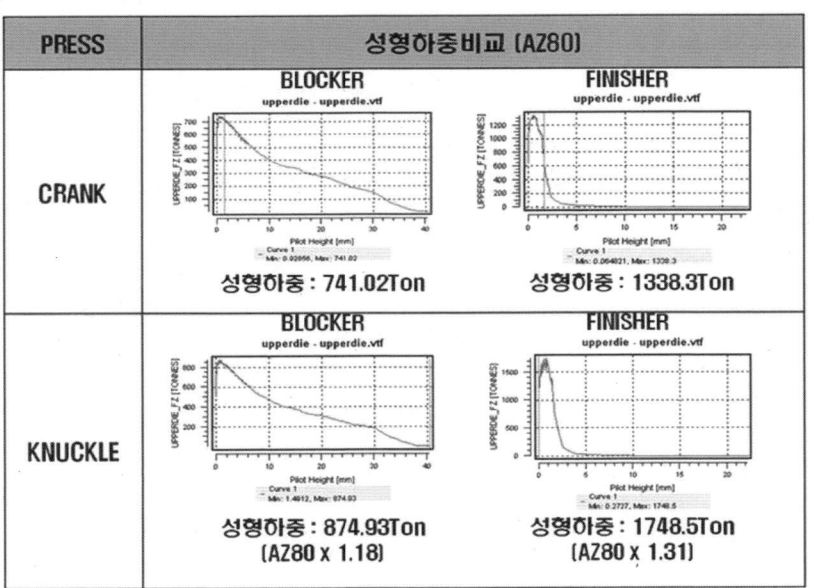

[그림 4.57] Press TYPE에 대한 성형하중비교

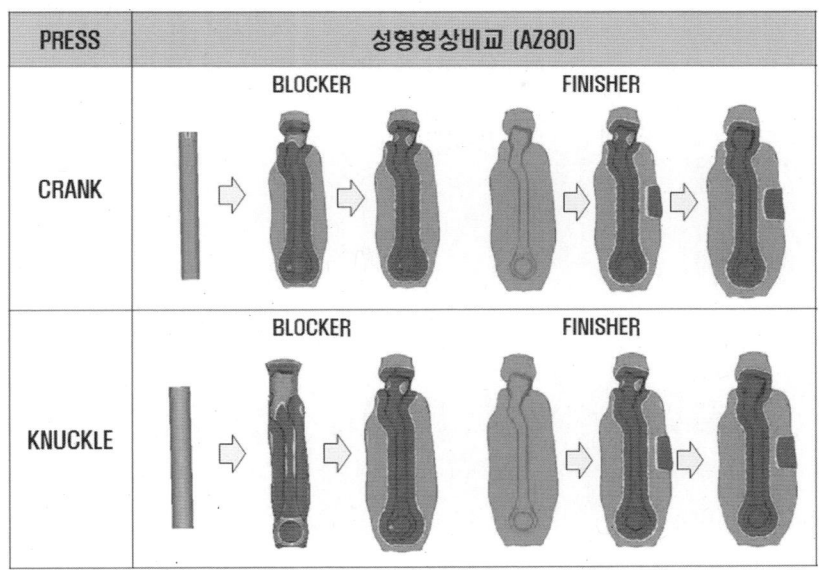

[그림 4.58] Press TYPE에 대한 성형 형상 비교

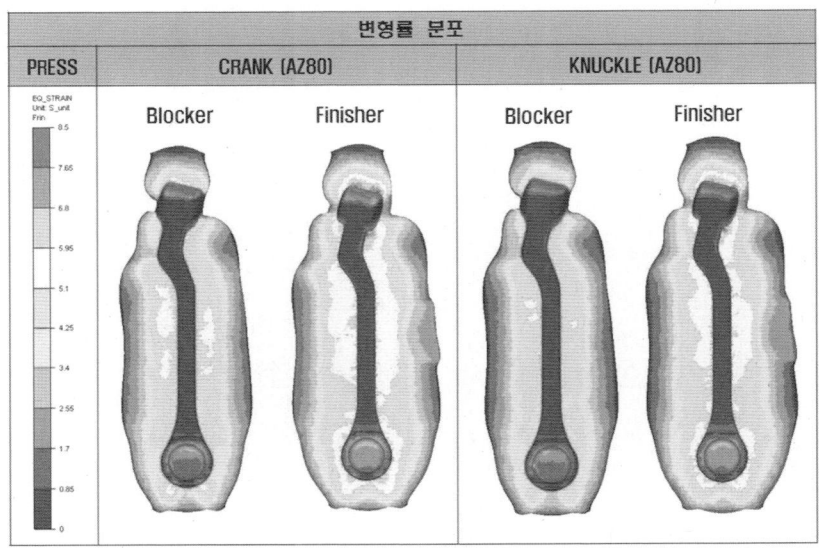

[그림 4.59] Press TYPE에 대한 변형률 분포 비교

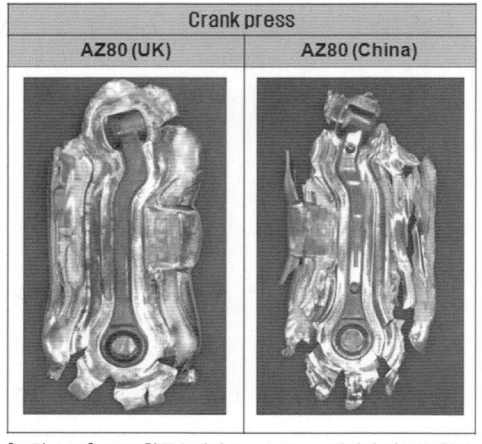

[그림 4.60] AZ80합금소재의 Crank Press에서의 단조품 형상

가 Crank Press보다 늦게 성형이 이루어지는 것을 알 수 있다. Finisher공정의 경우 Knuckle Press와 Crank Press가 유사하게 성형이 이루어지는 것을 볼 수 있다.

AZ80합금소재에 대한 Press Type에 대한 변형률 분포를 그림 4.59에 볼 수 있다. 각 공정별로 Press Type에 대해서 비교하면 Blocker, Finisher공정에서 모두 Crank Press Type이 Knuckle Press Type 보다 변형률 분포가 높은 것을 알 수 있다. 그 결과 Knuckle Press Type으로 작업시 소재의 변형량이 적으므로 파손이 될 가능성이 Crank Press Type보다 낮은 것을 알 수 있다. 그림 4.60에서는 Crank Press에서 AZ80합금소재의 성형된 단조품의 형상이 볼 수 있는데 Flash의 파손된 부분이 그림 4.59에서의 변형률이 높은 부분과 일치하는 것을 알 수 있다.

7. 열전달 물성의 확보를 위한 실험 및 해석검증

마그네슘 합금소재에 대한 성형해석의 신뢰성의 확보를 위해서 성형해석 상에서 요구되는 열전달계수(Heat-Transfer Coefficient)를 확보하기 위해

[그림 4.61] 소재 가열로

열전달시험 및 전산모사를 수행하였다. 시험에 사용된 가열로는 그림 4.61과 같다. 그림 4.62는 실험에서 사용된 소재의 형상 및 열전대의 위치를 나타내고 있다.

[그림 4.62] 실험소재 및 열전대 위치

실험에는 AZ80합금소재가 사용되었고 가열로에서 분위기 온도를 350℃로 설정하여 시편을 가열 후 가열로에서 시편을 취출하는 시점으로부터 대기중의 냉각 온도를 모니터링 하였다. 이때 측정된 대기의 온도는 26℃이었다. 총 4개의 시편에 대해 공기와의 열전달 실험을 하였고 그에 따라 소재가 대기 중에 노출되어 온도가 초당 0.3℃ 떨어지는 것을 그림 4.63을 통해 확인하였다. 4개의 실험결과 중에서 #3시편의 냉각곡선에 대해서 전산모사를 수행하여 실제 실험결과와 비교를 하였다.

실험시편이 원형 형상이므로 2차원 축대칭으로 단순화하여 전산모사를 수행하였다. 전산모사에 따른 시편 내부의 열전달에 대한 결과를 그림 4.64에 나타내었으며, 실제 시편에서 소재 내부의 온도를 측정하기 위한 열전대의 위치와 동일한 부위에서의 전산모사결과에

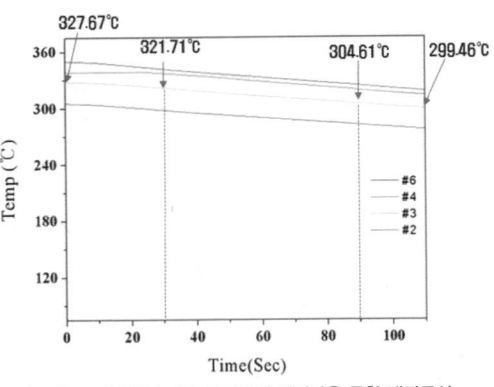

[그림 4.63] 실험소재의 공기와의 열전달을 통한 냉각곡선

서 나오는 온도변화의 변화를 그림 4.65에 그래프로 나타내었다. 그림 4.66에서 실제 시편에서 공기와의 열전달에 의한 온도 감소곡선과 전산모사 결과의 온도 감소곡선을 비교한 결과 온도가 떨어지는 냉각경향이 유사함을 볼 수

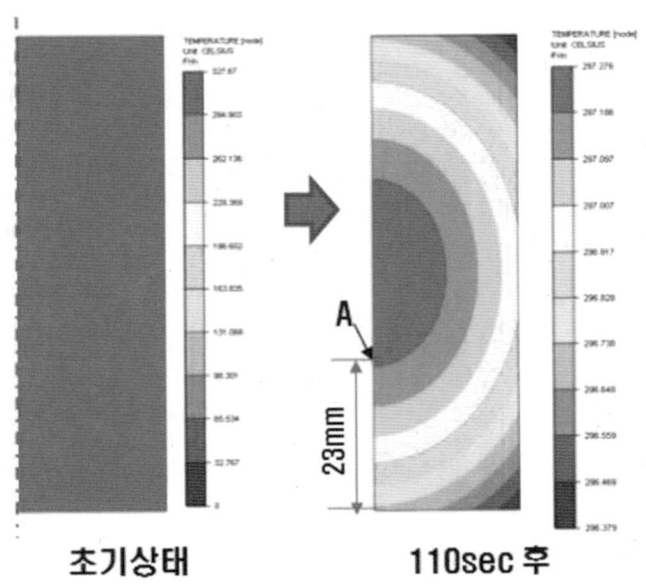

[그림 4.64] 대기와의 열전달에 대한 전산모사

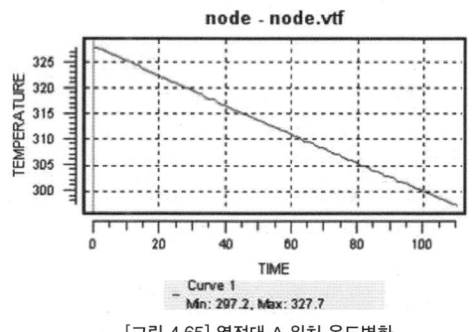

[그림 4.65] 열전대 A 위치 온도변화

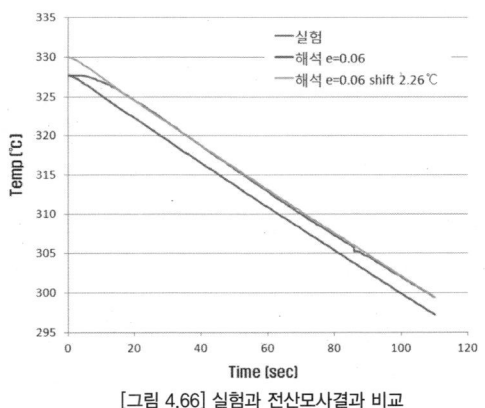

[그림 4.66] 실험과 전산모사결과 비교

있다. 이러한 실험을 통해서 가열되어 있는 마그네슘 합금은 공기와 접촉을 하였을 때 소재의 온도감소에 대한 자료를 확보하였으며 이를 바탕으로 향후에 진행되는 전산모사에 적용 시에 좀 더 높은 신뢰성 확보가 예상된다.

제5장 마그네슘 합금 단조 공정 변수

01_ 합금 종류 별 단조 특성
02_ 초기 결정립 사이즈
03_ 성형온도 및 변형률속도
04_ 마찰특성
05_ 단조품의 열처리

합금 종류 별 단조 특성

01

다양한 상용 고강도 마그네슘 합금을 활용하여 성형 공정조건에 따른 단조성 및 물성평가를 통한 단조공정 최적화를 수행하였다. 신소재의 공정을 최적화 하는데 활용도가 높은 결과를 도출하였다.

1. 상용 마그네슘 합금의 단조 특성

마그네슘 합금의 단조성 평가를 위해 C국 AZ80 압출봉재, U국 AZ80 압출봉재 그리고 C국 AZ61 압출봉재를 사용하여 열간 단조 시험을 실시하였다. 단조성 평가를 위한 고온단조시험의 공정 조건 표를 표 5.1에 나타내었다. 시험조건은 문헌조사 및 전문가의 검토를 통하여 도출하였다. 그림 5.1에 본 연구에 사용된 1,600톤 크랭

[표 5.1] 마그네슘 합금 단조시험의 공정 조건 표

공정	조건
소재 가열 온도	350℃
단조 프레스 (Crank type)	1,600 ton
금형 온도	300℃

* Reference) ASTM B661 – Heat treatment of Mg Alloys.

크 타입 프레스의 형상을 나타내었다.

마그네슘 합금의 단조성형성 시험은 마그네슘 전용 가열로에 C국 AZ80, U국 AZ80 그리고 C국 AZ61 압출봉재들을 장입하여 단조온도가 350℃가 되도록 가열한 후 1,600톤 크랭크 프레스에 2 Pass (Blocker and Finisher) 공정으로 단조를 실시하였다. 그 결과를 아래에 나타내었다. 그

[그림 5.1] 1,600톤 크랭크 프레스

림 5.2는 C국 AZ80 압출봉재의 단조품을 나타내고 있다. 그림에서 알 수 있듯이 플래쉬 부문에 상당부분의 크랙이 발생하여 부스러진 것을 볼 수 있다. 그리고 플래쉬를 제외한 단조품에도 부싱부에서 육안으로 관찰되는 선명한 크랙이 관찰되었다.

그림 5.3는 U국 AZ80 압출봉재의 단조한 샘플을 나타낸 것이다. C국 소재에 비해 균열이 작고 부싱부와 볼 조인트 부에만 크랙이 관찰된다. 제품에서도 균열이 관찰되지만 C국소재에 비해서 균열의 크기가 작은 것을 알 수 있다.

그림 5.4은 C국 AZ61 압출봉재의 단조품을 나타낸 것이다. 앞서 언급한 C국 및 U국 AZ80 압출봉재에 비해서 성형성이 좋은 것을 알 수 있다. 플래쉬에 큰 균열이 관찰되지 않았으며, 부싱부와 볼 조인트부의 끝단에 작은 구간에 걸쳐 균열이 나타났다. 제품에서도 양호한 상태의 제품을 확보하지는 못했지만

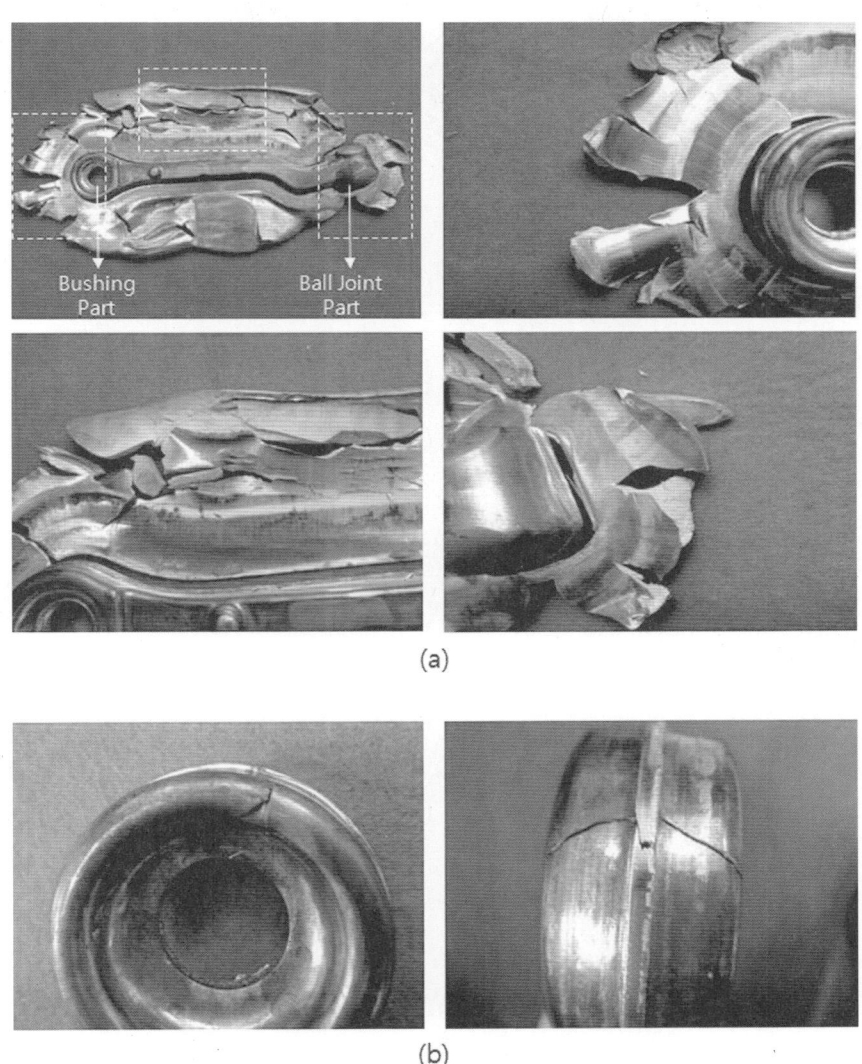

[그림 5.2] C국 AZ80 압출봉재 단조성형 샘플, (a) 단조 샘플, (b) 제품 부싱부 균열

균열이 아주 미세한 것을 알 수 있다. 성형성이 나쁜 C국AZ80 압출봉재는 연신율이 8.2%로 가장 낮았으며, 반대로 성형성이 가장 우수한 C국 AZ61 압출

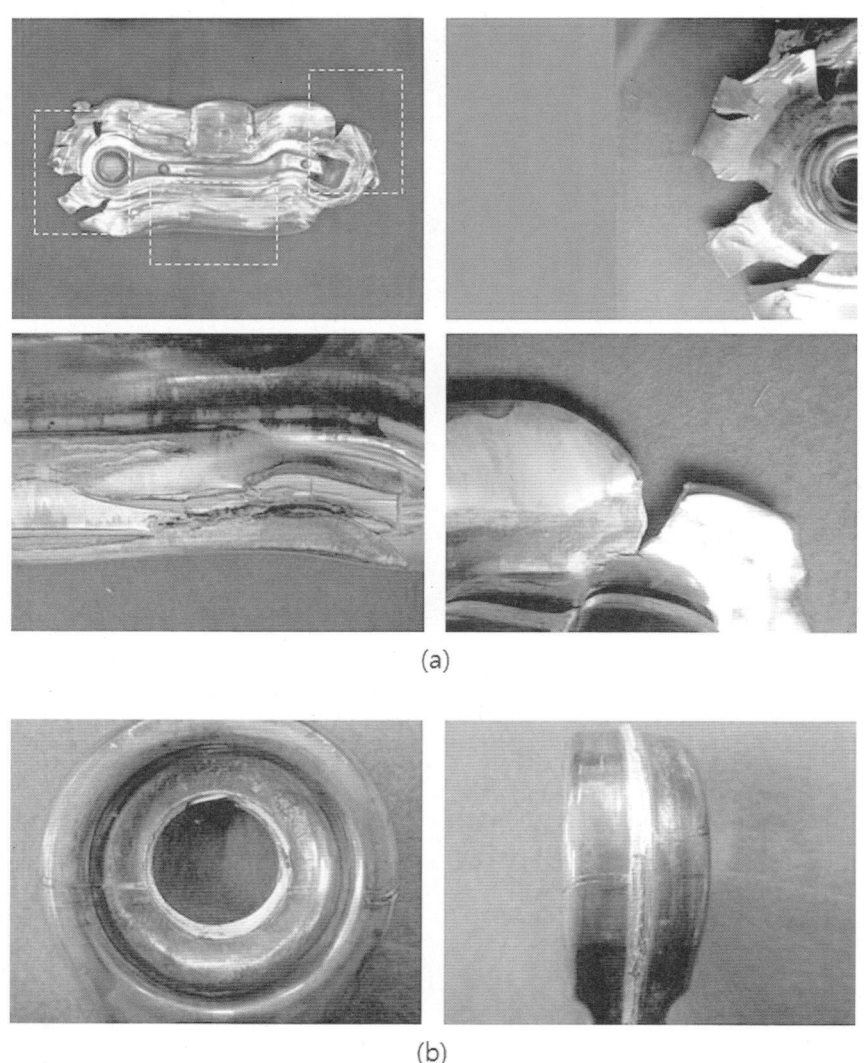

[그림 5.3] U국 AZ80 압출봉재 단조성형 샘플, (a) 단조 샘플, (b) 제품 부싱부 균열

봉재는 연신율이 14.2%로 C국 AZ80 소재 대비 73%나 높게 나타났다.

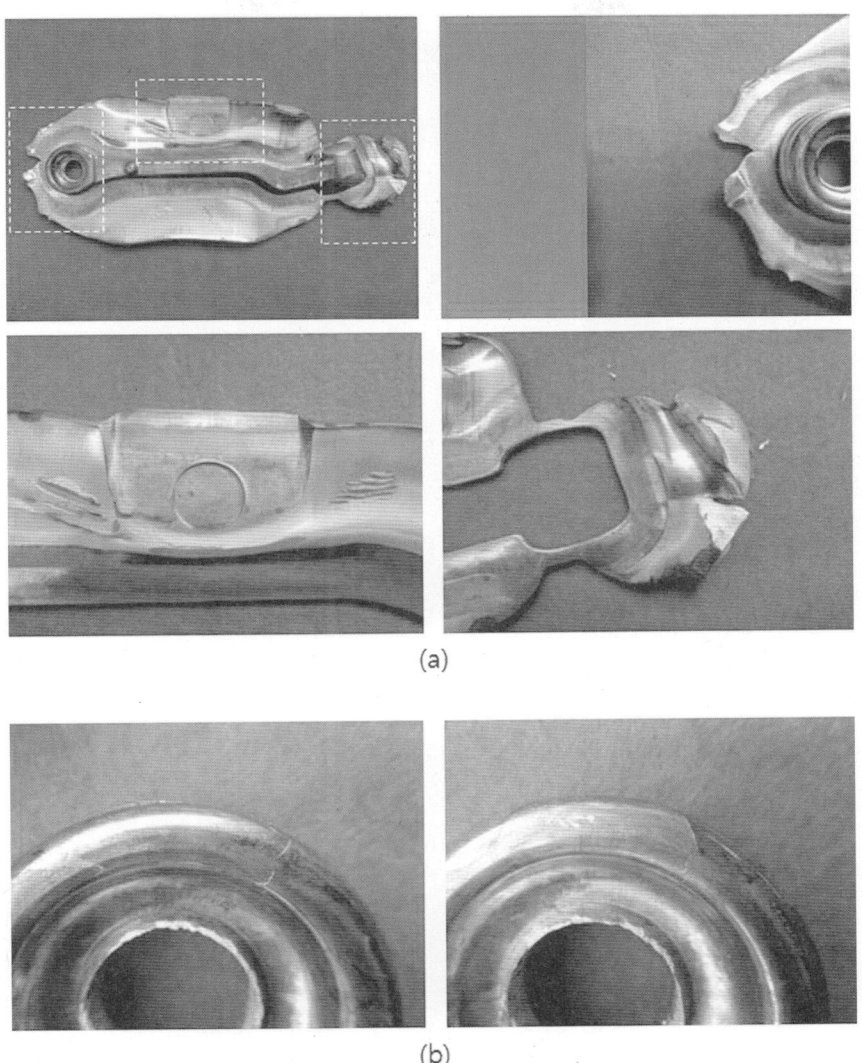

[그림 5.4] C국 AZ61 압출봉재 단조성형 샘플, (a) 단조 샘플, (b) 제품 부싱부 균열

2. 마그네슘 주조재와 압출봉재의 성형특성 비교

공정최적화 개발에 사용된 소재는 모두 압출봉재를 적용하였다. 압출은 주조시 생성된 결함 등을 개선하여 조직을 치밀하게 해주어 단조품의 건전성을 향상시켜준다. 현재 알루미늄 단조품의 단조용 알루미늄 빌릿은 연속주조를 통하여 제작되어 적용되고 있다. 압출봉재가 우수한 품질을 낼 수 있지만 가격 경쟁력의 부족으로 주조소재를 채택하여 사용하며, 공정의 최적화를 통해 압출봉재의 품질과 유사한 특성을 나타내었다. 마그네슘합금 단조에서도 경량화 효과 측면의 이점에 비해 소재의 가격이 고가이므로 경쟁력이 낮은 실정이다. 따라서 마그네슘 합금 주조재의 향후 양산 채택 가능성에 대한 검증이 필요하게 된다. 본 교재는 마그네슘 합금의 주조재과 압출봉재의 성형성

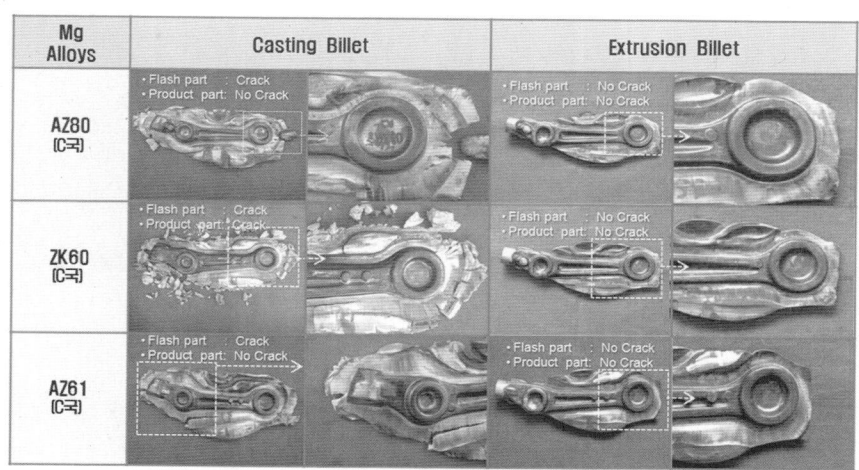

[그림 5.5] 각종 마그네슘 합금의 주조재과 압출봉재의 단조품 형상

및 기계적 특성을 비교 평가하였다.

특성비교를 위해 4,000톤 중속 Knuckle Press를 활용하여 중국산의 AZ80 주조재과 압출봉재, ZK60 주조재과 압출봉재 그리고 AZ61 주조재과 압출봉재으로 열간단조를 수행하였다.

그림 5.5에 AZ80 합금의 주조재과 압출봉재의 단조성형성 시험 제품의 형상을 나타내고 있다. AZ80합금의 주조재 단조품은 Flash부에 많은 크랙이 발생되고 부스러지는 형상이 나타났으나 제품에는 균열이 관찰되지 않았다. 이와는 달리 ZK60 주조재 단조품은 많은 균열이 관찰되었으며, Flash부는 전체에 걸쳐서 부스러지는 현상이 나타났다. ZK60 주조재는 성형성이 아주 낮았으며, 연신율이 가장 높았던 압출봉재 ZK60 합금과는 상반되는 결과이다. AZ61 합금의 주조재는 AZ80 합금과 동일하게 Flash 부위에만 국부적으로 균열이 발생되었으며, 제품에는 어떠한 균열도 발생되지 않았다. 주조재의 단조성형성 검증과 더불어서 기계적 특성평가 결과를 아래에 나타내었다.

AZ80 단조품과 AZ61 단조품은 제품에서 시편채취가 가능하였으나 ZK60은 제품 전체에 걸쳐서 결함이 존재하여 시편채취가 불가능하였다. 그림 5.6은 AZ80 합금과 AZ61 합금의 주조 및 압출봉재의 최대인장강도를 평가한 결과이다. 두 합금 모두 압출봉재 대비 주조재의 강도가 현저하게 낮은 것을 할 수 있다. 그림 5.7의 항복강도 역시 동일한 양상을 나타내었다. 그림 5.8의 연신율 평가 결과에서도 주조재 13% 수준을 나타내었으나 압출봉재 대비 낮은 특성을 나타내었다. 주조재와 압출봉재의 성형 특성 평가에서 현재

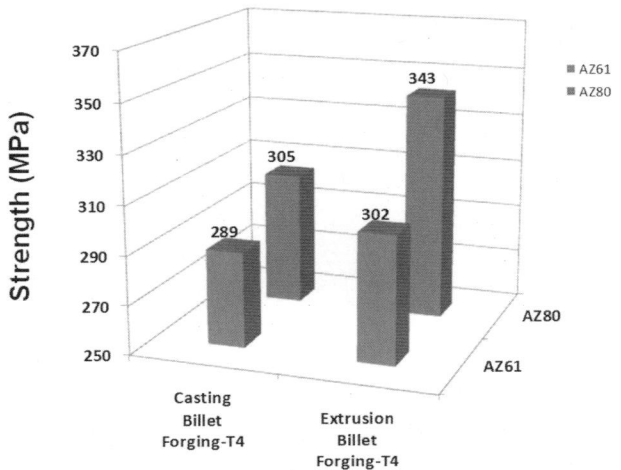

[그림 5.6] 주조재와 압출봉재의 최대인장강도 평가 비교

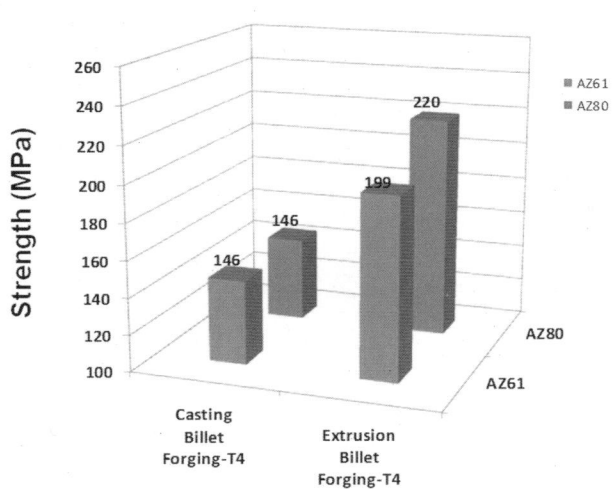

[그림 5.7] 주조재와 압출봉재의 인장항복강도 평가 비교

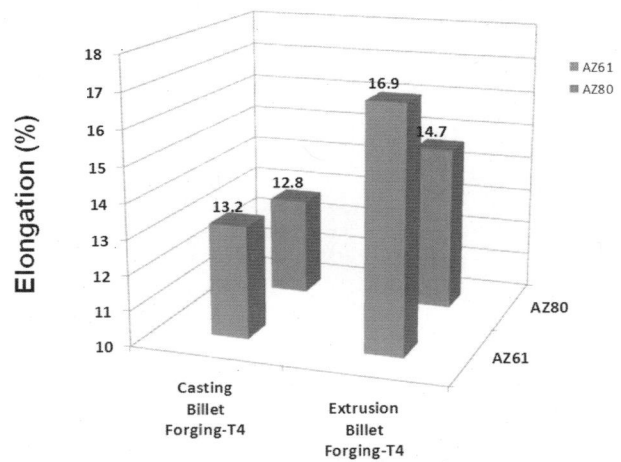

[그림 5.8] 주조재와 압출봉재의 열처리 단조품의 연신율 비교

상용소재의 주조재를 단조소재로 사용하기에는 미흡한 점이 많이 있는 것으로 판단되어지며, 향후 품질과 가격 면을 모두 만족하는 방향으로 합금설계가 이루어 져야할 것으로 나타났다.

초기 결정립 사이즈

1. 압출비에 따른 단조조직 및 기계적 특성 분석

가. 마그네슘 합금의 압출비 효과 분석

다양한 압출비에 따라 압출을 실시하여 랩 스케일 차원에서 할 수 있는 단조형상을 제안하여 단조를 수행하였다. 초기 압출봉재의 항복강도와 인장강도를 향상시킬 수 있는 효율적인 압출비를 제안하였다. 초기 주조재의 사이즈를 고려하여 압출비에 따라 압출봉재의 직경 사이즈를 랩 스케일 차원에서 열간단조 실시할 수 있는 최소한 직경 15(Ø15mm) 이상 확보 되어야 한다. 열간단조 시편 사이즈를 고려하여 압출비를 9:1, 16:1과 25:1을 선정하였다. 선정한 압출봉재의 직경으로 충분한 소성 변형률을 부과하여 기계적 특성을 분석할 수 있는 인장시편형 단조방법을 제안하였다. 상용 마그네슘 합금 AZ80 주조재를 이용하였으며 소재의 화학성분은 표 5.2에 나타나고 있다. 직경 155

㎜, 길이 300㎜ (Ø155L300㎜)를 갖는 초기 주조재를 적용하여 열간 압출 (Hot Extrusion)을 실시하였다.

[표 5.2] 마그네슘 합금 화학성분

Mg alloy	Chemical composition (%)				
	Al	Zn	Mn	Si	etc.
AZ80	8.6	0.58	0.3	0.013	Bal.

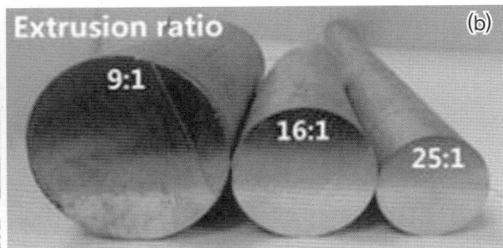

[그림 5.9] 압출 장비 및 압출비에 따른 압출봉재

그림 5.9는 압출 시 사용된 장비 및 압출비에 따라 압출된 봉재를 나타내고 있다. 압출봉재의 최종 직경은 압출비 9:1의 경우 Ø61.7, 16:1의 경우 Ø46과 25:1의 경우 Ø36.7㎜로 압출하였다. 초기 주조재 및 압출봉재의 집합조직 관찰하기 위하여 소재의 압출되는 방향과 수평 방향으로 압출봉재의 중간 부분에서 미세조직 분석용 시편을 채취하였다. 그림 5.10는 초기 주조재와 압출비에 따는 압출봉재의 집합조직을 나타내고 있다. 그림 5.17(a)는 초기 주조재의 결정립 사이즈는 100㎛ 이상 갖는 것을 확인 할 수 있었으며 압출을 실시한 결과 결정립 미세화가 이루어진 것을 확인 할 수 있다. 압출비 9:1의 경우 국부적으로 동적 재결정이 일어나 약 8~10㎛ 크기로 결정립이 미세화 된 것을 확인 할 수 있다(그림 5.10(b)). 압출비 16:1이상 압출봉재의 경

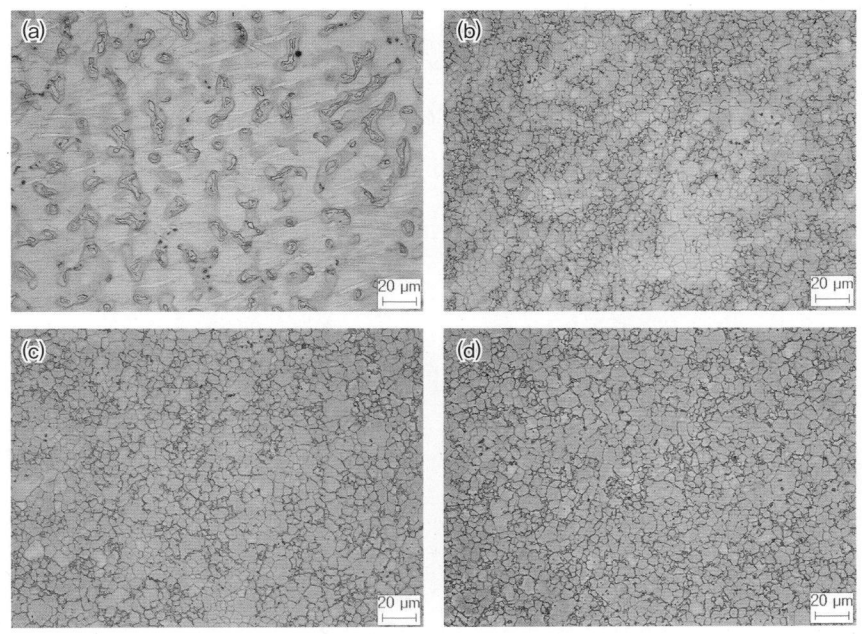

[그림 5.10] 압출비에 따른 미세조직 분석

우 균일한 결정립으로 7~8㎛으로 나타났다(그림 5.10(c), 그림 5.10(d)).

초기 주조재 및 압출봉재의 기계적 특성을 분석하기 위하여 인장시험을 수행하였다. 인장시편은 ASTM B557M을 사용하였다. 그림5.11은 상온에서 AZ80 주조재와 압출봉재의 준정적(Quasi-Static, 0.001/sec)으로 인장시험 결과를 나타내고 있다. 인장시험의 유동응력 곡선은 전형적인 마그네슘합금의 전형적인 슬립 변형형태로 위로 볼록한 경화곡선이 나타나는 것을 확인하였다. 초기 AZ80 주조재의 경우 최대 인장강도, 항복강도 및 연신율이 가장 낮게 나타나는 것을 알 수 있었으며 압출봉재의 경우 압출비가 증가할수록 초기 항복강도와 최대 인장강도가 주조재에 비하여 크게 증가하는 것으로 나타났다. 높은 압출비 25:1에서 기계적 특성의 강도적인 측면에서 가장 높게 나타났다. 하지만 압출비 9:1과 16:1의 경우 최대 인장강도는 9MPa정도와 항복강도의 경우 12MPa정도 차이가 나타나지만 보다 높은 압출비 25:1의 경우 압출비 16:1과 비교했을 경우 차이는 나타나지 않고 있다. 압출비의 증가에 폭에 비하여 인장강도, 항복강도 및 연신율은 크지 않은 것으로 판단된다.

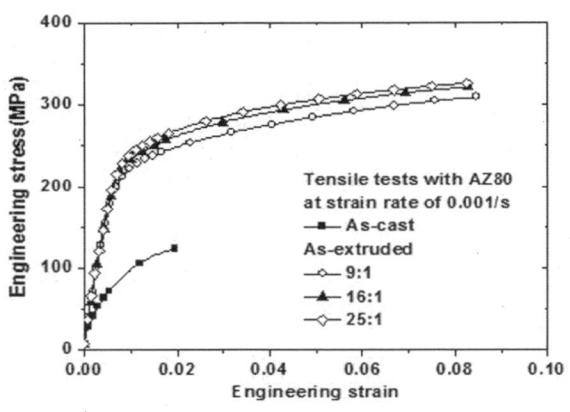

[그림 5.11] 압출비에 따른 기계적 특성 분석

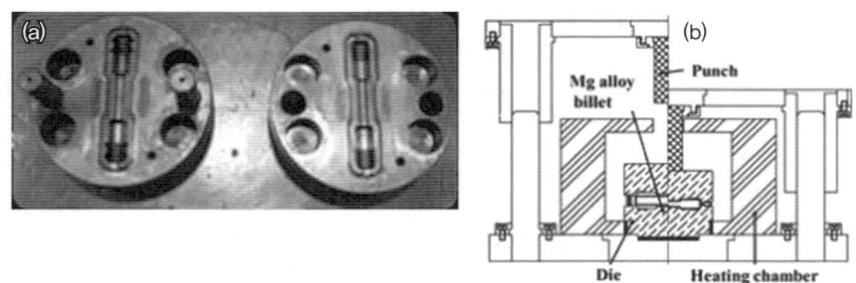

[그림 5.12] 열간 단조 시 사용된 금형(a), 열간단조 방법(b)

마그네슘 합금 AZ80 주조재와 다양한 압출비로 압출된 압출봉재를 이용하여 제안된 인장시편형 열간단조를 실시하여 기계적 특성을 분석하였다. 단조 된 시편으로부터 기계가공 후 인장시험을 채취하여 상온 인장시험을 수행하였다. 그림 5.12(a)는 인장 시편형 열간단조 방법 및 사용된 금형을 나타내고 있다. 마그네슘 합금의 경우 성형온도에 민감하게 반응하기 때문에 성형온도 제어가 가장 중요한 부분이다. 금형과 소재온도를 등온상태에서 성형하기 위하여 챔버(Chamber)및 금형을 제작하였다(그림 5.12(b)).

그림 5.13은 인장시편형 단조를 수행하여 기계적 특성을 분석하는 과정을 도식적으로 설명하고 있다. 성형온도는 250℃, 변형률 속도는 2/sec으로 열간단조를 실시하였다. 성형온도를 균일하게 하기 위하여 챔버내에서 금형을 가열하고 소재온도는 외부에 전기로를 설치하여 승온하였다. 열간단조 시 금형과 소재간의 소착(Sticking)을 방지하기 위하여 고온 윤활제 그

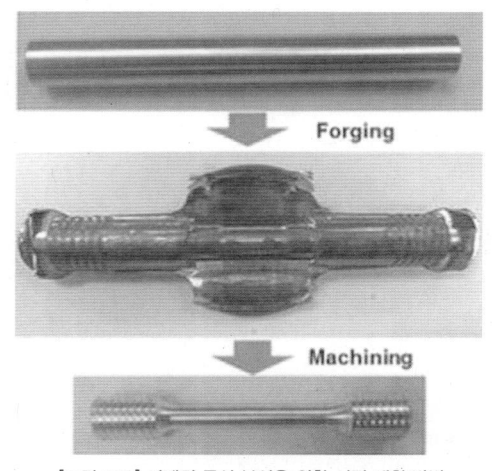

[그림 5.13] 기계적 특성 분석을 위한 시편 재취 방법

[표 5.3] 인장시편형 성형조건

Temperature. (℃)	250
Strain rate (/sec)	2
Specimen size (mm)	Ø15.0×124.0mm (cylinder type)
AZ80	as-cast, as-extruded (9:1, 16:1, 25:1)
Press	200ton hydraulic press
Lubrication	Graphite

라파이트(Graphite)를 이용하여 소재코팅 및 금형 내에 도포하였으며 성형조건은 표 5.3에 나타내고 있다.

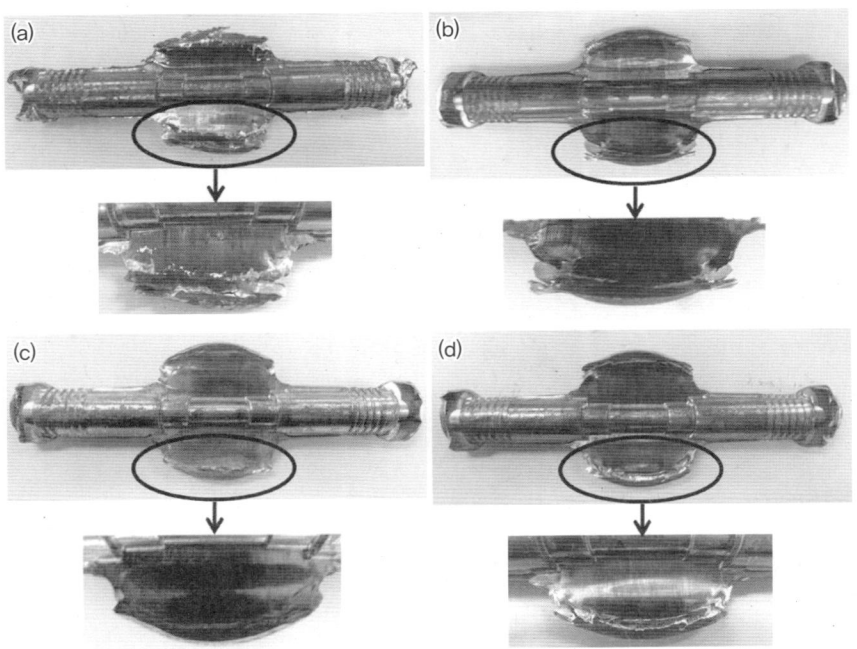

[그림 5.14] 압출비에 따른 열간단조 시편: (a) 주조재; (b) 압출비 9:1; (c) 압출비 16:1; (d) 압출비 25:1

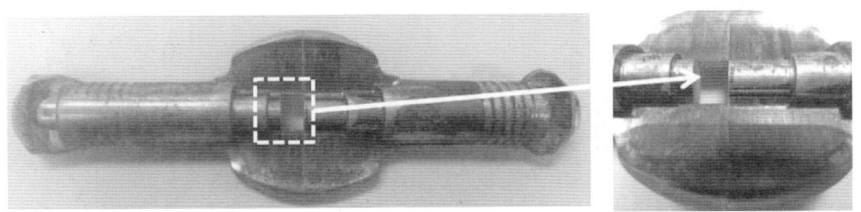

[그림 5.15] 열간 단조 시편의 미세조직 관찰위치

그림 5.14는 열간단조를 실시한 인장시편형 시편을 나타내고 있다. 그림 5.14(a)는 주조재의 경우 플랜지부에서 심한 크랙(Crack)이 발생하는 것을 확인 할 수 있다. 압출봉재를 단조 성형한 결과, 압출비가 증가함에 따라 플랜지부의 크랙이 줄어드는 것을 확일 할 수 있으며, 압출비 9:1의 경우 플랜지부의 크랙

발생이 주조재에 비하여 감소되는 것을 확인 할 수 있다. 압출비가 증가함에 따라 (16:1과 25:1) 플랜지 부의 크랙이 확연히 줄어드는 것을 확인 할 수 있다.

그림 5.15은 단조 후 집합조직을 관찰하기 위하여 시편을 채취한 위치를 나타내고 있다. 단조 후 압출방향에 수평방향으로 시편의 중간부분에서 채취하여 관찰하였다. 그림 5.16은 열간 단조 후 집합조직을 나타내고 있다. 초기 집합조직에 비하여 단조 후 주조재와 압출봉재의 집합조직에서 결정립 미세화가 이루어진 것을 확인할 수 있다. 그림 5.16(b)는 압출비 9:1의 경우 약 5~6㎛ 갖는 것으로 나타나고 압출비 16: 1과 25:1의 경우 약 3~4㎛ 갖는 것으로 나타났다(그림 5.16(c),(d)).

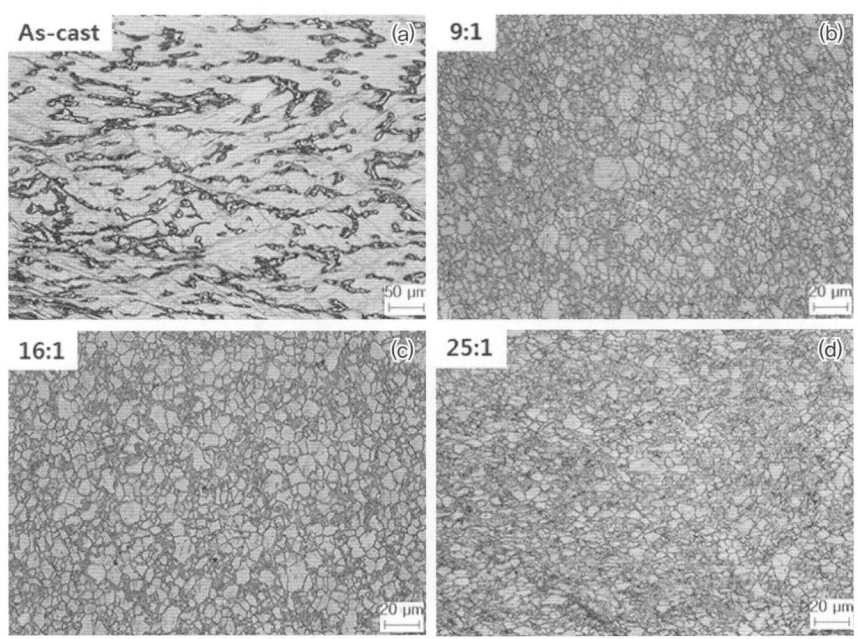

[그림 5.16] 열간단조 후 미세조직 분석: (a) 주조재; (b) 압출비: 9:1; (c) 압출비 16:1; (d) 압출비 25:1

그림 5.17은 열간 단조 후 상온 준정적(Quasi-Static, 0.001/sec)으로 인장 시험 결과를 나타내고 있다. 압출봉재의 경우 단조 후 최대인장강도는 약 50MPa 와 항복강도는 약 80MPa로 크게 증가하여 강도측면에서 향상되었음을 확인 할 수 있다. 하지만 압출비가 증가할수록 강도측면에서 향상되었지만 연신율은 초기 압출봉재에 비하여 약 2% 감소하였다. 압출비 16:1과 25:1은 압출비의 증가 폭에 비하여 기계적 특성은 크게 향상되지 않고 있다(표 5.4). 따라서 높은 압출비 25:1과 압출비 16:1에서 기계적 특성은 크게 차이가 나타나지 않았으며 단조 후 시편에서도 큰 차이를 볼 수 없었다.

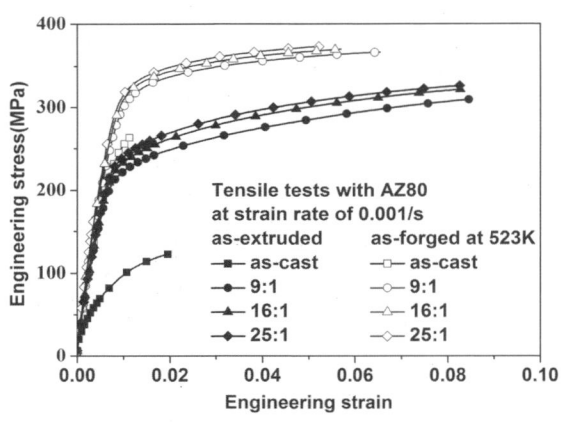

[그림 5.17] 압출봉재 및 단조품의 기계적 특성 분석

[표 5.4] 압출비에 따른 기계적 특성 분석

AZ80 Material properties		Initial		Forged at 250℃	
		YS(MPa)	UTS(MPa)	YS(MPa)	UTS(MPa)
Az-cast		38	123	245	246
As-extruded	9:1	213	309	293(+80)	366(+57)
	16:01	222	321	307(+85)	369(+48)
	25:01:00	231	326	314(+83)	372(+46)

03
성형온도 및 변형률속도

1. 상용 마그네슘 합금 성형온도에 따른 특성 평가

마그네슘 단조 건전성의 비중이 높은 인자가 바로 단조온도이다. 마그네슘 합금은 조밀육방정 구조로 변형이 300℃ 부근에서 잘 일어나며, 변형능력은 결정립이 미세하거나 소재온도가 높아지면 좋아진다. 본 서적에서 열특성 분석을 통한 제2상의 용융점을 분석하였고, 문헌 등을 참고로 하여 최종 단조온도를 350℃로 도출하였으며, 이 온도로 단조시험을 행하였다. 하지만 아직까지 최적의 성형성과 기계적 특성을 도출할 수 있는 최적 단조온도에 대한 DB가 아직도 많이 부족한 실정이다. 4,000톤 중속 Knuckle Press를 활용하여 마그네슘 단조 특성에 가장 큰 인자인 최적 단조성형 온도를 도출하고자 하였다. 앞서 각종 마그네슘 합금의 최적 열처리 공정연구에서 알 수 있듯이 압출봉재의 단조공정과 단조-T4 공정이 가장 우수한 기계적 특성을 나타내었으므로 AZ80 압출봉재와 ZK60 압출봉재를 이용하여 단조재와 단조-T4 재의 성형온도별 특성변화를 알아보았다. T6 처리는 실제 제품에 적용이 어려울 것으로 나타난다.

가. AZ80 합금 압출봉재의 성형온도에 따른 특성평가

그림 5.18에 성형온도에 따른 단조성형성을 비교하였다. 4,000톤 Knuckle Press를 사용하여 150, 200, 250, 300, 350℃의 성형온도조건에 대한 시험결과 모두 건전한 단조품을 얻을 수 있었다. 150℃ 온도의 단조품에서 Flash 부위에 균열이 발생하였으나 제품에는 어떠한 결함도 관찰되지 않았다.

마그네슘 단조 성형성에 영향을 주는 인자인 '단조속도와 성형온도'에 대한 결과로 볼 때 성형성 면에서는 '단조속도의 영향'이 '성형온도의 영향'보다 더 큰 영향을 미치는 것을 알 수 있다. 이러한 인자가 기계적 특성에는 어떠한 여향을 미치는지 인장특성을 관찰하였다.

그림 5.19에 AZ80 압출봉재를 사용하여 성형온도에 따른 최대인장강도를 나타내었다. '단조' 공정 제품의 강도가 '단조-T4' 공정 제품에 비해 우수한 인장강도를 나타내었으며, 250℃의 성형온도에서 362MPa로 최고의 인장강도를 나타내었다.

그림 5.20에 성형온도에 따른 인장항복강도(TYS) 평가 결과를 나타내었다. 그래프에서 알 수 있듯이 150~200℃온도에서 285MPa 수준으로 가장 높은

단조 온도	C국 AZ80 Extrusion Billet	Defect
350°C	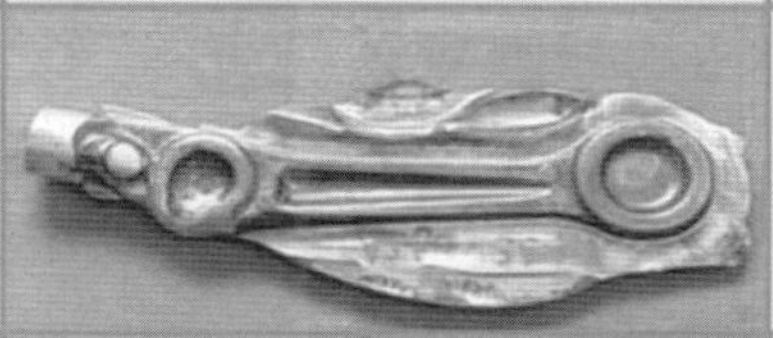	• Flash part : No Crack • Product part: No Crack
300°C		• Flash part : No Crack • Product part: No Crack
250°C	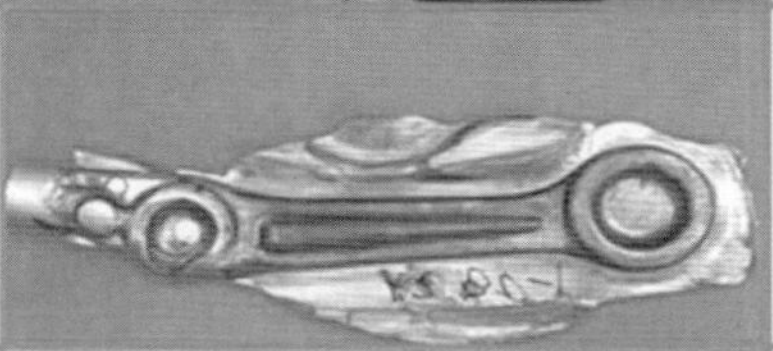	• Flash part : No Crack • Product part: No Crack
200°C	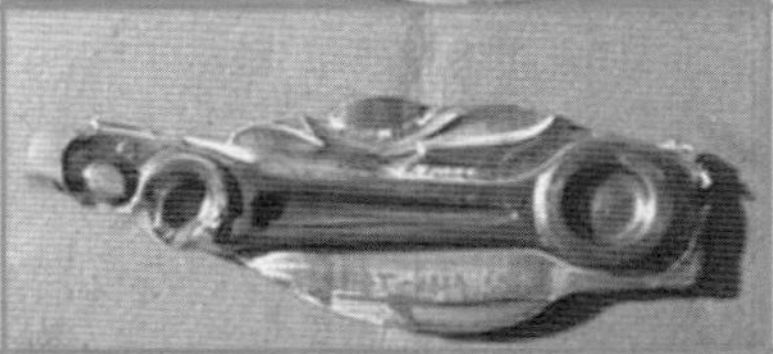	• Flash part : No Crack • Product part: No Crack
150°C	 Crack appears in flash part	• Flash part : Crack • Product part: No Crack

[그림 5.18] 성형온도 변화에 따른 단조 성형성 비교 (C국AZ80 압출봉재, 4000톤 Knuckle Press)

항복강도를 나타내었으며, 성형온도가 증가할수록 인장항복강도는 감소하였다. 단조-T4제품의 항복강도는 변화가 없었는데, 이는 단조시 얻어진 성형온도별 가공경화 효과가 T4처리시 고용 효과에 의해 동일한 항복강도를 나타내게 된 것으로 판단된다.

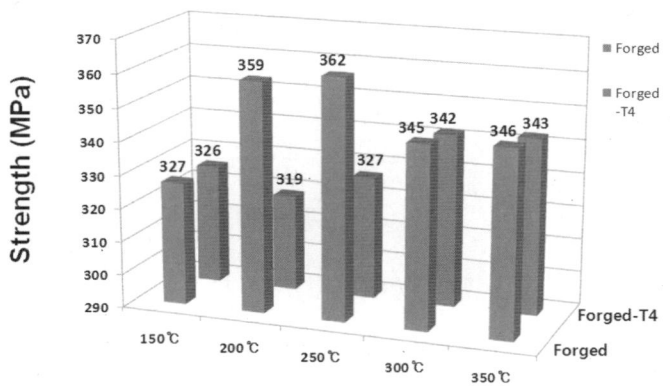

[그림 5.19] 성형온도에 따른 최대인장강도 평가 비교 (AZ80 압출봉재)

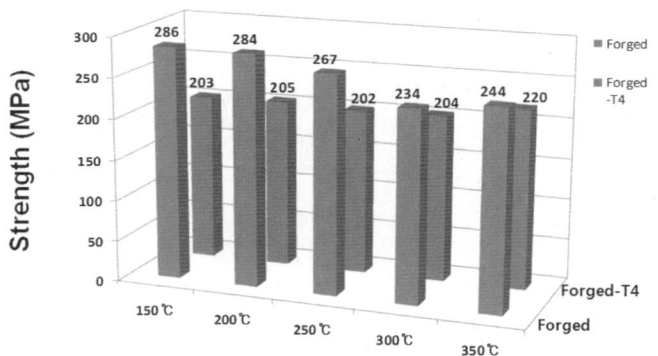

[그림 5.20] 성형온도에 따른 인장항복강도 평가 비교 (AZ80 압출봉재)

그림 5.21에 성형온도에 따른 연신율 평가 결과를 나타내었다. 그래프에서 알 수 있듯이 단조품의 경우 250~300℃에서 14% 수준으로 가장 높은 연신율을 나타내었으며, 성형온도가 150℃ 일 때 3.1%에서 성형온도가 200℃로 증가했을 때 7.6%로 연신율의 증가를 보였으며 250~300℃에서 최대 연신율을 나타내었다. 그러나 350℃로 성형온도를 높였을 때 연신율은 오히려 9.3%로 감소하는 경향을 나타내었다. 단조-T4제품의 경우 250℃에서도 높

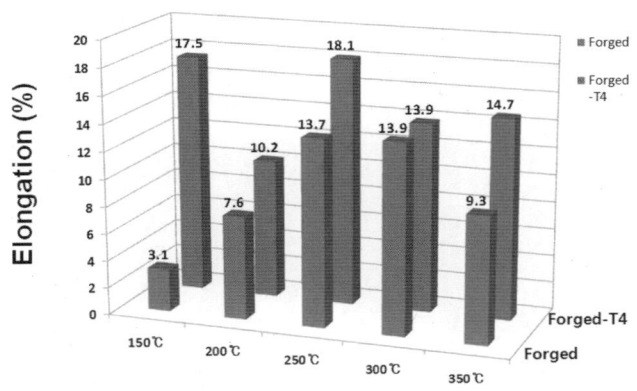

[그림 5.21] 성형온도에 따른 연신율 평가 비교 (AZ80 압출봉재)

은 연신율을 나타내었다.

성형온도에 다른 인장특성 평가 결과를 종합해 볼 때 성형온도가 250℃일 때 가장 우수한 특성을 나타내었다.

각 온도 조건별 기계적 특성 차이에 대한 미세조직을 그림 5.22에 비교하였다. 일반적으로 마그네슘합금의 재결정은 유동응력 및 온도의 영향을 받는다. 150℃ 등의 변형온도가 낮을수록 유동응력의 크기가 높아지므로 재결정립의 크기는 미세하게 변형되며, 결정립의 크기편차는 커지게 된다. 앞서 언급한 성형성 비교에서도 150℃ 단조품의 Flash부에 균열이 발생된 것 역시 유동응력의 증가에 따른 성형성의 저하로 나타난 현상이라 할 수 있겠다. 동일한 변형속도 조건에서는 변형온도가 높아질수록 재결정립의 성장속도가 증가하여 결정립 조대화로 인한 성형성의 저하를 야기 시킬 수 있다. 그림에서 보는 바와 같이 성형온도가 증가할수록 결정립이 커지는 경향을 나타내었다. 인장시험 결과에서도 250℃ 성형온도까지는 신율이 급격히 증가하는 경향을 보이다가, 350℃

고온에서는 감소하는 경향 역시 이러한 영향에 의한 것으로 생각된다.

따라서 우수한 성형성 및 기계적 특성을 얻기 위해서는 적절한 성형온도

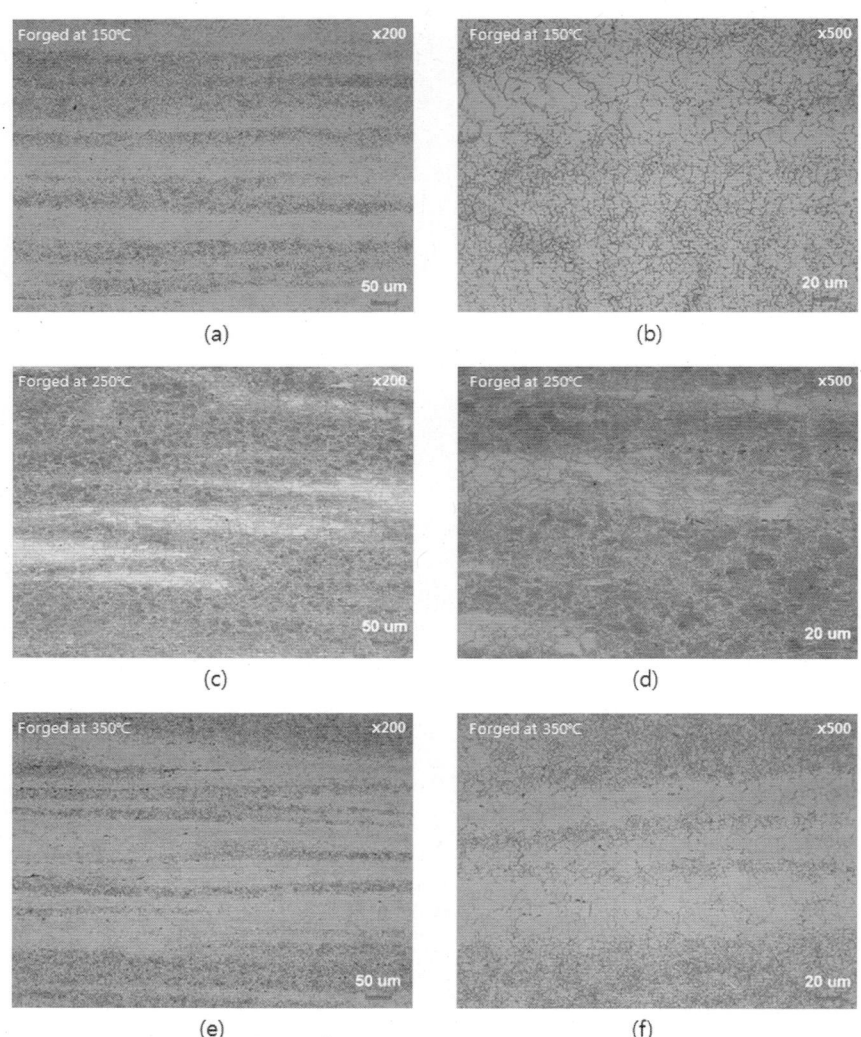

[그림 5.22] C국 AZ80 (압출봉재) 단조품의 성형 온도별 미세조직(Longitudinal view).
(a) 150℃ 단조품(x200), (b) 150℃ 단조품(x500), (c) 250℃ 단조품(x200), (d) 250℃ 단조품(x500),
(e) 350℃ 단조품(x200) 그리고 (f) 350℃ 단조품(x500)

및 속도 제어를 통해 균일한 결정립 분포를 얻는 것이 중요하다.

나. ZK60 합금 압출봉재의 성형온도에 따른 특성평가

그림 5.23에 C국 ZK60 압출봉재의 성형온도에 따른 단조성형성을 비교하였다. 앞선 AZ80합금과 동일하게 4,000톤 Knuckle Press를 활용하여 150, 250, 350℃의 성형온도 조건으로 성형성 평가용 단조품을 제작하였다.

단조 온도	C국 ZK60 Extrusion Billet	Defect
350℃	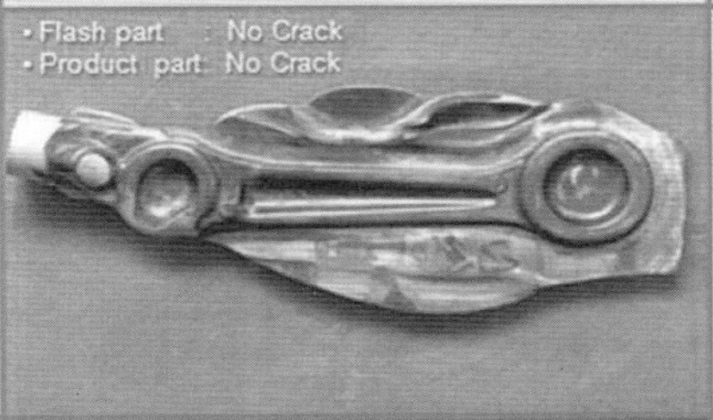 • Flash part : No Crack • Product part: No Crack	• Flash part : No Crack • Product part: No Crack
250℃	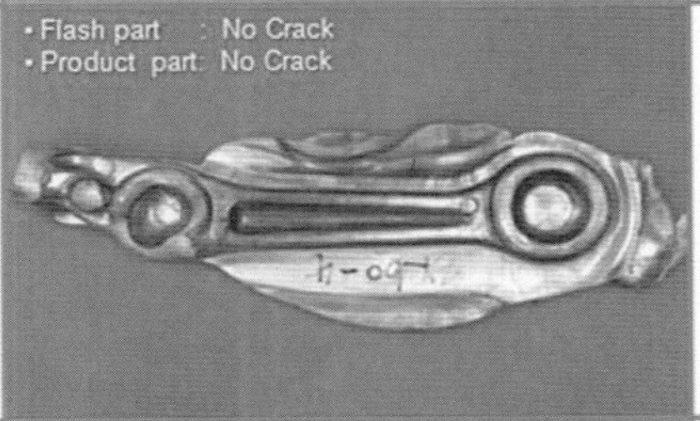 • Flash part : No Crack • Product part: No Crack	• Flash part : No Crack • Product part: No Crack
150℃	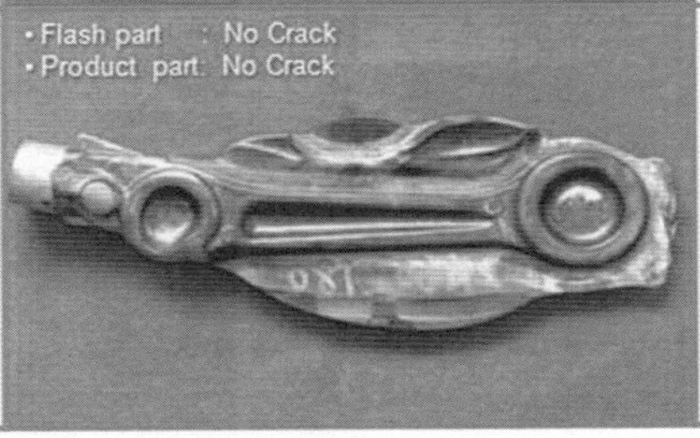 • Flash part : No Crack • Product part: No Crack	• Flash part : No Crack • Product part: No Crack

[그림 5.23] 성형온도 변화에 따른 단조 성형성 비교 (중국 ZK60 압출봉재, 4000톤 Knuckle Press)

그림에서 보는 바와 같이 150, 250, 350℃의 모든 조건에서 건전한 단조품을 얻었다. 컨트롤 암 제품부위와 Flash 부위 모두 어떠한 결함도 관찰되지 않았다. ZK60 합금 압출봉재가 가지고 있는 고유한 특성 때문으로 판단된다.

그림 5.24에 ZK60압출봉재를 사용하여 성형온도에 따른 최대 인장강도를 나타내었다. 그림에서 보는 바와 같이 AZ80합금과 달리 성형온도에 대한

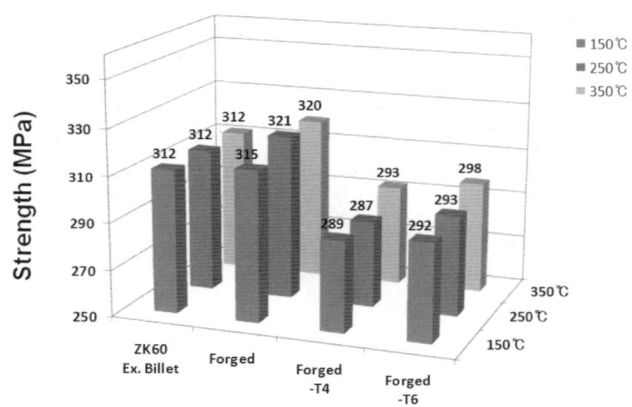

[그림 5.24] 성형온도에 따른 최대인장강도 평가 비교 (ZK60 압출봉재)

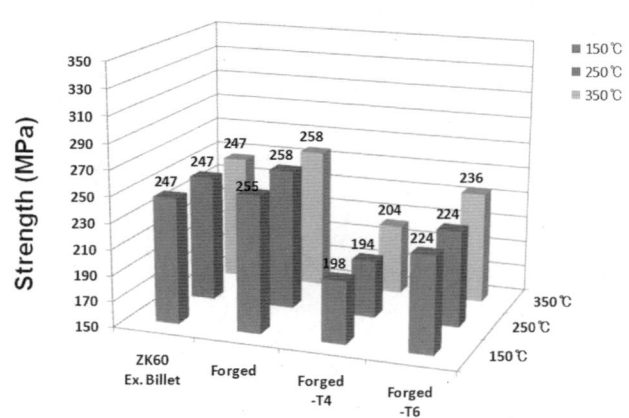

[그림 5.25] 성형온도에 따른 인장항복강도 평가 비교 (ZK60 압출봉재)

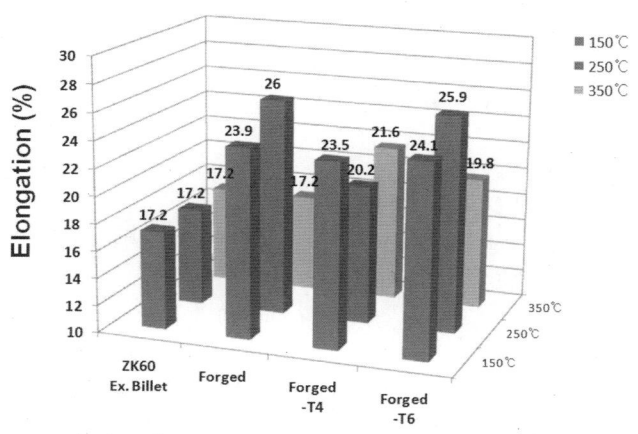

[그림 5.26] 성형온도에 따른 연신율 평가 비교 (ZK60 압출봉재)

강도 변화는 관찰되지 않았으며, 단조품에서 인장강도가 압출소재의 물성 대비 소폭 증가하는 경향을 나타내었다. 단조품을 T4, T6 열처리 공정을 거치면서 강도는 단조품 대비 30MPa 수준 폭으로 크게 감소하였다.

그림 5.25에 성형온도에 따른 인장항복강도(TYS) 평가 결과를 나타내었다. 그래프에서 알 수 있듯이 최대 인장강도 특성과 동일하게 성형온도에 따른 특성변화는 관찰되지 않았다.

그림 5.26에 성형온도에 따른 연신율 평가 결과를 나타내었다. 그래프에서 알 수 있듯이 150℃와 250℃에서 단조품과 단조-T6제품에서 높은 연신율을 나타내었다. 150℃조건에서 단조공정을 거치면서 17%에서 24%로 연신율이 7%가 상승하였으며, 이후 T4, T6 열처리 공정을 거치면서 23~24% 수준의 연신율을 나타내었다. 250℃조건에서는 단조공정을 거치면서 17%에서 26%로 연신율이 9%로 증가하였다. 인장시험 분석 결과 ZK60 압출봉재는

150~250℃의 성형온도에서 가장 높은 인장특성을 나타낸 것을 알 수 있다. 200℃조건에서의 추가적인 특성 검증이 필요한 것으로 나타난다.

2. 상용 및 개발 마그네슘 합금 성형온도에 따른 특성평가

가. 원소재 성분 및 미세조직 분석

표 5.5는 상용 및 개발 마그네슘 합금의 화학성분을 나타낸다.

[표 5.5] 상용 및 개발 마그네슘합금의 화학성분

Mg alloy	Chemical composition(%)				
	Sn	Al	Mn	Zn	Etc.
AZ61	–	6.5	0.15	1	92.35
AZ80	–	8.5	0.12	0.5	90.88
TAZ541	5	4	–	1	90
TAZ711	7	1	–	1	91
TAZ811	8	1	–	1	90

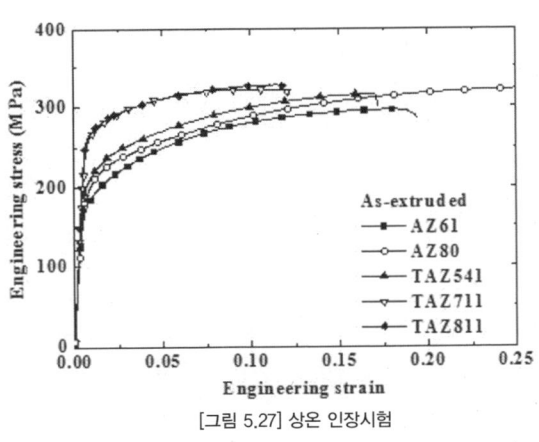

[그림 5.27] 상온 인장시험

상용 합금 및 개발 마그네슘 합금의 기계적 특성을 알아보기 위하여 상온에서 준정적(Quasi-Static, 0.001/sec) 인장시험을 실시하였다. TAZ711과 811의 경우

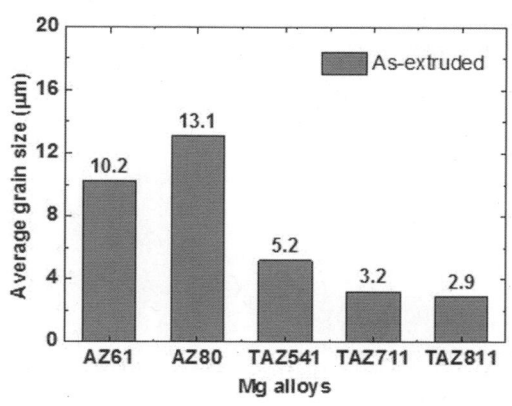

[그림 5.28] 원소재 그레인 사이즈

AZ61과 AZ80보다 100MPa 정도 높은 항복강도를 가졌지만 연신율은 낮게 나타났다.

그림 5.28은 상용 및 개발 마그네슘합금의 원소재 결정립 사이즈를 보여주고 있다. 상용 마그네슘 합금의 경우 초기 결정립 사이즈는 10.2~13.1㎛ 정도이며, 개발 마그네슘 합금의 경우 2.9~5.2㎛ 정도로 나타났다.

나. T-shape 단조 성형성 평가

그림 5.29는 T-shape 단조 원리를 보여주고 있다. 상부 펀치(Punch)가

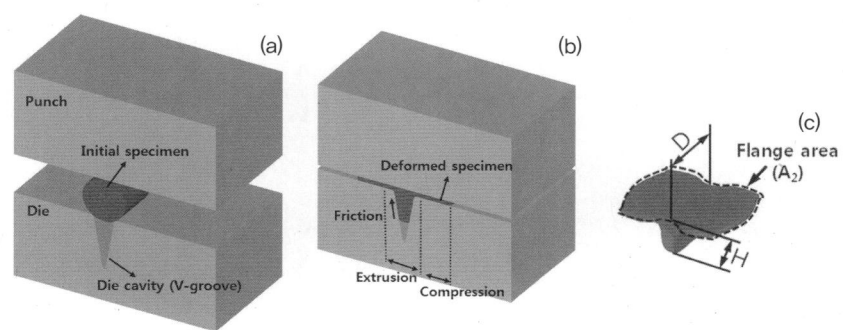

[그림 5.29] T-shape 단조 방법 및 시편 형상 측정

하강하여 소성변형이 진행됨에 따라 소재의 가장자리 부분, 즉 플랜지가 형성되는 부분은 압축 및 전단 변형이 가해지며, 금형의 캐비티 안으로 유동되는 부분에서는 압출이 일어나게 된다. 열간 단조 후 그림 5.29(c)와 같이 변형 시편의 측정 변수를 설정하였다. 캐비티 안으로 소재가 유동되는 높이를 H(㎜)로 정의하여 단조 성형성을 평가하는 척도로 설정하였다. 열간 단조된 시편의 형상 및 캐비티 부로의 소재 유동 깊이를 정밀하게 측정하기 위하여 비 접촉식 3차원 측정기를 이용하여 H의 크기를 측정하였다.

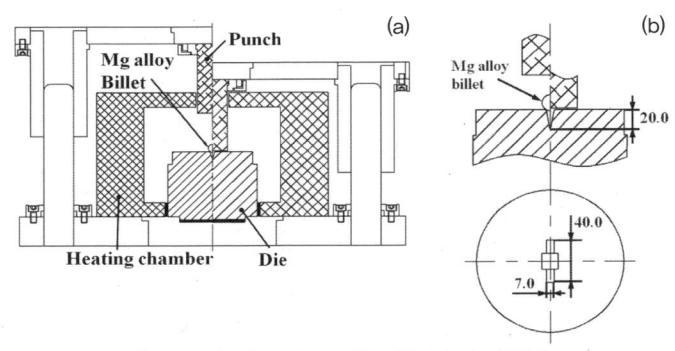

[그림 5.30] 성형성 평가를 위한 시험 방법 및 금형설계

펀치 스크로크 10㎛까지 정밀한 제어가 가능한 80ton 서보프레스(Servo Press)에서 수행하였으며 성형 온도 제어를 위하여 고온 챔버를 구성하여 금형과 펀치를 그림 5.30(a)와 같이 밀폐 시킨 뒤 성형하였다. 금형과 소재에 서모커플(Thermocouple)을 삽입하여 온도 분포를 체크한 뒤, 목표 온도에 도달하면 성형을 시작하였다.

표 5.6은 T-shape 단조 조건을 나타내고 있다. 변형률 속도는 2/sec으로

[표 5.6] T-shape 단조조건

구분	Test1-1	Test1-2	Test1-3
Temperature of specimen and mold	250±5℃	350±5℃	450±5℃
Specimen size	Ø15×15mm		
Materials	AZ61, AZ80(Common alloy), TAZ541, TAZ711, TAZ811 (Developed alloy)		
Press	80ton servo press		
Repetition	3EA		
Lubricant	Graphite		

하고 온도조건은 250~450℃ 까지 설정하였으며, 그 이유는 설정한 온도조건보다 낮은 온도 200℃에서 단조를 실시한 결과 표면에 크랙이 발생하였기 때문이다. 단조 시 소재의 윤활제는 그라파이트 코팅(Graphite Coating)을 하였으며, 금형의 소착을 방지하기 위하여 이황화몰리브뎀(MoS_2)을 도포하였다. 모든 조건에서의 반복 실험은 총 3회에 걸쳐 실시하였다.

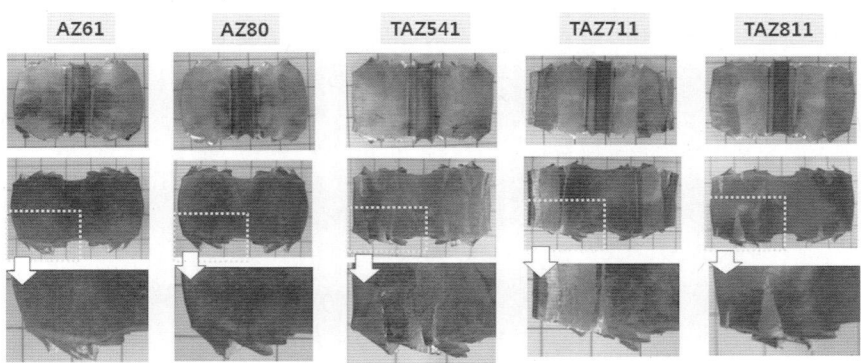

[그림 5.31] 250℃에서 T-shape 단조를 실시한 성형품

그림 5.31은 상용 및 개발 마그네슘 합금의 성형온도 250도에서 T-shape 단조를 실시한 성형물에 대하여 나타내고 있다. 250℃에서 성형된 제품은 플랜지부에 미세한 크랙(Crack)이 발생하였다.

그림 5.32는 450℃에서 T-shape 단조를 실시한 성형품에 대하여 나타내고

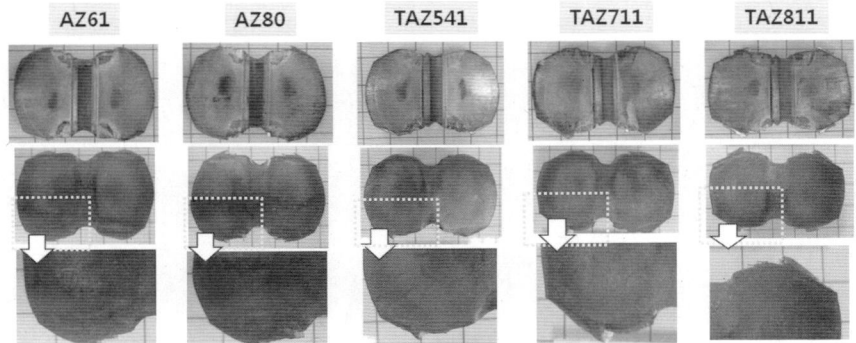

[그림 5.32] 450℃에서 T-shape 단조를 실시한 성형품

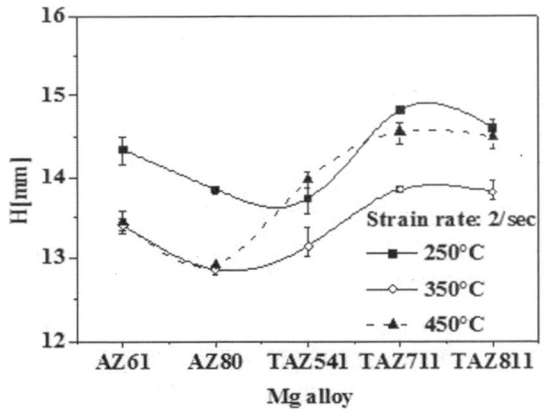

[그림 5.33] 각 온도에 따라 T-shape 단조를 실시하여 압출되는 높이

있다. 450℃에서 성형된 제품은 플랜지부에 크랙이 줄어드는 것을 확인 하였다.

그림 5.33은 각 온도 250~450℃까지 소재별 T-shape단조를 실시한 결과를 보여주고 있다. 소재 별 온도 350, 450℃에 비하여 250℃에서 캐비티 안으로 압출되는 높이(H)가 높게 나타났다. TAZ합금은 450℃에서 급격하게 높이(H)가 증가하는 것을 확인 할 수 있었으며, 초기 결정립 사이즈가 2.5~5㎛을

가졌기 때문이다. 250℃에서 단조 성형성이 가장 좋은 것을 확인하였다.

다. 기계적 특성평가를 위한 단조 금형 설계 및 단조조건

마그네슘 합금을 자동차 부품으로 적용하기 위한 항복강도 및 인장강도를 만족해야 한다. 기계적 특성을 알아보기 위하여 실제 자동차 부품인 컨트롤 암과 유사한 단조 방식인 인장시편 형상을 제안하였다.

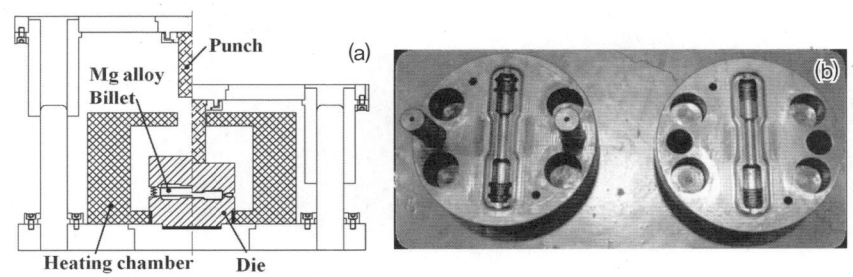

[그림 5.34] 성형성 평가를 위한 단조 방법 및 금형

그림 5.34는 기계적 특성을 알아보기 위하여 제안 된 인장시편 형상 단조 방법 및 금형을 나타내고 있다. T-shape 단조와 동일한 방법으로 온도제어를 실시하였으며, 인장시편 형상 단조 후 인장시편을 채취하여 항복강도, 인장강도 및 연신율에 대하여 알아보았다.

■ 실험조건

표 5.7은 기계적 특성 평가를 위한 인장시편 형상 단조 실험 조건을 나타내고 있다.

[표 5.7] 실험 조건

구분	Test2-1	Test2-2	Test2-3	Test2-4
Temperature(℃)	250±3	300±3	350±3	450±3
Punch stroke (mm)	12.5			
Specimen size (mm)	Ø15×124			
Materials	AZ61, AZ80(Commercial alloy) TAZ541, TAZ711, TAZ811 (Development alloy)			
Press	200ton hydraulic press			
Repetition	5			
Lubricant	Graphite			

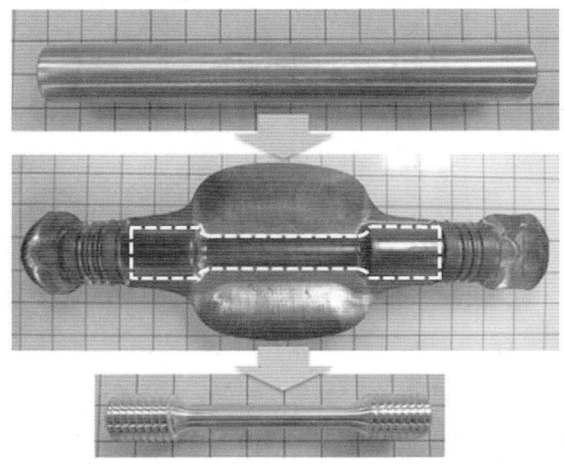

[그림 5.35] 인장시편 채취 방법

그림 5.35는 단조 후 인장강도, 항복강도와 연신율을 알아보기 위하여 인장시편 채취방법에 대하여 나타내고 있다.

그림 5.36은 단조 후 인장시편을 채취하여 상온에서 준정적(Quasi-static, 0.001/sec) 인장시험을 실시한 결과를 보여주고 있다. 기계적특성은 300~450℃보다 250℃에서 항복강도 및 인장강도가 높게 나타난다. AZ 합금의 경우 성형온도가 올라갈수록 연신율은 증가하고 TAZ 합금의 경우 연신

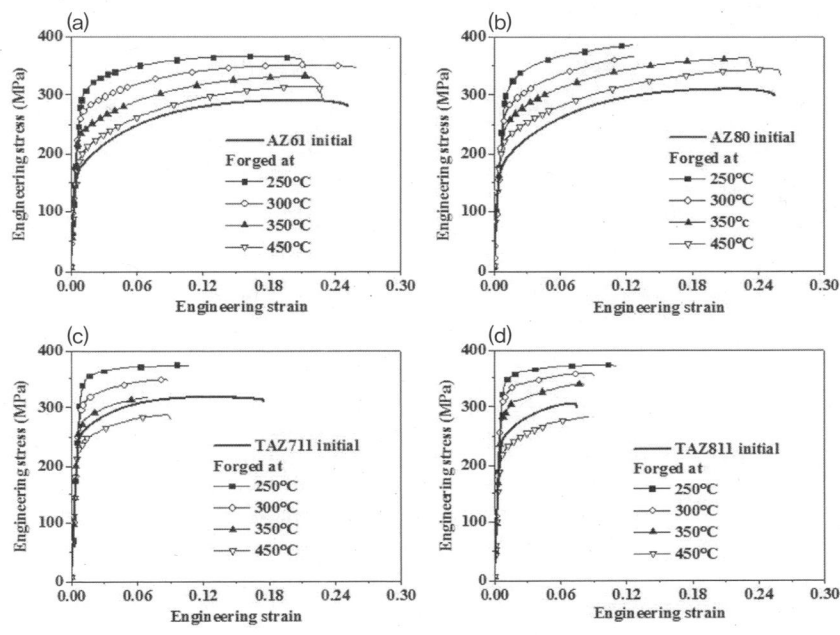

[그림 5.36] 단조 후 각 소재별 상온 인장시험

율 및 450℃에서의 항복강도와 인장강도가 초기 원소재에 보다 줄어드는 것을 확인하였다. 개발된 마그네슘 합금의 최적공정의 조건을 도출하였으며, 결과 인장강도 360MPa, 항복강도 250MPa, 연신율 10% 이상으로 나타났다.

■ 미세조직 분석

그림 5.37은 AZ61과 TAZ711 원소재에 대하여 미세조직을 나타내고 있다. AZ61의 경우 초기 그레인 사이즈는 10.2㎛이며, TAZ711의 경우 3.2㎛정도 나타났고 균일한 미세조직을 나타내고 있다.

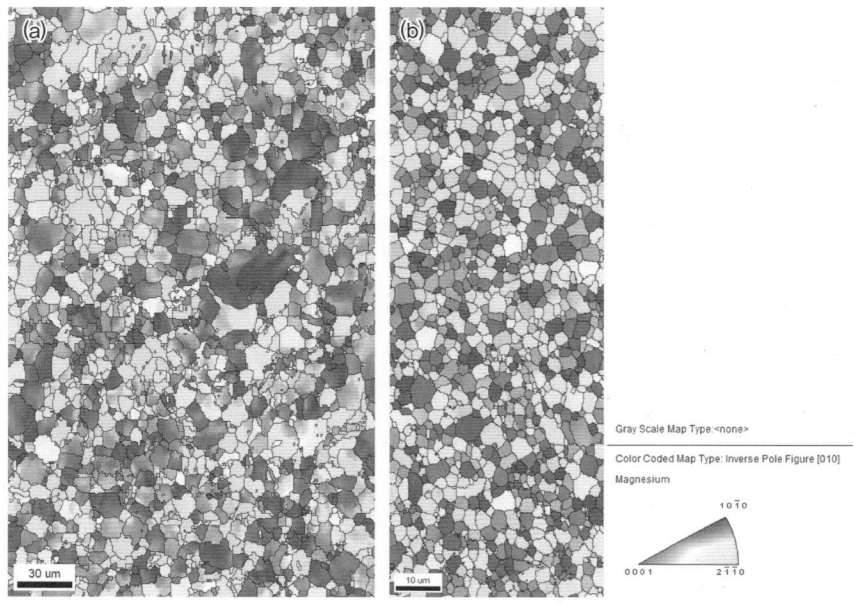

[그림 5.37] AZ61 및 TAZ711 원소재 미세조직 비교 분석

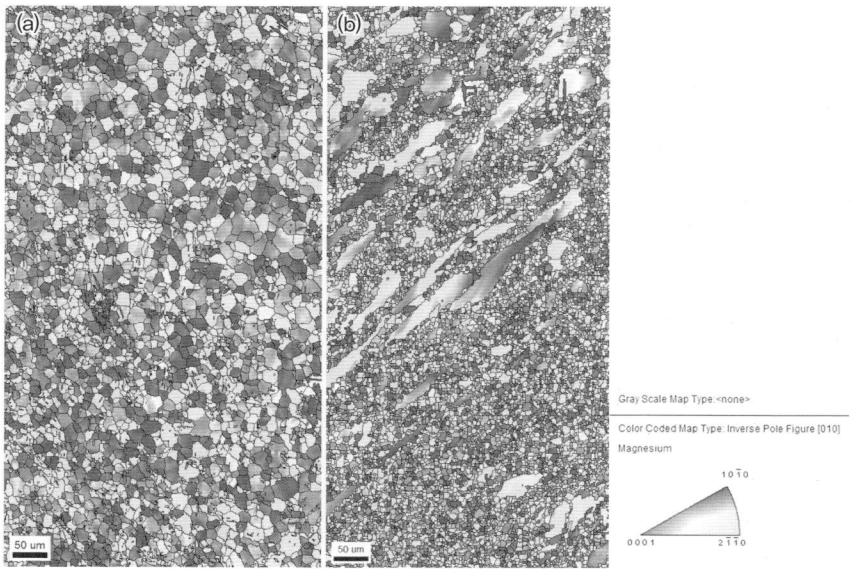

[그림 5.38] 450℃ 단조 후 AZ61과 TAZ711 미세조직 비교 분석

그림 5.38은 450℃에서 단조 후 AZ61과 TAZ711의 미세조직을 나타내고 있다. TAZ711의 경우 동적재결정으로 인하여 그레인 사이즈가 2㎛까지 미세화되었으나 최대 50㎛결정립 성장이 일어난 것을 알 수 있다. 하지만 그림 5.38(a)에서 알 수 있듯이 AZ61의 경우 균일한 미세조직을 나타내고 있다.

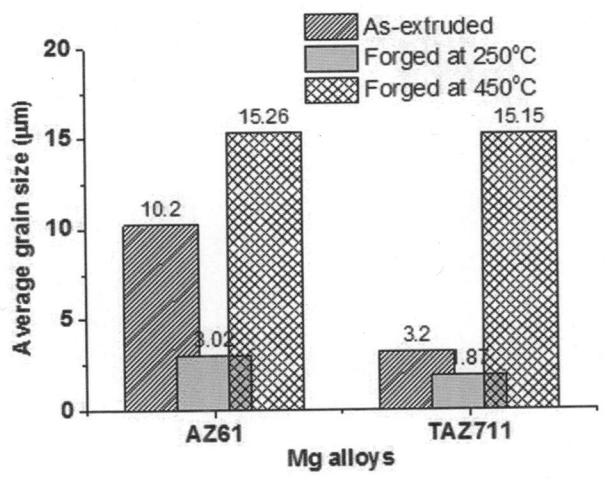

[그림 5.39] AZ61 및 TAZ711의 결정립 사이즈 비교

그림 5.39는 인장시편 형상 단조 후 AZ61과 TAZ711의 그레인 사이즈를 비교한 결과이다. AZ61의 경우 평균 그레인 사이즈는 원소재 10.2㎛에서 250℃ 단조 후 그레인 사이즈가 3.02㎛까지 미세화가 되었으며, TAZ711의 경우는 원소재 3.2㎛에서 1.87㎛으로 미세화가 진행되었다. 하지만 450℃의 경우 AZ61은 15.26㎛, TAZ711의 경우 15.15㎛까지 성장하였다.

그림 5.40은 450℃단조품의 인장시험 후 연신율 차이를 알아보기 위하면 파단면에 대하여 미세조직 분석을 수행하였다. TAZ711 및 TAZ811의 파단면

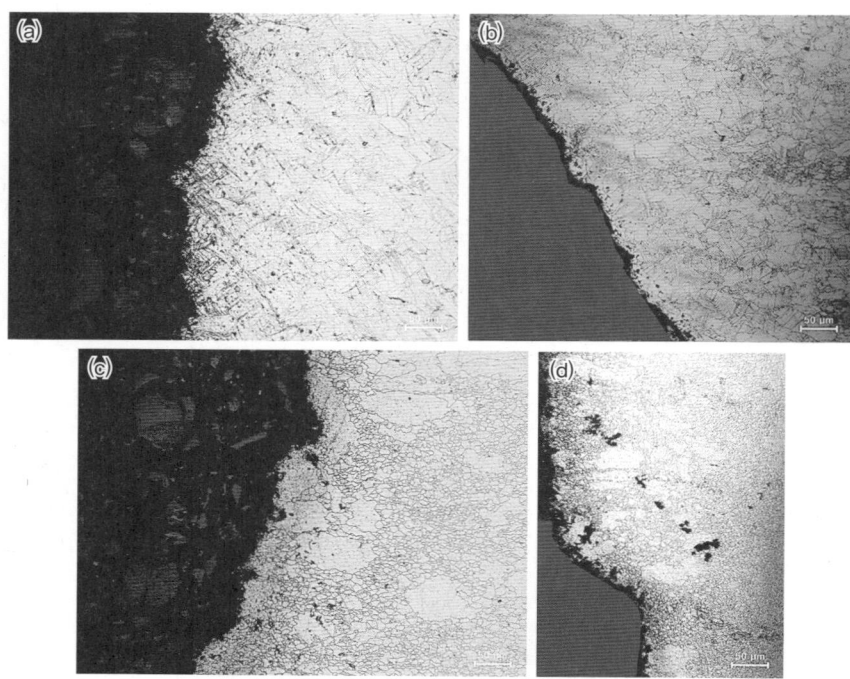

[그림 5.40] 450℃ 단조 후 인장시험을 실시하여 파단면에 대한 미세조직 분석
(a) AZ61; (b) AZ80; (c) TAZ711; (d) TAZ811

의 경우 그레인 사이즈 편차가 크게 나타나고 있으며, AZ61 및 80의 경우 균일하게 동적재결정 및 트윈을 관찰하였다.

3. 단조 성형 속도에 따른 마그네슘 합금의 특성연구

가. 상용 마그네슘 합금 단조 성형 속도에 따른 특성

마그네슘합금의 단조에 있어서 단조성형 속도는 단조품의 건전성에 영향을 주는 중요한 인자이다. 따라서 단조속도가 다른 Press를 활용하여 단조속도에 따른 특성평가를 실시하였다. 그림 5.5에 고속 1,600톤 Crank Press와 그림 5.41에 중속 4,000톤 Knuckle Press형상을 나타내었다. 그림 5.42에 다양한 마그네슘 합금소재를 사용하여 고속 및 중속의 단조속도와 350℃ 성형온도로 단조한 제품 형상을 나타내었다.

[그림 5.41] 4,000톤(중속) Knuckle Press

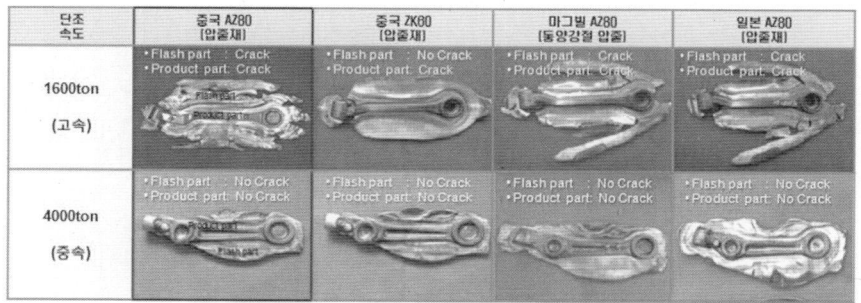

[그림 5.42] 압출봉재 마그네슘 합금의 성형속도별 특성 비교

그림 5.42에서 나타나듯이 각종 마그네슘 합금 모두 동일하게 중속의 4,000톤 Knuckle Press 작업조건에서 우수한 성형성을 보였다. 중국AZ80 압출봉재의 경우 고속단조(1,600톤 Crank Press)시 Flash와 제품에서 모두 크랙이 발생

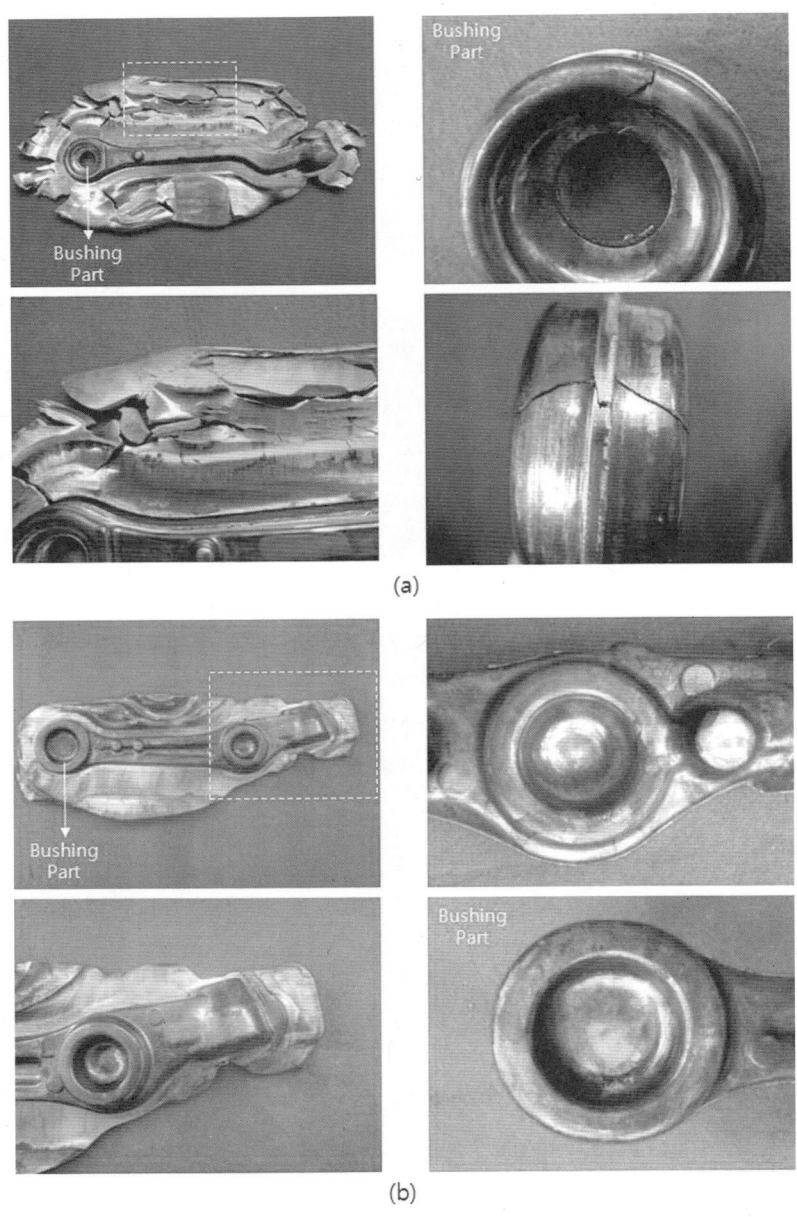

[그림 5.43] 성형 속도에 따른 AZ80압출봉재-단조품 표면 형상, (a) 고속성형과 (b) 중속성형

하였다. 반면, 중속단조(4,000톤 Knuckle Press)시 Flash는 물론 제품에 까지 모두 건전한 제품을 얻을 수 있었다. 이는 제조사가 다른 모든 AZ80 압출봉재에서도 동일한 양상을 나타내었다. 그리고 ZK60 압출봉재의 경우 역시 고속단조시 제품에 균열이 발생하였으나 중속 단조시에는 건전한 제품을 제작할 수 있었다. 그림 5.43에 AZ80압출봉재의 고속 및 중속 단조품의 표면을 나타내었다.

그림 5.43의 단조품의 기계적 특성 변화를 열처리 조건을 달리하여 평가하였다. 그림 5.44에 성형속도에 따른 공정별 최대 인장강도 평가 비교 그래프를 나타내었다. 고속성형 단조품의 최대 인장강도는 압출봉재 대비 11MPa의 감소를 나타내는 반면 중속성형 단조품은 최대 인장강도의 변화가 없음을 알 수 있다. 단조 이후 열처리 공정에서도 고속성형 대비 중속성형 단조품에서 다소 우수한 기계적 특성을 나타내었다. 성형속도에 따른 공정별 인장항복강도(TYS) 변화를 그림5.45에 나타내었다. 인장 항복강도 역시 최대 인장강도

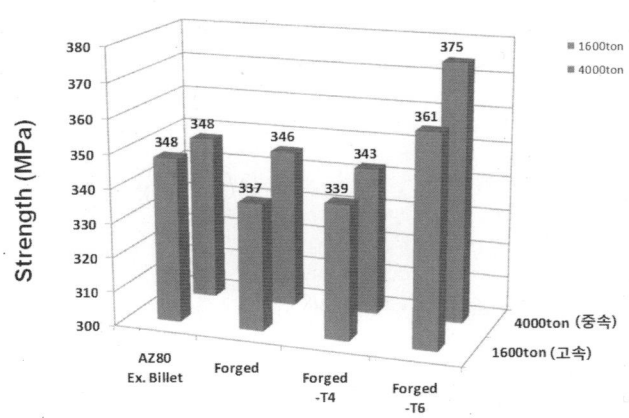

[그림5.44] 성형속도에 따른 공정별 최대인장강도 평가 비교 (AZ80압출봉재)

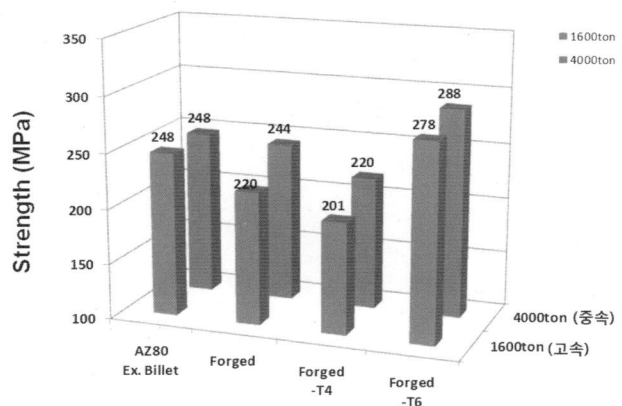

[그림 5.45] 성형속도에 따른 공정별 인장항복강도 평가 비교 (AZ80압출봉재)

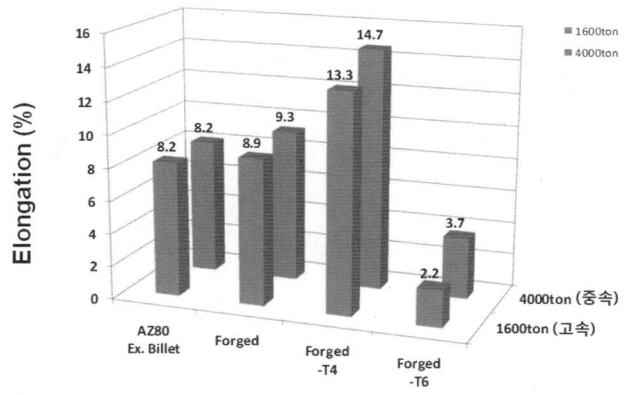

[그림 5.46] 성형속도에 따른 공정별 연신율 평가 비교(AZ80압출봉재)

와 동일한 경향을 나타내었다. 고속성형에 비해 중속성형 단조품이 다소 우수한 특성을 나타내었다. 그림5.46에 성형속도에 따른 연신율 변화를 나타내었다. 연신율 변화에서도 고속성형 대비 중속성형조건에서 향상되었으나 크게 차이는 없는 것으로 나타난다. 따라서 전체적인 특성 비교를 종합해 볼 때 고속성형에 비해 중속성형 단조공정이 제품이 기계적 특성에 우수한 것으로 판단된다.

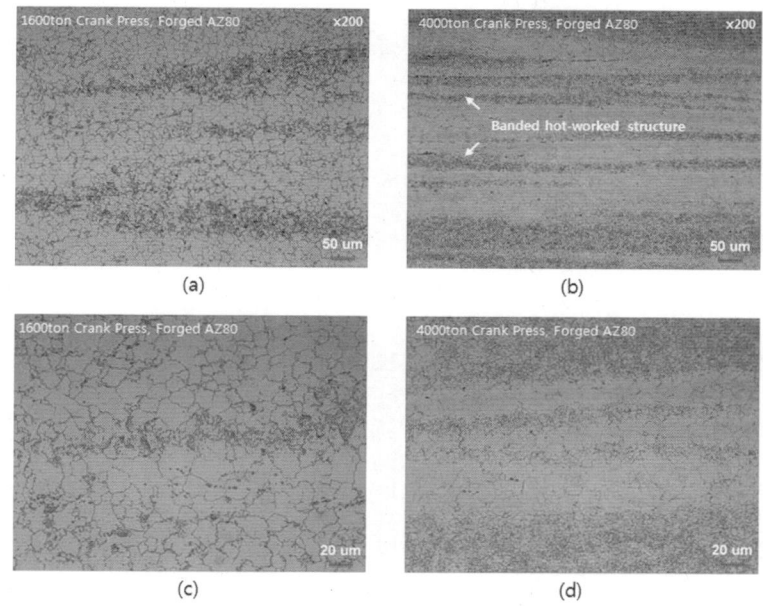

[그림 5.47] C국 AZ80 (압출빌릿) 단조품의 성형 속도별 미세조직(Longitudinal view),
(a) 고속성형 단조품(x200), (b) 중속성형 단조품(x200), (c) 고속성형 단조품(x500), (d) 중속성형 단조품(x500)

그림 5.47에 고속성형 단조품과 중속성형 단조품의 미세조직을 나타내었다. 두 조건의 단조품 모두 재결정에 의해 결정립이 미세화 되었으며, 고속성형 단조품의 조직에 비해 중속성형 단조품의 미세조직이 보다 미세한 것을 알 수 있다. 중속성형 단조품의 미세조직에서 Banded Structure가 보다 치밀하게 분포하는 것을 알 수 있다.

나. 변형률속도에 따른 기계적 특성 분석

AZ80 및 TAZ711 압출봉재를 이용하여 변형률 속도(펀치속도)에 따른 단조 기계적 특성을 평가하기 위하여 앞서 제안된 인장시편형 단조방법으로 변형률 속도를 2, 10/sec에 대하여 실시하여 기계적 특성 분석을 수행하였다. 초기 압출봉재의 AZ80경우 항복강도 208MPa, 최대인장강도 301MPa 와 연신율 9% 갖고 TAZ711의 경우 항복강도 262MPa, 최대 인장강도 305MPa 와 연신율 6%로 나타났다. 변형률 속도 2/sec에서 단조 후 AZ80의 경우 항복강도는 298MPa로 90MPa 향상되었으며 최대 인장강도는 53MPa 향상되었다. TAZ711의 경우도 55MPa, 최대 인장강도 30MPa 향상된 것으로 나타났다. 하지만 변형률 속도 10/sec의 경우 2/sec으로 성형했을 경우 보다 AZ80은 항복강도 18MPa, 최대 인장강도 11MPa정도 TAZ711의 경우는 항복강도 12MPa, 최대 인장강도 8MPa 감소하는 것으로 나타났다.

[표 5.8] 변형률 속도차이에 따른 기계적 특성 분석

Tensile test	AZ80			TAZ711		
	YS(MPa)	UTS(MPa)	El(%)	YS(MPa)	UTS(MPa)	El(%)
Initial	208	301	9	262	305	6
2/sec	298	354	12	317	335	9
10/sec	280	343	12	305	327	6

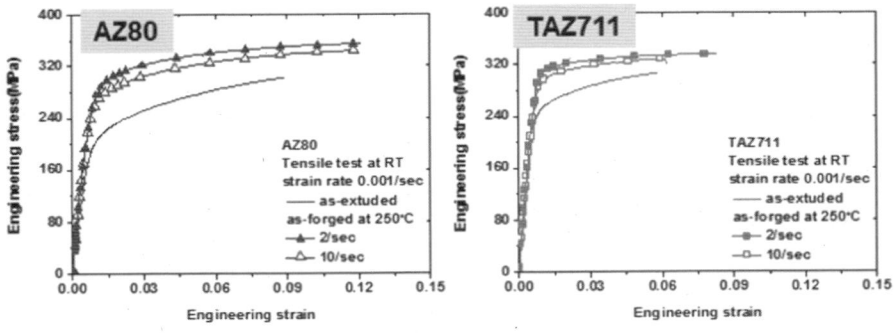

[그림 5.48] 변형률속도 차이에 따른 기계적 특성 분석

마찰특성

1. 윤활제에 따른 특성

마그네슘 합금의 열간 단조공정 중에 발생하는 윤활제의 효과를 검증하기 위하여 일반적으로 사용되고 있는 그라파이트(Graphite) 및 추가적인 3가지 윤활제를 제안하였으며, 이를 열간 단조 공정에 적용하여 윤활성능을 평가하였다. 열간 단조에 사용된 소재는 AZ80 압출봉재를 이용하였으며 윤활제의 성능을 평가하기 위하여 단순화된 T-shape 단조를 수행하였다. 마그네슘 합금을 적용한 고온 단조성형성은 일정한 펀치 스트로크 상에서 소재가 금형의 캐비티(Cavity)안으로 유동되는 높이를 측정하여 평가하였다.

윤활 평가용 시편은 초기 AZ80 압출봉재의 압출 방향과 평행한 방향으로 직경 15mm, 높이 15mm의 원기둥 시편으로 가공하여 사용하였다. 가공된 시편은 윤활제 코팅을 고르게 하기 위해 Sand Blast 후 Graphite 코팅을 하고 시험조

[표 5.9] 시험조건

소재			AZ80
윤활제(5)		(1)	Graphite(50%)
		(2)	Graphite(20%)+기타첨가물(고형분20%)
		(3)	Graphite(15~20%)+MoS2(3~8%)+기타 첨가물(고형분 20~25%)
		(4)	Nano-Graphite(6~10%)+Nano-Molybden(6~10%)+분산제(1~2%)
		(5)	Without lubricant
변형률속도		0.325/s	1
온도		300, 350℃	Isothermal condition (금형 및 소재 온도 동일)
시편		D15L15	-
반복		3	-

건은 금형과 소재온도를 300, 350℃로 하여 실시하였다. 온도측정은 접촉식 온도계를 사용하였으며, 시험 후 시편의 형상은 3차원 스캔으로 측정하였다.

그림 5.49는 윤활제 성능을 평가하기 위한 열간 단조 성형 테스트의 실험과정을 나타낸다. 또한, 열간 단조 시 시편이 금형 내에 소착(Sticking)되는 것을 방지 하기 위하여 금형 외부에는 스프레이 타입의 이황화몰리브덴(MoS_2)을 도포하여 시험을 실시하였다.

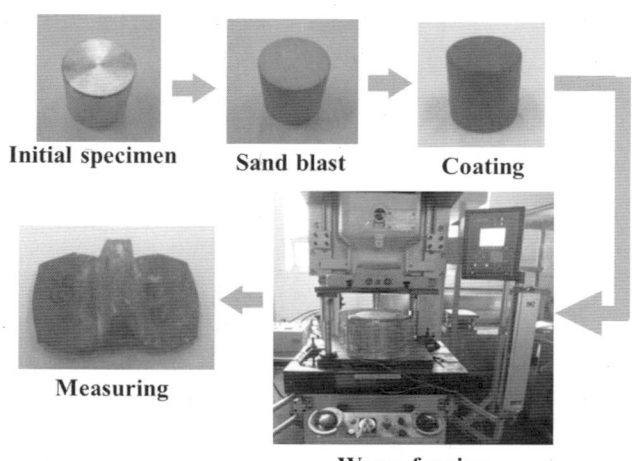

[그림 5.49] 실험과정

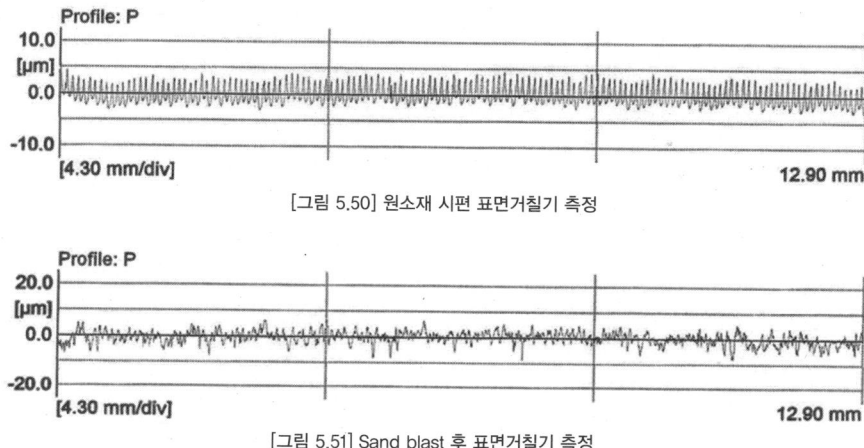

[그림 5.50] 원소재 시편 표면거칠기 측정

[그림 5.51] Sand blast 후 표면거칠기 측정

그림 5.50과 그림 5.51은 원소재 및 Sand Blast의 표면거칠기를 측정한 결과이며, 균일하게 윤활코팅을 하기 위해 Sand Blast 처리를 하였다. 원소재 시편의 조도는 약 5~6㎛ 정도이며, Sand Blast 후 표면의 조도는 8~10㎛ 정도로 표면 조도가 증가한 것을 확인할 수 있다.

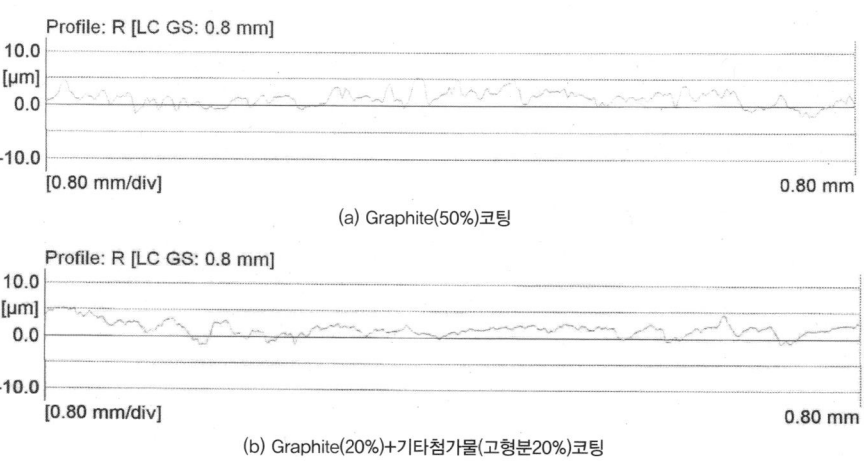

(a) Graphite(50%)코팅

(b) Graphite(20%)+기타첨가물(고형분20%)코팅

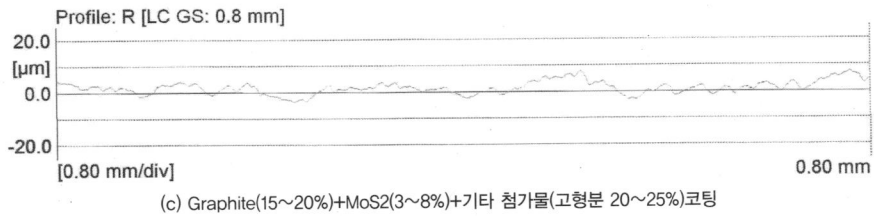

[그림 5.52] 윤활코팅 시편의 표면 거칠기 측정

그림 5.52는 각 윤활코팅 시편의 표면 거칠기를 측정하였다. (a)(b)와 (c)의 표면 거칠기는 5~6㎛ 정도이다.

[그림 5.53] 시편측정 방법

그림 5.53은 시편 측정 방법에 대하여 나타내고 있다.

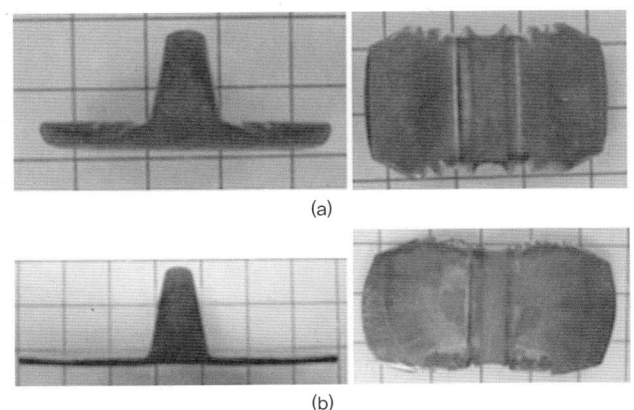

[그림 5.54] 펀치 스크로크에 따른 성형시편측정 방법

그림 5.54는 마그네슘 시편을 적용하여 350℃에서 열간 단조한 시편 형상을 나타내고 있으며 펀치 스트로크가 12, 13㎜일 때의 최종 변형형상을 보여주고 있다. 시편 끝단에 미세한 크랙을 관찰할 수 있으며 펀치 스트로크가 증가함에 따라 플랜지부의 두께가 얇아지는 것을 확인할 수 있다.

윤활제 5종류를 적용한 마그네슘 시편들의 단조 후 높이(H) 변화를 정량적으로 비교하기 위하여 그림 5.55(a)와 같이 캐비티 부로 유동되는 소재의 높이(H)를 측정하여 도시하였다. 스크로크가 12㎜일 경우 윤활제 (1) (Graphite 50%)을 적용한 소재의 H가 가장 크게 측정되었으며 무윤활(5)의 경우가 가장 낮은 단조 성형성을 보이고 있다. 펀치 스트로크가 13㎜일 경우 역시 윤활제 (1)로 단조 성형하였을 때, 가장 높은 성형성을 보이며 스트로크가 12㎜에서 13㎜로 증가함에 따라 각 윤활제에 따른 성능 차이가 커지는 것을 확인할 수 있다. 이러한 결과는 그라파이트 함유량이 증가할수록 고온 단조 윤활 성능이 우수해진다는 것을 나타내고 있으며, 그라파이트 함유량이 가

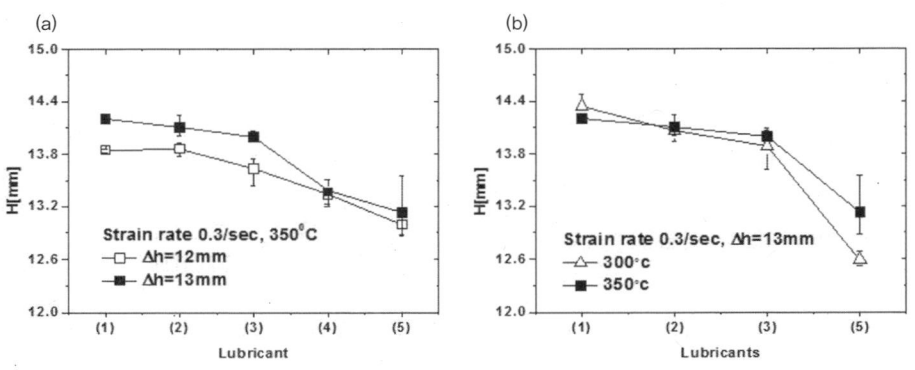

[그림 5.55] 펀치 스크로크 및 단조온도에 따른 높이 비교

장 높은 윤활제(1)가 소재 표면에 가장 오래 남아 있다는 것을 증명해 주고있다. 실제로 단조 성형 중에 소성 변형률이 증가함에 따라 새로운 면적이 급격하게 발생되고 이 과정 중에 소재 표면에 유지되는 윤활제의 양이 윤활 성능을 크게 좌우하게 된다.

성형 온도 조건에 따른 윤활제의 성능을 분석하기 위하여 350℃ 뿐만 아니라 300℃에서 단조 성형을 수행하였다. 그림 5.55(b)는 윤활제 4종을 적용한 마그네슘 시편의 성형온도에 따른 높이 변화 H 를 도시한 결과이다. 단조 성형온도 300℃에서 역시 윤활제 (1)의 H값이 가장 크게 측정되어 그라파이트의 윤활성능이 가장 우수한 것으로 판단된다. 성형 온도별 윤활제 성능을 분석하여 보면, 성형 온도가 높아짐에 따라 윤활제별 성능의 차이는 감소하는 것으로 관찰되었으며, 윤활제를 적용하지 않은 경우도 소재의 유동성 증가로 인하여 H 값이 다소 증가되는 것을 확인할 수 있다(그림 5.55(b)).

T-shape 열간 단조 실험결과, 그라파이트의 함유량이 증가함에 따라 단조 높이(H)가 증가되는 경향을 보여, 단조 성형성이 향상되고 있다고 평가되었다. 또한, 성형온도가 증가함에 따라 윤활제 성능 차이가 감소하고 있었으며 펀치 스트로크의 증가, 즉, 소성 변형량이 증가함에 따라 각 윤활제별 성능 차이가 확연히 발생하는 것을 확인 할 수 있었다.

단조품의 **열처리**

05

1. 마그네슘 합금 단조품의 열처리 및 기계적 특성(I)

　고온 성형된 마그네슘 합금 단조품의 열처리 공법에 따른 기계적 특성을 관찰하기 위해 단조품, T4 (용체화 처리) 그리고 T6 (용체+시효처리) 처리 후 인장시험을 실시하였다. 표 5.10에 인장시험 결과를 나타내었다. C국, U국, A국 AZ80 압출봉재는 단조 후에 강도가 소폭 감소하였으나, 연신율은 압출봉재와 동일한 수준을 나타내었다. 단조-T4 처리 후 단조품 대비 강도변화는 미미하였으나 연신율이 60% 상승하였다. 단조-T6 처리 후에는 단조-T4처리품 대비 강도는 339MPa에서 361MPa로 6% 상승하였으나, 연신율이 2.2%로 대폭 감소하였다. U국 AZ80 압출봉재의 경우 단조 후에 강도와 연신율이 함께 소폭 하락하는 경향을 보였다. 그리고 단조품과 단조-T4처리 후의 기계적 특성이 변화 없이 동일한 양상을 나타내었다. C국 AZ61 압출봉재의 경우 압출봉재와 단조품의 기계적 특성이 유사하였으며, 단조-T4 후에 연신율이 소폭 상승하였다. 그러나 단조-T6 후에 강도의 변화는 미미하였으나 연신율이 하락하는 경향을 나타내었다. AZ80합금과 달리 연신율이 우수한 AZ61 합금의 경우 성형성이 가장 좋은 것으로 나타났다.

[표 5.10] 마그네슘합금 단조품의 공정에 따른 기계적 특성

		UTS (MPa)	YS (MPa)	Elongation (%)	Forged C/Arm
목표		300		10	
C국 AZ80 (압출봉재)	압출봉재	348	248	8.2	
	단조품-F	331	219	8.3	
	단조-T4	339	201	13.3	
	단조-T6	361	–	2.2	
U국 AZ80 (압출봉재)	압출봉재	338	239	13.8	
	단조품-F	330	220	11.5	
	단조-T4	329	198	11	
	단조-T6	–	–	–	
C국 AZ61 (압출봉재)	압출봉재	295	190	14.2	
	단조품-F	299	195	15.2	
	단조-T4	302	199	16.9	
	단조-T6	302	189	14.7	

위 결과로 각 합금 소재별 단조품의 최적 열처리 공법은 단조-T4 처리를 실시하는 것이 가장 우수한 기계적 특성을 나타내었다. 따라서 마그네슘 합금 단조품의 열처리는 T4처리(용체화처리)로 최종 확정하였다.

앞서 단조 성형성 및 열처리 시험에서는 상용소재를 활용하여 상용 마그네슘 합금의 기초적인 성형성 및 기계적 특성을 관찰하였다. 특히 AZ80 압출 봉재의 경우 단조제품의 표면에 크랙 등의 결함이 상당부분 나타났다.

향후 고강도 마그네슘 단조품의 결함을 최소화하고 기계적 특성을 향상시키기 위한 단조 온도 변화에 따른 특성변화, 성형 속도 변화에 따른 물성변화

그리고 단조 금형온도의 변화에 따른 특성변화 등의 단조 공정의 최적화에 대한 지속적인 연구가 반드시 필요하다고 판단된다.

2. 마그네슘 합금 단조품의 열처리 및 기계적 특성(II)

상용 마그네슘 합금 압출봉재는 다양한 합금 종류와 제조사 별 단조시험을 수행하였다. 마그네슘 합금들의 화학 조성을 표 5.11에 나타내었다.

[표 5.11] 마그네슘합금의 화학 조성

구분	Al	Zn	Mn	Fe	Si	Cu	Ni	Zr	Mg
AZ80 규격	9.20~7.80	0.80~0.20	0.50~0.12	0.005↓	0.10↓	0.05↓	0.005↓		Bal.
C국 AZ80	8.35	0.49	0.26	0.005	0.016	0.002	0.001		Bal.
U국 AZ80	8.2	0.36	0.17	0.002	0.03	0	0.001		Bal.
AZ61 규격	7.70~5.80	1.50~0.40	0.35~0.15	0.005↓	0.10↓	0.05↓	0.005↓		Bal.
C국 AZ61	6.14	0.77	0.25	0.002	0.033	0.002	0.001		Bal.
K국 AZ61	5.93	0.752	0.205	0.002	0.023	0.002	0.002		Bal.
ZK60 규격		4.80~6.20						0.45↓	Bal.
C국 ZK60		5.3	0.016	0.002	0.002	0.005	0.001	0.67	Bal.

압출 마그네슘 합금의 합금별 단조성 평가를 위하여 AZ80, AZ61, ZK60 합금을 C국, U국, J국에서 제조된 합금을 사용하여 열간 단조 시험을 실시하였다. 단조성 평가를 위한 고온단조시험의 공정 조건 표를 표 5.12에 나타내었다. 본 조건은 문헌조사 및 해외 전문가를 통해 도출되었다. 그림 5.56에 사용된 1,600톤 Crank 타입 Press의 형상을 타나내었다.

마그네슘 합금의 단조성형성 시험은 마그네슘 전용 시험가열로에서 가열한 후 1,600톤 Crank Press

[표 5.12] 마그네슘 합금 단조시험의 공정 조건 표

공정	조건
소재 가열 온도	350℃
단조 프레스 (Crank type)	1,600 ton
금형 온도	250℃

* Reference) ASTM B661 – Heat treatment of Mg Alloys.

에서 2 Pass (Blocker and Finisher) 공정으로 단조를 실시하였다. 그림 5.57에 그 결과를 나타내었다.

그림 5.57에 각종 마그네슘 합금의 단조성과 인장특성 평가 결과를 나타내었다. 먼저 단조성형성의 평가는 정량적인 수치로 평가가 불가능하여 제품 및 Flash 부위의 균열 유무 등으로 그 성형성을 평가하였다. 단조 성형성 측면에서 ZK60 합금이 가장 우수하였으며, AZ61, AZ80 합금 순으로 나타났다.

[그림 5.56] 1,600톤(고속) Crank Press

그리고 동일 합금 내에서도 제조사별로 성형성이 다르게 나타났다. AZ80

Forging Shape	ZK60 (C국)	AZ61 (C국)	AZ80 (U국)	AZ80 (K국)	AZ80 (J국)	AZ80 (C국)
Forgeability	Good ←					→ Poor

Process condition	UTS (MPa)	TYS (MPa)	EL (%)	UTS (MPa)	TYS (MPa)	EL (%)	UTS (MPa)	TYS (MPa)	EL (%)	UTS (MPa)	TYS (MPa)	EL (%)	UTS (MPa)	TYS (MPa)	EL (%)	UTS (MPa)	TYS (MPa)	EL (%)
Extrude billet	312	248	17.2	295	190	14.2	337	246	12.0	344	228	15.4	343	237	11.4	348	248	8.2
Forged	312	243	20.5	299	195	15.2	330	220	11.5	343	229	18.1	329	222	12.2	337	220	8.9
Forged-T4	295	222	17.7	302	199	16.9	329	198	11.0	331	213	18.4	328	205	15.0	339	201	13.3
Forged-T6	295	241	18.9	302	189	14.7	-	-	-	-	-	-	-	-	-	361	278	2.2
High strength Process condition (Elong.: over 10%)	Forged			Forged-T4			Forged			Forged			Forged			Forged-T4		

[그림 5.57] 각종 마그네슘합금 압출봉재의 단조성 및 인장특성 평가비교

[표 5.13] 마그네슘 합금 단조품의 추천 열처리 조건

Alloy	공정	용체화 처리		시효처리(T4 후)	
		온도 (℃)	시간 (h)	온도 (℃)	시간 (h)
AZ80A	T4	399	2~4	177	16~24
	T6	399	2~4	177	16~24

* Reference) ASTM B661 - Heat treatment of Mg Alloys.

합금의 단조성형성은 U국 합금이 가장 우수하였으며, K국, J국, C국 순으로 나타났다. 미세조직의 차이에서 오는 결과로 판단된다. U국의 AZ80 압출봉재 미세조직이 C국 압출봉재에 비해 결정립이 미세하고, Al-Mg상($Al_{12}Mg_{17}$ Phase) 또한 미세하였다.

인장시험 결과는 4개의 인장시험결과를 평균한 값을 나타 내었으며, 각 공정별 열처리 조건은 표 5.13에 나타내었다.

그림 5.58의 최대 인장강도 평가 그래프에서 AZ80 합금이 가장 우수한 강도를 나타내었다. AZ80를 단조할 시 348㎫에서 331㎫로 다소 강도가 감소

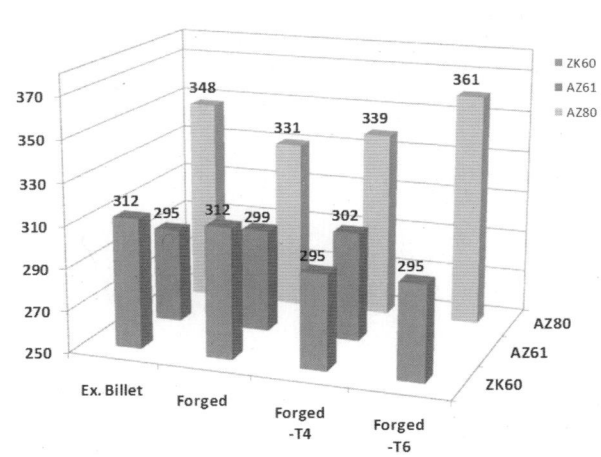

[그림 5.58] 각종 마그네슘합금 열처리 조건에 따른 최대인장강도 평가비교 (압출봉재)

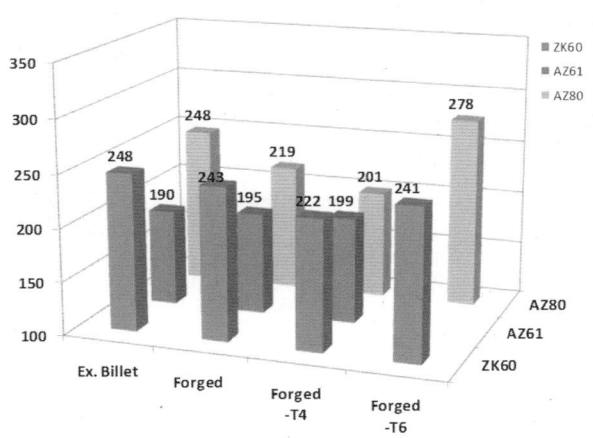

[그림 5.59] 각종 마그네슘합금 열처리 조건에 따른 인장항복강도 평가비교

하는 경향을 보였으며, 이 단조품을 T4열처리한 결과 339MPa로 단조품 대비 소폭 상승하였으나 압출봉재의 강도에는 미치지 못하였다. 그리고 단조품을 T6열처리한 결과 361MPa로 압출봉재 대비 약 10MPa 수준의 강도 증가를 나타내었다. AZ61 합금의 단조품은 압출봉재와 유사한 경향을 보였으며, T4 및 T6처리 이후에도 큰 강도 향상(10MPa이내)을 보이지는 않았다. ZK60 단조품은 AZ80 및 AZ61 합금과는 달리 압출봉재 대비 강도변화를 보이지 않았으나, 그 이후 열처리 공정을 거치면서 오히려 강도가 17MPa 정도 감소하는 경향을 보였다. 이 결과를 종합해 볼 때 AZ80 Forged-T6 공정에서 가장 우수한 강도를 얻을 수 있었다.

그림 5.59의 인장항복강도 평가 그래프에서도 최대 인장강도와 유사한 양상을 나타내었으며, AZ80 Forged-T6 공정에서 가장 우수한 항복강도를 얻

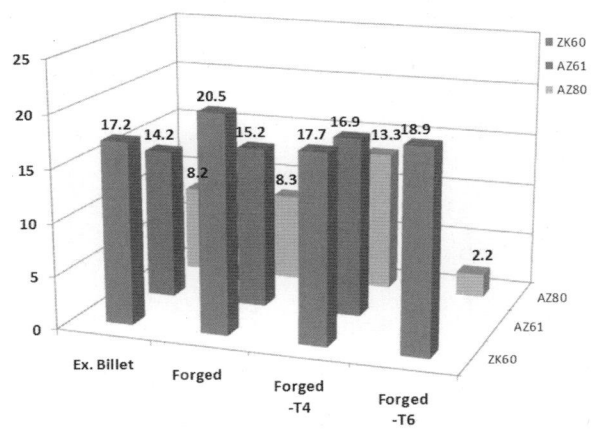

[그림 5.60] 각종 마그네슘 합금 열처리 조건에 따른 연신율 평가비교

을 수 있었다.

그림 5.60의 연신율 평가 그래프에서 앞서 언급한 강도 결과와는 다른 경향을 나타내었다. ZK60 단조품이 가장 우수한 연신율을 보였으며, AZ61 합금은 Forged-T4공정에서 높은 연신율을 보였다. 마지막으로 AZ80 합금 역시 Forged-T4 공정에서 가장 우수한 연신율을 보였다.

동일한 조성의 합금 압출봉재를 사용하여 성형성 및 기계적 특성을 평가하여도 그 특성에 차이를 나타내는 것을 알 수 있었다. 그림 5.56의 각종 마그네슘 합금 압출봉재의 단조성 및 인장특성 평가비교표에서 보는 바와 같이 C국 AZ80 압출봉재의 단조품은 Flash부 균열이 아주 심하게 나타나는 반면에 K국 AZ80 압출봉재의 단조품은 C국 보다 성형성이 우수하게 나타났다. 뿐만 아니라 기계적 특성 평가에서도 동일한 양상을 보였다. C국 단조품은

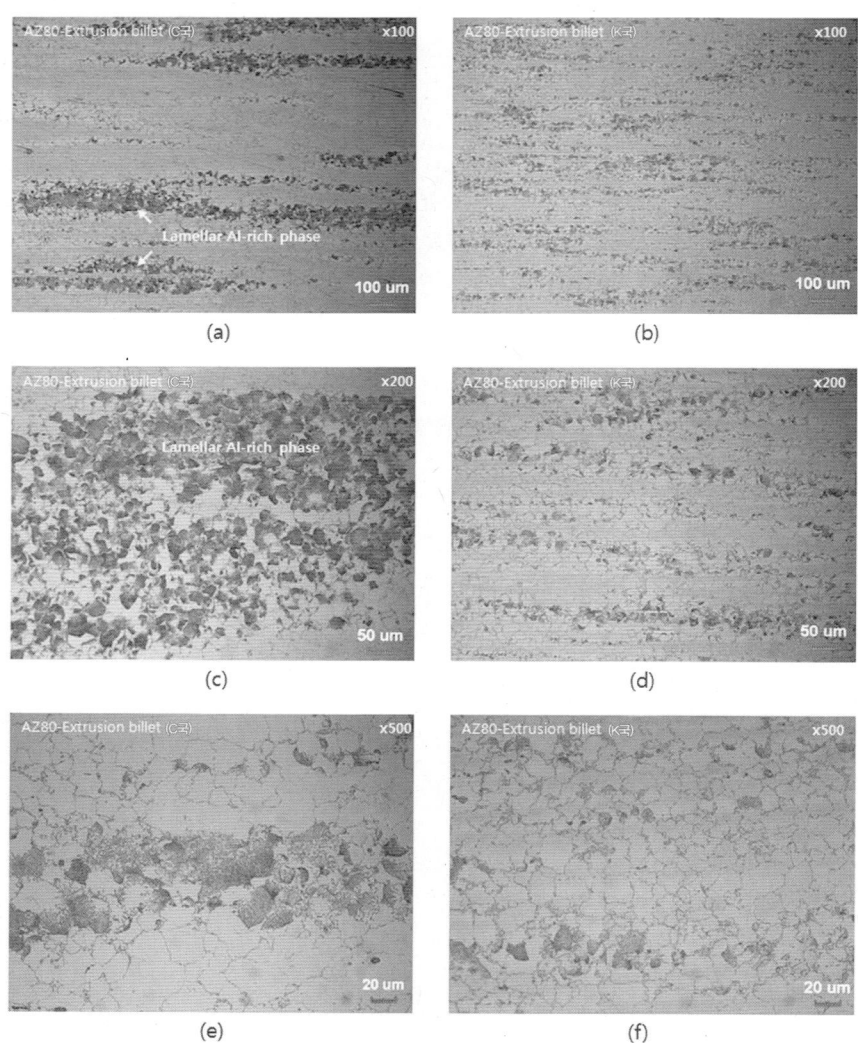

[그림 5.61] 마그네슘 합금 압출봉재의 미세조직(Longitudinal view), (a) C국 AZ80 (x100), (b) K국 AZ80 (x100), (c) C국 AZ80 (x200), (d) K국 AZ80 (x200), (e) C국 AZ80 (x500) 그리고 (f) K국 AZ80 (x500)

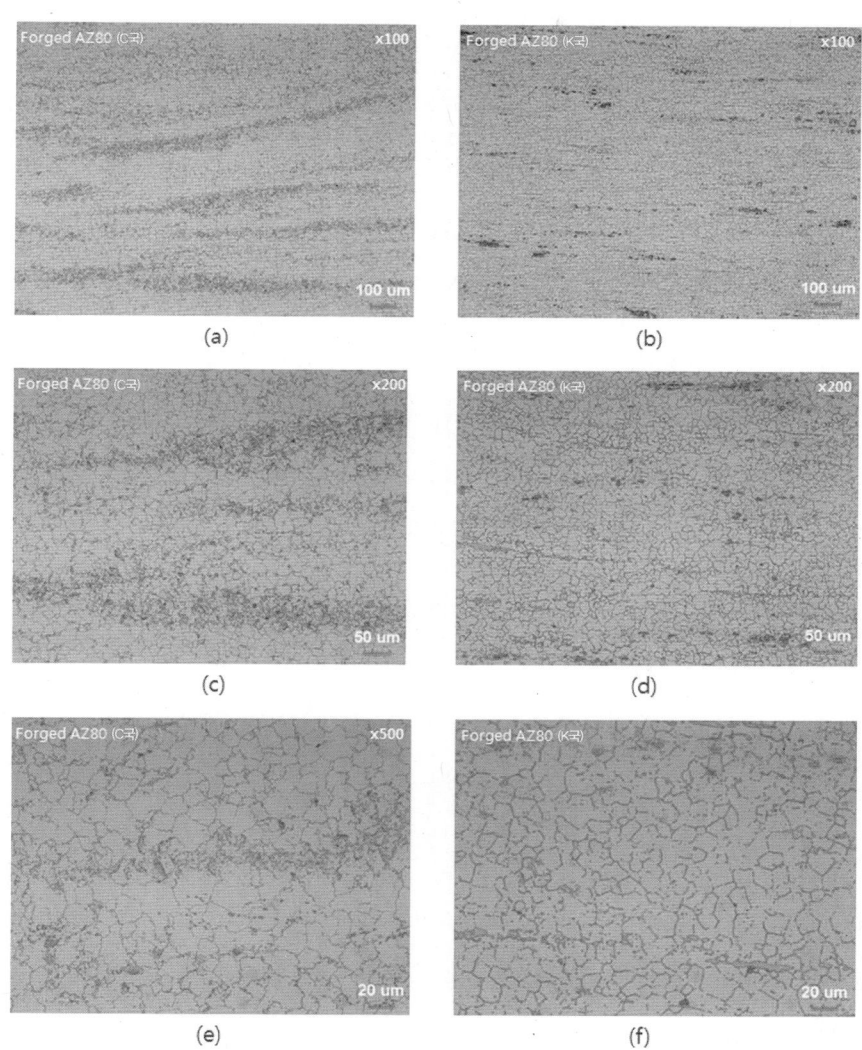

[그림 5.62] 마그네슘 합금(압출봉재) 단조품의 미세조직(Longitudinal view), (a) C국 AZ80 단조품(x100), (b) K국 AZ80 단조품(x100), (c) C국 AZ80 단조품(x200), (d) K국 AZ80 단조품(x200), (e) C국 AZ80 단조품(x500) 그리고 (f) K국 AZ80 단조품(x500)

8.3%의 연신율을 보였으나 K국 단조품은 18%의 연신율을 나타내었다.

이처럼 동일 합금 조성에도 많은 차이를 보이는 이유를 알아보기 위해 동일 화학조성의 C국 AZ80 압출봉재와 K국 AZ80 압출봉재의 미세조직을 관찰하였다. 그림 5.61에 마그네슘 합금 압출봉재의 미세조직을 나타내었다. 그림 5.57에서 보는 바와 같이 C국 AZ80합금은 Lamellar 형상의 Al-Rich Phase가 넓은 구간에 걸쳐서 뭉쳐있는 것이 관찰된다. 이에 비해 K국 AZ80합금은 Al-Rich Phase가 조직 전체에 걸쳐 고르게 분포하는 것을 알 수 있다. 결정립의 크기 또한 C국이 K국에 비해 조대한 것을 알 수 있다. 이는 압출공정 시 공정조건이 달라서 발생한 차이로 사료된다. 주조공정과 이후 압출공정을 거치면서 각기 다른 조건에서 제조되어 각각의 압출봉재 특성이 차이가 있는 것으로 나타난다. 단조용 소재의 품질이 그 이후 공정에 그대로 반영됨을 감안할 때 압출공정 조건의 최적화 연구가 이루어 져야 할 것으로 판단된다.

이러한 단조용 압출봉재의 조직특성이 이후 단조품에 어떤 영향을 미치는지 각 합금의 단조품의 미세조직을 관찰하였다. 그림 5.62에서 알 수 있듯이 전체적으로 재결정에 의해 조직들이 미세화 되었으며, 압출봉재의 미세조직과 유사한 경향으로 단조품 조직에서도 C국 대비 K국 AZ80 단조품에서 Al-Rich Phase가 작은 면적에 고르게 분포하고 있다. 또한 결정립 사이즈 역시 K국 AZ80단조품이 미세한 것을 확인 할 수 있다. 단조용 압출봉재의 조직특성이 고스란히 단조품에 반영됨을 알 수 있다.

다양한 마그네슘 합금의 강도 및 연신율 평가 결과를 종합해 볼 때 합금에 따른 기계적 특성의 차이가 컸다. 초기 단조용 소재의 물성이 높으면 이후 공정의 제품도 우수한 물성을 보이고, 반면에 초기 단조용 소재의 물성이 낮으면 이후 공정에서도 높은 물성을 기대할 수 없다. 단조 소재 자체의 기계적 특성이 그 이후 공정에 고스란히 반영됨을 알 수 있는 부분이다. 이는 향후 개발 되어야할 신소재의 건전성이 이후 공정에 큰 영향을 준다는 점을 충분히 감안한 합금설계가 이루어져야 함을 알게 해 준다. 그리고 각 합금마다 높은 물성을 얻을 수 있는 공정은 단조공정과 단조-T4 공정에서 우수한 기계적 특성을 나타내었다. 향후 공정비용이나 양산성을 고려한다면 단조공정 이후 열처리공정을 삭제하는 것이 바람직 할 것으로 생각된다.

3. 자동차의 부품 단조품의 열처리 및 기계적 특성

상용 마그네슘 합금 AZ80을 이용하였으며 조향장치에서 중요한 역할을 하는 타이로드를 선정하였다(그림 5.63). 표 5.14는 타이로드 단조 조건에 대하여 나타내고 있다. 사용된 장비는 실제 자동차 부품 양산용 4,000톤 너클프레스를 이용하여 펀치속도는 560㎜/sec이다. 이는 실제 양산에 적용되는 프레스 속도이며 성형온도는 250℃에서 실시하였으며 소재사이즈는 파이 44, 길이 350(Ø44L350)봉재를 이용하였다. 압출봉재의 압출비는 11:1로 압출된 소재를 적용하였다.

[표 5.14] 성형조건

Temperature(°C)	250
Specimen size(mm)	Ø44×350 (cylinder type)
Alloy	AZ80 As-extruded
Extrusion ratio	11:01
Press	4000tons knuckle press

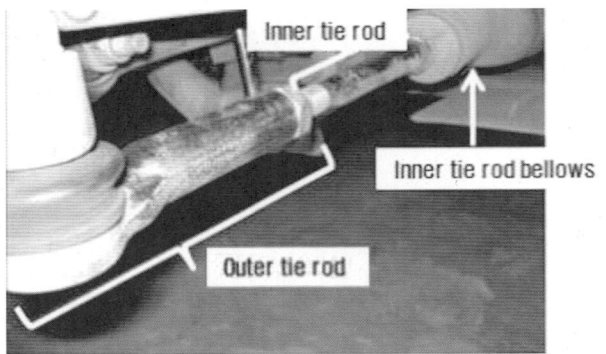

[그림 5.63] 타이로드 개략도

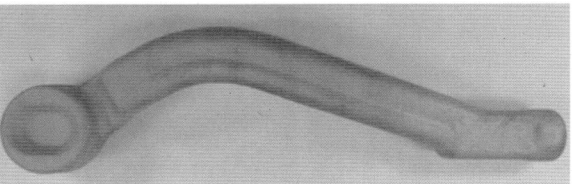

[그림 5.64] 성형장비 및 타이로드 열간단조 시제품

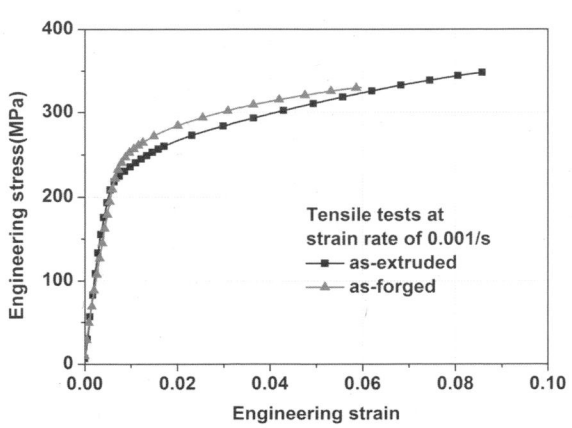

[그림 5.65] 압출봉재 및 단조품의 기계적 특성 분석

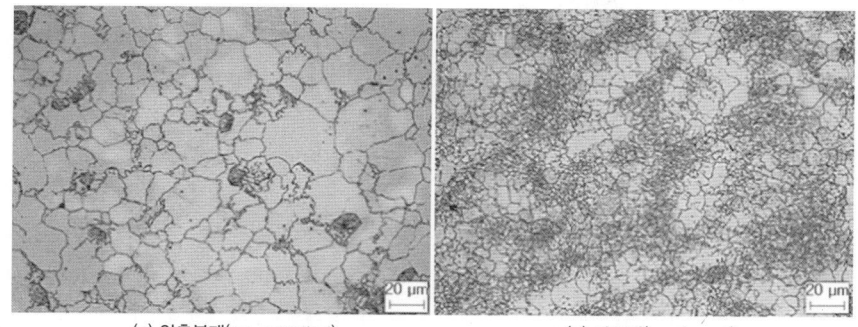

(a) 압출봉재(as-extruded)　　　(b) 단조재(as-forged)
[그림 5.66] 압출봉재 및 단조품의 미세조직 분석

그림 5.64는 성형장비 및 타이로드 열간단조품을 나타내고 있다. 기계적 특성을 분석하기 위하여 인장시험을 수행하였다. 인장시험은 준정적으로 실시하였으며 ASTM E8M을 이용하였다. 압출봉재와 단조를 실시한 경우 단조품이 항복강도가 27MPa정도 상승하며 최대 인장강도는 18MPa 감소하는 것으로 나타났다(그림 5.65). 압출봉재의 경우 초기 결정립사이즈는 12.1~18.3㎛ 갖고 단조 후 동적재결정를 통하여 결정립이 미세화 된 것을 알 수 있다.

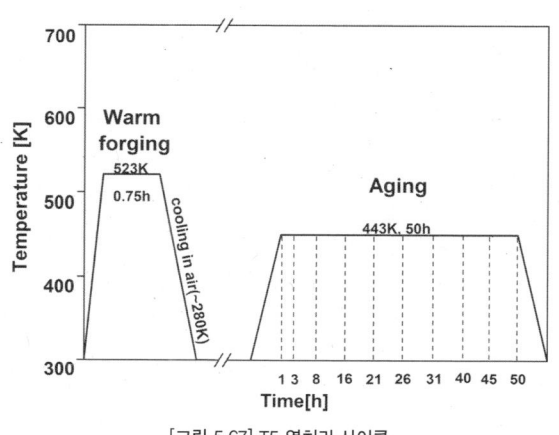

[그림 5.67] T5 열처리 사이클

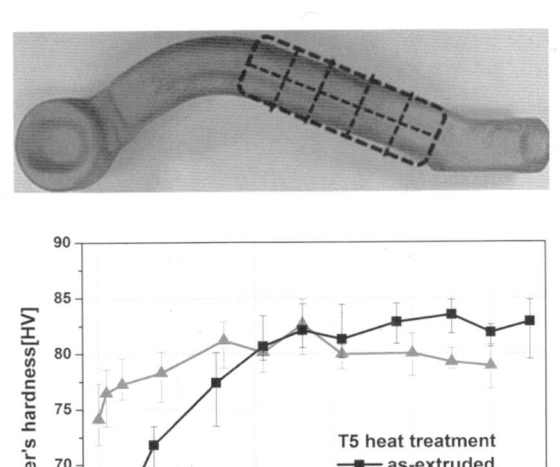

[그림 5.68] 열처리 시편 채취 위치 및 Aging시간에 따른 경도 측정

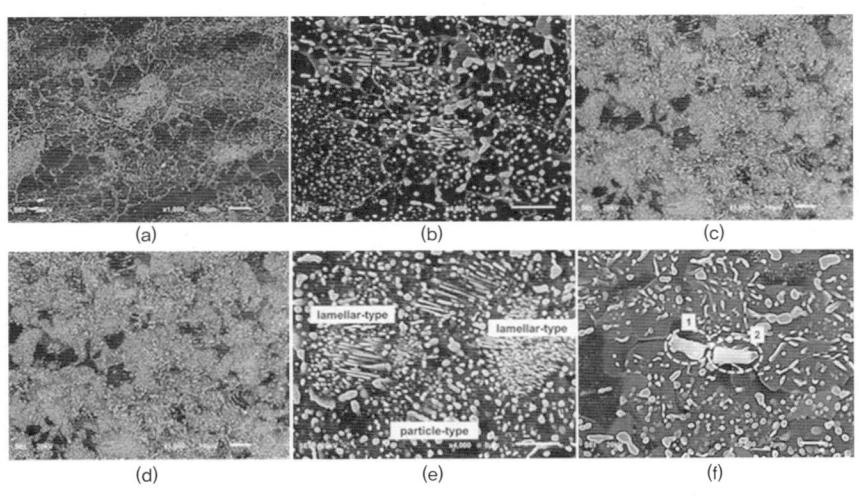

[그림 5.69] 단조품의 열처리 후 SEM 관찰 및 EDS분석 결과

Element	Weight(%)	
$Mg_{17}Al_{12}$	1	2
Mg	56.58%	64.16%
Al	43.42%	35.84%
total	100%	100%

그림 5.67은 압출봉재와 단조품의 기계적 특성을 향상시키기 위하여 T5열처리를 위한 열처리 사이클을 도시화하였다. 열처리 온도는 170°C로 선정하고 열처리는 50시간 까지 수행하였다.

그림 5.68은 단조품의 열처리 시편 채취 위치 및 열처리 시간에 따른 경도 측정한 결과를 도시화하였다. 압출봉재 및 단조품에서 26시간에서 가장 높은 경도 값을 갖는 것을 확인하였으며 이를 분석하기 위하여 SEM 및 EDS분석을 실시하였다(그림 5.69). 그림 5.69(a)와 (b)는 단조 후 초기 조직을 나타내고 있으며 단조 시 β상인 $Mg_{17}Al_{12}$ 석출물들이 분포하고 있음을 확인할 수 있다.

제6장 마그네슘 부품 단조 성형 공정 개발

01_ 개발 마그네슘 합금 단조 공정 최적화 및 성형성 평가

개발 마그네슘 합금 단조 공정
최적화 및 성형성 평가

개발 마그네슘 합금(TAZ711)의 성형 공정조건에 따른 단조 성형성 및 기계적 특성을 평가하였으며, 건전한 개발 마그네슘 합금 단조품을 제작하기 위해 다양한 단조공정의 최적화 방안을 수행하였다.

1. 개발 마그네슘 합금 단조 조건 별 특성평가

TAZ711합금의 단조성 평가를 수행하였다. 단조 온도에 따른 특성평가를 위해서 4,000ton 너클 프레스를 사용하였고, 성형 속도에 따른 특성평가를 위해 10,000ton 유압 프레스를 사용하여 비교평가 하였다. 그림 6.1은 사용된 프레스의 형상을 나타내었다. 단조온도에 따른 단조성 평가를 위한 단조 시험의 공정 조건표를 표 6.1에 나타내었다. 단조 소재의 가열은 소재 심부에 Thermocouple을 삽입하여 실제 소재의 온도가 도달되었는지를 확인한 후 단조를 실시하였으며 그림 6.2에 마그네슘 압출봉재와 소재가열로 형상을 나타내었다. 그리고 그림 6.3은 유압프레스에 기존의 너클프레스 금형의 체결이 가능하도록 제작한 금

[표 6.1] 마그네슘 신합금 단조시험의 공정 조건 표

공정	조건
소재 가열 온도	200, 250, 350, 450℃
프레스	4,000ton Knuckle press 10,000ton Hydraulic press
금형 온도	300℃

(a)

(b)

[그림 6.1] 단조성 평가용 프레스 (a) 4,000ton Knuckle press 및 (b) 10,000ton Hydraulic press

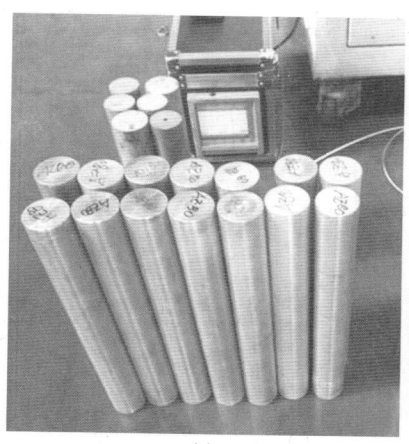
(a)

(b)

[그림 6.2] 단조성 평가용 (a) 마그네슘 압출소재 및 (b) 소재가열로

형홀더와 금형가열용 전용가열장치의 형상을 나타내었다. 유압프레스에 금형이 체결된 후 금형의 가열을 위해 전용 금형가열 장치를 이용하여 금형의 상형 및 하형이 고르게 승온될 수 있도록 하였다.

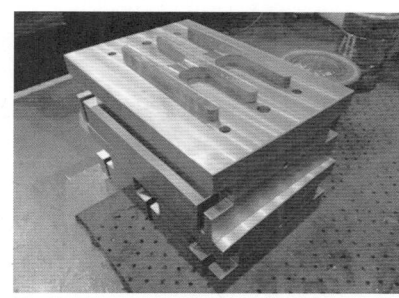 

[그림 6.3] 단조성 평가용 (a) 유압프레스 체결용 홀더 및 (b) 금형가열장치 형상

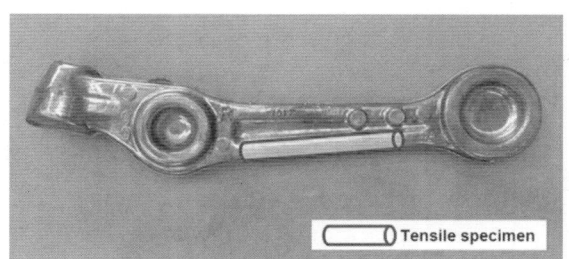

[그림 6.4] 단조 성형품 형상 및 인장시편 채취부

그림 6.4에 단조품의 형상 및 인장시편 채취부를 나타내었으며, TAZ711 압출봉재의 단조 온도에 따른 특성평가 결과를 그림 6.5에 나타내었다. TAZ711합금의 단조성형 온도에 따른 특성결과를 상용 AZ80 합금과 TAZ711 합금의 압출비를 달리한 시험결과와 비교 평가하였다. AZ80 및 TAZ711합금의 압출조건은 9.3:1, 성형속도 5/sec의 4,000ton 너클 프레스를 이용하여

단조하였으며, 25:1의 압출비로 성형속도 2/sec의 200ton 유압프레스를 사용하여 단조시험을 수행하였다. 그림에서 보는 바와 같이 동일 압출조건의 상용 AZ80 합금에 비해 TAZ711합금의 최대 인장강도가 평균적으로 90MPa가량 낮게 나타났다. AZ80 합금은 250℃ 조건에서 최고의 인장강도를 나타내었으나 150℃조건이나 350℃조건에서는 강도가 감소하였다. TAZ711합금의 경우 200℃의 낮은 성형온도에서 가장 높은 강도를 나타내었으며, 450℃로 성형온도가 증가할수록 강도가 점차적으로 감소하는 경향을 나타내었다. 낮은 성형온도에서 높은 인장강도를 가지면서 성형온도가 상승할수록 강도가 감소하는 동일한 경향을 보였다. 그러나 강도값에서는 250℃조건의 경우 대략 110MPa 정도의 상당한 강도 차이를 나타내었으며, 고강도 상용 AZ80 합금보다 높은 인장강도를 보였다. 이러한 높은 폭의 강도차이는 압출비와 성형

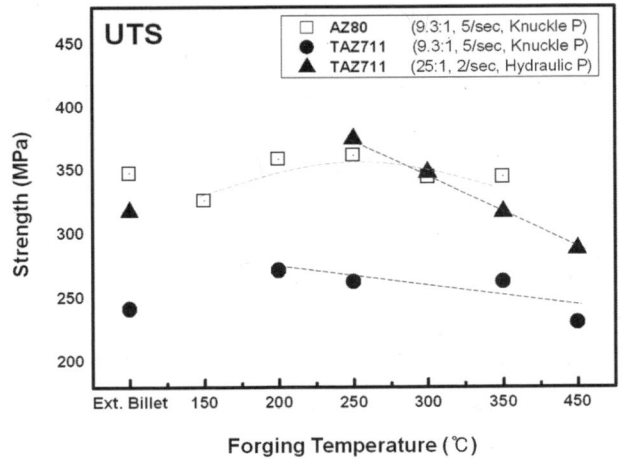

[그림 6.5] 성형온도에 따른 최대인장강도 평가 비교

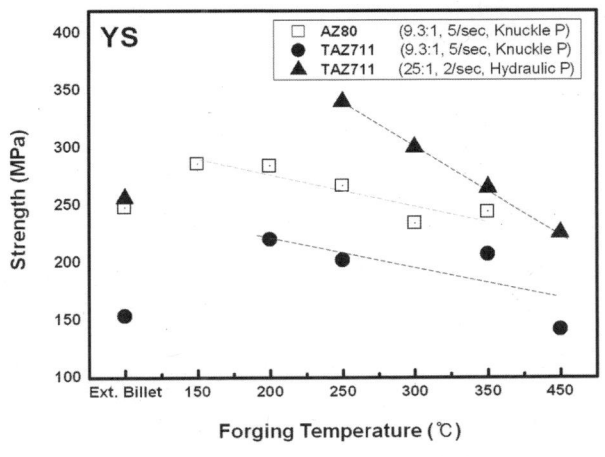

[그림 6.6] 성형온도에 따른 항복강도 평가 비교

속도에 의한 영향으로 판단된다.

그림 6.6에 성형온도에 따른 항복강도의 변화를 나타내었다. 동일 압출비의 AZ80합금과 TAZ711합금은 성형온도가 150℃에서 450℃로 증가할수록 강도가 점차적으로 감소하는 동일한 경향을 나타내었다. 감소 폭 역시 유사하게 나타났다. 강도값은 250℃ 조건에서 AZ80합금의 267MPa에 비해 신합금이 대략 60MPa 정도 낮은 수준으로 나타났다. 그러나 높은 압출비를 가지는 TAZ711합금의 경우 동일 성형온도에서 340MPa로 상용합금 대비 약 70MPa 높은 수준의 항복강도를 나타내었다. 또한 성형온도의 상승에 따른 항복강도의 감소폭 역시 크게 나타났다.

그림 6.7에 성형온도에 따른 연신율의 변화를 나타내었다. 상용 AZ80합금은 성형온도가 150℃에서 300℃까지 상승함에 따라 연신율의 증가를 보이다가 350℃로 넘어가면서 급격히 감소하는 경향을 나타내었다. TAZ711합금

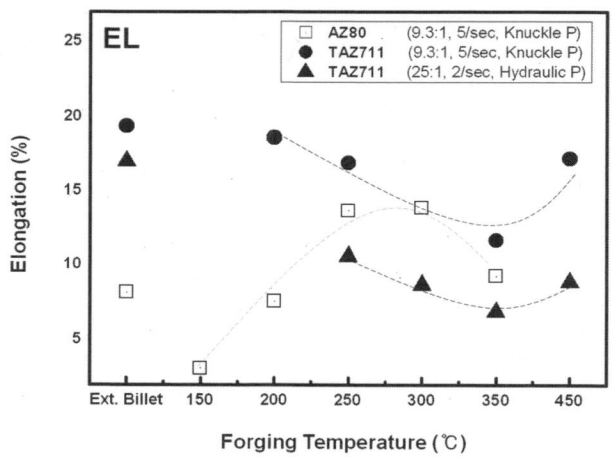

[그림 6.7] 성형온도에 따른 연신율 평가 비교

의 경우 압출비가 다른 두 합금 모두 성형온도가 200℃에서 350℃까지 상승함에 따라 연신율의 감소를 보였으나 450℃의 성형온도에서 연신율이 상당폭 상승하는 경향을 나타내었다. 압출비 차이에 따른 연신율 값의 차이는 강도변화와 동일하게 압출비가 높은 소재에서 높은 연신율을 나타내었다.

성형온도 변화에 따른 특성 평가 결과를 종합해 볼 때 성형온도가 상승함에 따른 기계적 특성의 저하는 고온성형에 따른 결정립의 성장에 의한 영향으로 판단된다. 그리고 이러한 특성의 차이가 압출비 차이의 영향과 더불어 성형속도도 영향을 미칠 것으로 판단되어 동일한 압출비의 TAZ711합금을 이용하여 성형속도에 따른 기계적 특성 평가를 추가적으로 수행하였다.

성형속도에 따른 특성 변화 검증을 위해 그림 6.1에 나타낸 5/sec의 4,000ton 너클프레스와 0.1/sec의 10,000ton 유압프레스를 이용하여 단조성형 및 물성 평가를 수행하였다. 그림 6.8에서 상용 AZ80 합금과 TAZ711합금

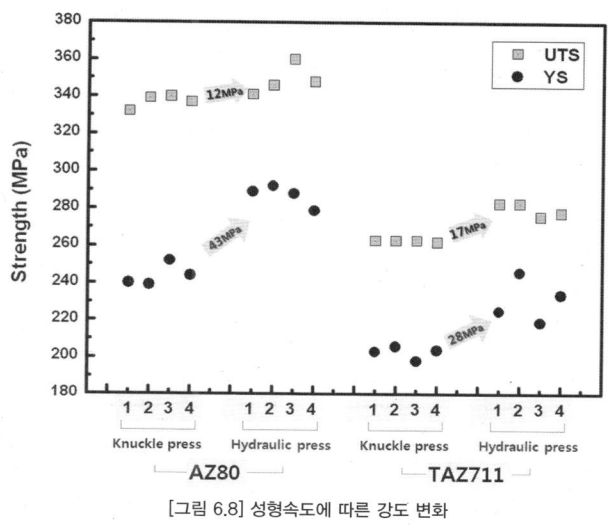

[그림 6.8] 성형속도에 따른 강도 변화

을 이용하여 성형속도를 달리한 단조시험 결과를 나타내었다. 인장시험은 각각 조건에서 4회씩 수행하였다. 결과에서 보는 바와 같이 상용 AZ80 합금의 경우 성형속도가 느려짐에 따라 최대 인장강도가 12MPa 상승하였으며, 신합금의 결과 역시 17MPa 상승하였다. 이러한 경향은 항복강도에서 더욱 두드러지게 나타났다. AZ80 합금은 항복가 무려 43MPa 상승하였고, TAZ711합금의 경우에도 28MPa이나 상승하는 결과를 나타내었다. 이러한 결과는 성형속도가 느려짐에 따라서 소재에 가해지는 응력이 상대적으로 감소하게 되는 현상에서 비롯된 것으로 판단된다. 강도변화 측면에서 AZ80 합금과 TAZ711합금 모두 성형속도가 느려짐에 따라서 강도가 상승하는 경향을 나타내었다. 그림 6.9에 성형속도에 따른 연신율의 변화를 나타내었다. AZ80 합금의 경우 성형속도가 느려짐에 따라 연신율이 9.4%나 감소하였다. 그러나 성형속도가 느린 경우

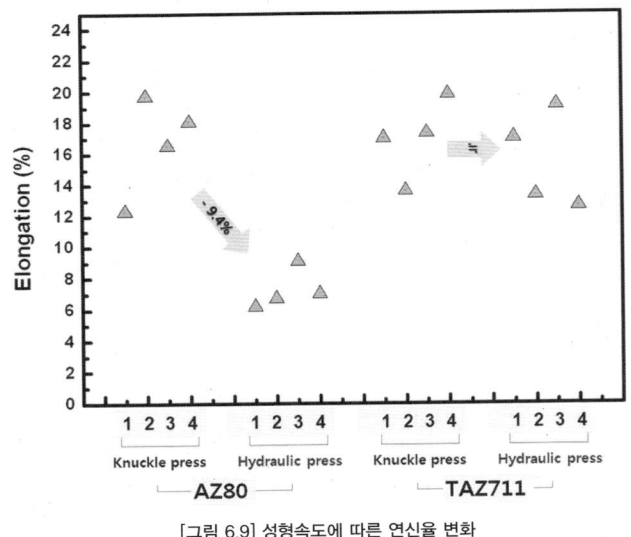

[그림 6.9] 성형속도에 따른 연신율 변화

TAZ711합금의 경우 연신율은 유사하게 나타났다. 성형속도에 따른 특성변화를 관찰한 결과 신합금은 성형속도의 변화에도 연신율의 저하 없이 강도가 상승하는 결과를 나타내었다. 이는 TAZ711합금이 다양한 성형조건에서도 물성의 저하 없이 우수한 공정을 도출하는데 적합한 소재임이 증명된 것이라 할 수 있다.

TAZ711합금이 최적공정 조건 도출 결과 인장강도 360MPa, 항복강도 250 MPa, 연신율 10% 이상을 달성하였다. TAZ711합금이 최적공정 연구결과는 향후 건전한 마그네슘 단조품의 생산뿐만 아니라 단조용 압출소재 제작의 최적공정 도출에 있어서도 상당히 유용한 DB로써 활용될 것이다. 본 서적에서 알 수 있듯이 우수한 특성을 가지는 단조품을 제작하기 위해서 단조용 소재의 최적화 연구가 선행되어야 한다. 단조용 압출봉재의 조직특성이 단조품에 반영되었던 것처럼 단조품의 특성은 단조용 소재에서 좌우된다고 해도 과언이 아닐 것이다. 단조용 TAZ711합금 압출봉재의 최적화를 통한 건전한 단조품 제작에 대한 지속적인 추가 연구가 반드시 필요하다고 판단된다.

2. 개발 마그네슘 합금 단조 성형성 평가

개발 마그네슘 합금의 단조 공정에 따른 최적 성형 공정을 평가하기 위해 9.3:1의 압출비로 성형속도 5/sec의 4,000ton 너클 프레스를 이용하여 단조한 샘플의 표면을 관찰하였다. 단조성형 온도를 200, 250, 350, 450℃조건으로 단조 작업을 수행하였다. 단조 성형성의 평가는 정량적인 수치로 평가가 불가능하여 제품 및 Flash 부위의 균열 형상 등으로 그 성형성을 평가하였다. 그림 6.10에서 보는 바와 같이 모든 성형온도 조건의 단조품에 결함은 나타나지 않았다. 그러나 단조 플래쉬(Flash) 부의 성형 후 형상은 성형온도가 200℃일 때 많은 크랙이 발생한 반면 450℃의 고온으로 갈수록 균열 발생이 없이 우수한 성형성을 나타내었다.

3. 개발 마그네슘 합금 단조 공정 최적화

우수한 특성을 가지는 건전한 단조품을 얻기 위해서는 최적의 단조성형 공정의 조건이 도출되어야 가능하다. 앞서 단조성형 온도에 대한 연구와 성형 속도에 대한 평가 결과에서와 같이 가장 중요한 공정조건 인자인 성형온도와

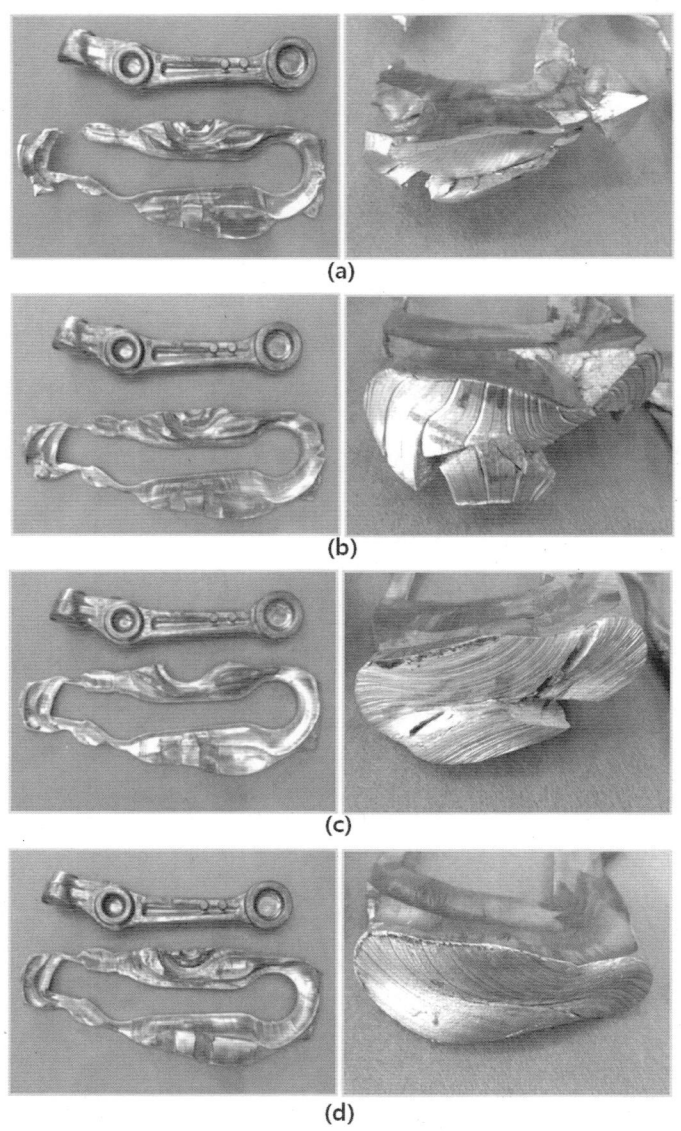

[그림 6.10] 성형온도에 따른 TAZ711합금 단조품 및 플래쉬부 형상, (a) 200℃, (2) 250℃, (3) 350℃ 그리고 (4) 450℃

성형속도 외에도 여러 인자들이 남아있으나 우선적으로 제어가 가능하면서 높은 효과를 얻을 수 있는 공정의 최적화 연구를 수행하였다. 먼저 단조 성형 시 제품의 균일성에 영향을 미치는 단조금형의 온도관리를 위한 연구를 수행하였으며, 이후 최종제품의 품질에 가장 영향도가 높은 단조품과 플래쉬를 분리하는 공정인 트리밍 공정에 대한 연구를 진행하였다.

가. 단조 금형 온도 최적화

균일한 단조품을 얻기 위해서는 일정한 금형온도를 유지하는 것이 관건이다. 그래서 단조금형에 단열재(Insulator)를 삽입하여 금형온도에 대한 보온효과를 검증하였다. 그림 6.11은 금형온도 관리에 대한 연구를 수행하기 위해 마그네슘 단조용 금형에 단열재(Insulator)를 삽입한 형상을 나타낸 것으로, 프레스와 체결되는 면에 홈 가공을 한 후 단열재를 상형과 하형에 각각 삽입하였

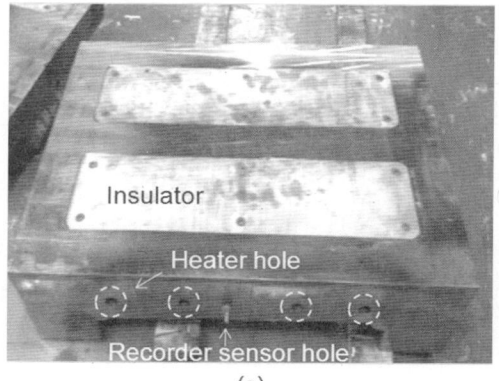

[그림 6.11] 마그네슘 단조용 금형, (a) 상형, (b) 하형

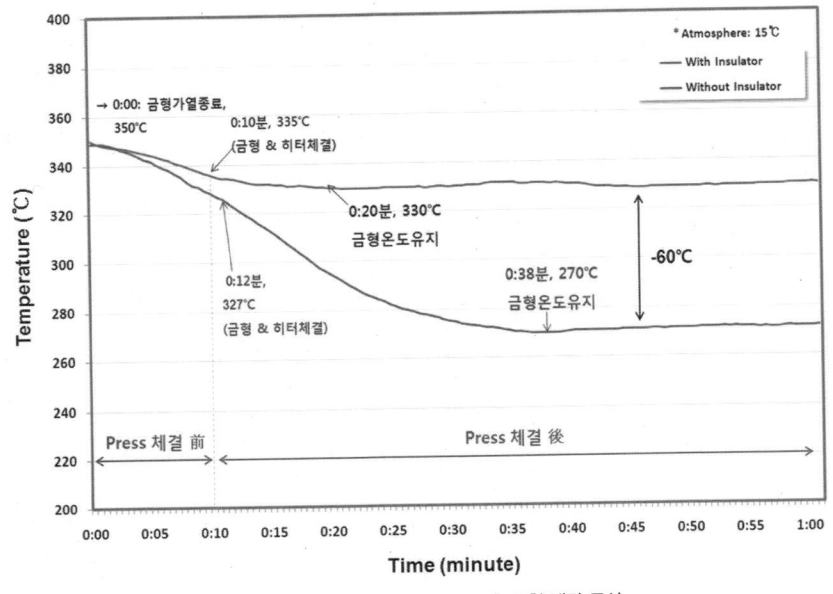

[그림 6.12] 마그네슘 단조용 금형 냉각 곡선

다. 그리고 상형과 하형에 금형 보온용 봉상히터를 삽입하였으며 그림에 위치를 표기하였다. 금형온도 유지 검증을 위해 금형 가열은 프레스에 체결하지 않고 외부에서 금형가열용 가스토치를 사용하여 가열하였으며, 금형이 승온된 후 프레스에 체결하였고 동시에 금형보온 히터를 4부위에 삽입하였다. 단열재 유무에 대한 직접적인 효과를 평가하기위해 단조작업은 실시하지 않고 프레스에 체결된 상태로 공냉 하였다. 온도변화 데이터는 가스가열 직후부터 확보하였으며, 온도 측정 위치는 금형 심부의 온도를 측정 하였다.

그림 6.12에서 보는 바와 같이 금형가열 후부터 히터 삽입까지의 10분간의 냉각 속도비교 결과 단열재를 삽입하지 않은 조건의 $-2.07℃/min$에 비해 단열재 사용조건은 $-1.43℃$로 단열효과가 확인되었다. 그리고 프레스에 금

형을 체결 및 히터를 삽입한 직후로 부터 금형의 평균유지온도 구간까지의 소요시간 역시 단열재를 사용하지 않은 조건은 26분이 소요되었으나 단열재를 사용한 금형은 10분만에 평균 유지구간에 도달하였다. 또한 평균 유지온도를 관찰한 결과 단열재를 사용하지 않은 금형은 270℃를 유지하였으나 단열재를 사용한 금형은 330℃를 유지하는 것으로, 금형보온히터를 삽입한 조건에서 단열재의 유무에 따라 보온 효과가 무려 60℃의 차이를 나타내었다. 이러한 결과를 종합해 볼 때 단조 금형에 단열재의 효과가 확연히 나타났으며, 단열재와 금형보온 히터가 함께 적용되어야 그 효과를 극대화 할 수 있다는 것이 검증되었다. 향후 기존의 단열재를 사용하지 않은 기업의 생산 공정에 이러한 단열재의 적용은 양산 단조품의 품질 향상에 상당한 효과를 가져 올 것으로 판단되어지며, 이러한 금형보온 시험 DB는 단조공정 최적화 관련 추가 연구에도 활용도가 높을 것으로 판단된다.

4. 개발 마그네슘 합금 조립완성품 신뢰성 평가

마그네슘 단조품의 신뢰성 검증을 위한 정강도 시험과 피로내구시험을 수행하였다. 그림 6.13은 마그네슘 단조품의 가공조립품 형상과 정강도시험을 위한 지그에 체결된 형상을 나타내었다.

표 6.2의 정강도시험 결과에서 보는 바와 같이 사용 AZ80 합금과 신합금 모두 요구 규격을 만족하였다. 상용 AZ80 합금의 경우 7,871kgf의 너클 단

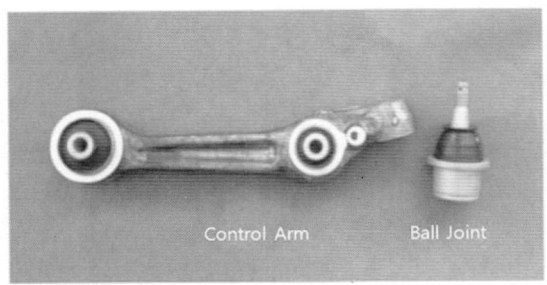
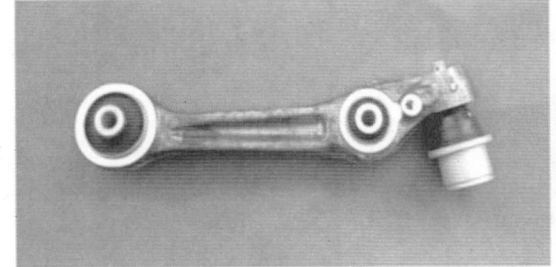
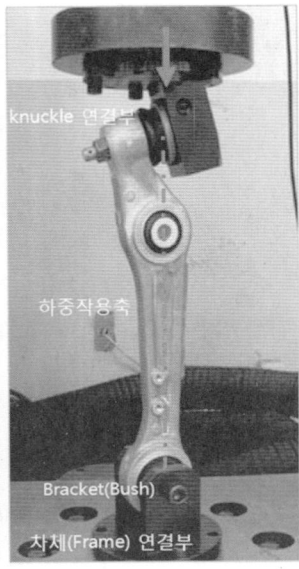

[그림 6.13] 마그네슘 단조 조립 완성품의 정강도 시험 체결형상

[표 6.2] 마그네슘 단조 조립 완성품 정강도 시험 결과

Alloys \ Press	Knuckle Press	Hydraulic Press
Spec.	4,681 kgf	
AZ80	7,871	6,544
TAZ711	5,512	5,912

조품이 유압단조품의 6,544kgf에 비해 대략 1,300kgf 높은 강도를 나타내었다. 이결과는 앞서 평가한 인장특성 비교에서 AZ80 합금은 성형속도가 낮을 때(유압단조) 강도는 증가하였으나 연신율은 감소한 결과와 상반되는 결과이다. 그 이유는 그림 6.15의 강도 그래프에서 나타나는데 유압단조품이 너클단조품에 비해 높은 강도 그래프를 보이다가 연신율이 낮아서 충분한 강도를 나타내지 못하고 일찍 파단 됨에 따라서 최종강도가 낮게 측정된 것이다. 이에 비해 TAZ711합금의 경우 너클단조품이 유압단조품에 비해 강도가 400kgf 낮게 나타났다. TAZ711

합금의 경우도 인장특성이 성형속도가 낮을 때 (유압단조) 강도가 향상되었으나, 연신율의 감소는 나타나지 않았다. 그래서 유사한 연신율의 단조품에서 상대적으로 성형속도가 낮은 유압단조품이 너클단조품에 비해 400kgf 정도로 낮게 나타났다. 다양한조건의 단조품에 대한 정강도시험 후 고품의 형상을 그림 6.14에 나타내었다.

그림 6.16는 마그네슘 단조품의 가공조립품 형상과 피로내구 시험을 위한 지그에 체결된 형상을 나타내었다. 표 6.3에 마그네슘 단조 조립 완성품

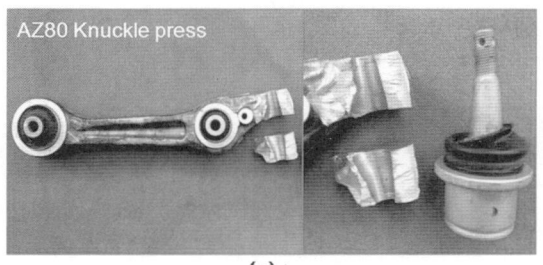
(a)

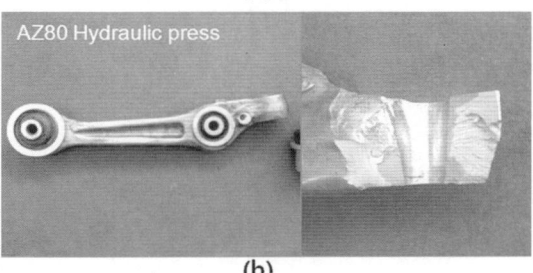
(b)

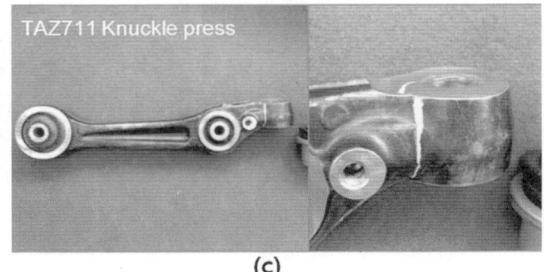
(c)

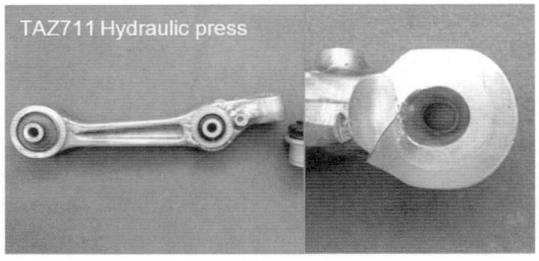
(d)

[그림 6.14] 마그네슘 단조 조립 완성품의 정강도 시험 고품형상

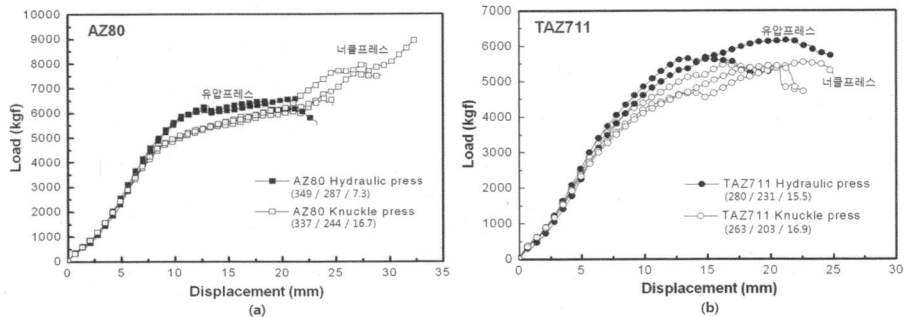

[그림 6.15] 마그네슘 단조 조립 완성품의 정강도 시험 결과

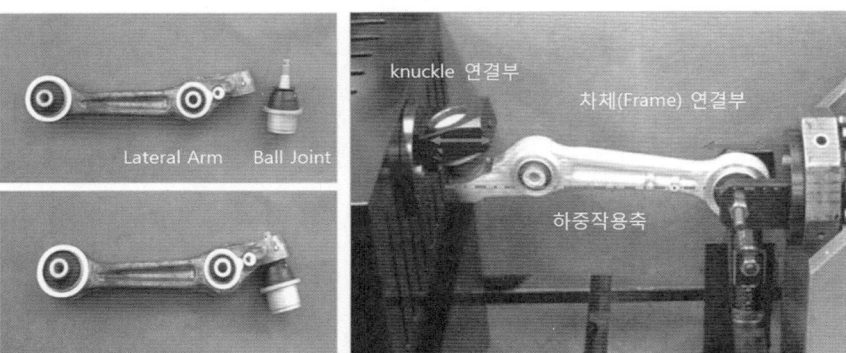

[그림 6.16] 마그네슘 단조 조립 완성품의 피로내구 시험 체결형상

의 피로내구 시험 조건을 나타내었다.

그림 6.17은 피로 내구시험 후 제품의 형상을 나타낸 것으

[표 6.3] 마그네슘 단조 조립 완성품 피로내구 시험

Forging Condition	Press	Knuckle press (5/sec) Hydraulic press (0.1/sec)
	Stock	AZ80, TAZ711 (Extrusion billet)
Fatigue Test Condition	Temp.	250℃
	Frequency	2Hz
	Cycle	1,000,000
	Spec.	균열, 파단 및 영구변형 없을것

로 2Hz로 100만회 내구시험 후에도 균열이나 파단 및 영구변형이 없었다. AZ80합금, TAZ711 합금을 5/sec의 너클단조와 0.1/sec의 유압단조한 각각의 단조 조립품의 피로내구시험결과 모두 설정된 내구하중에 대하여 무한 내

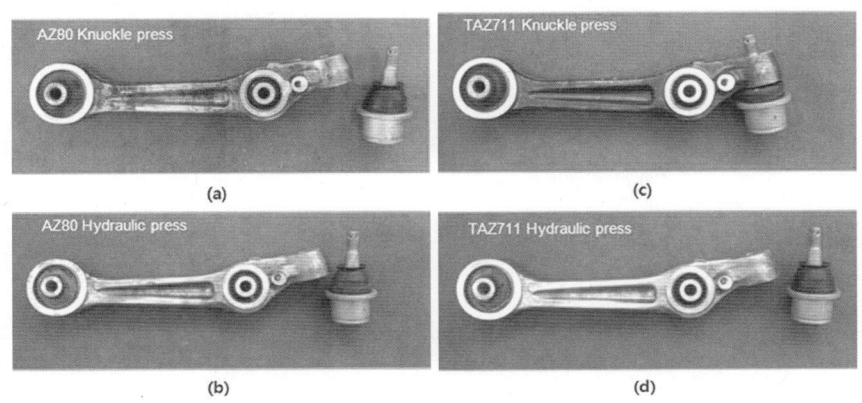

[그림 6.17] 마그네슘 단조 조립 완성품의 피로내구 시험 고품형상

구 강도를 갖는 것으로 나타났다.

5. 단조 공정 전산모사 신뢰성 평가

본 서적에서 나타내는 AZ80합금 압출봉재의 유동응력 곡선을 이용한 성형해석 진행 하였으며, 성형해석 결과와 유압프레스를 이용한 단조 시험 결과를 비교하였다. 비교 분석후 도출된 결과를 바탕으로 성형해석을 수행하였다.

가. 유압프레스를 사용한 AZ80합금 단조품의 성형성 평가

AZ80압출봉재를 적용하여 성형해석을 수행한 단조품은 그림 6.18의 링크 제품이며, 그림 6.19와 같이 빌릿, Blocker, Finisher, 트리밍 공정으로 열간단조를 수행하게 된다. 그림 6.19의 공정중 Blocker, Finisher 공정에 대한

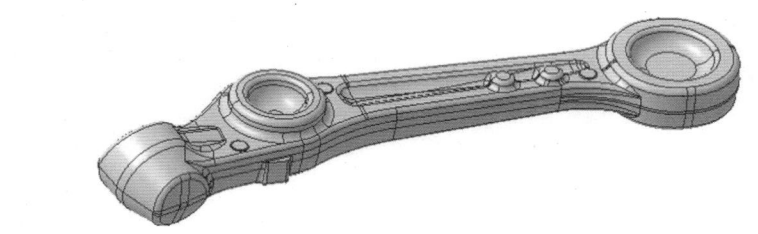

[그림 6.18] 전산모사를 위한 단조품의 형상

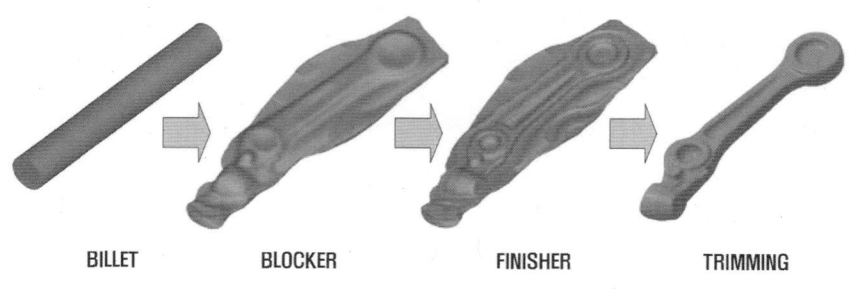

[그림 6.19] 단조 공정

성형해석을 수행하였다.

  AZ80 압출봉재를 적용하여 성형해석을 수행하기 위하여 Blocker, Finisher공정에 대한 금형형상을 모델링을 수행하였으며, 모델링된 금형형상은 그림 6.20과 같다.

  성형해석은 다음과 같은 경계 조건으로 수행하였다. 소재 온도 350℃, 금형온도 250℃, 마찰조건은 마찰상수와 쿨롱 마찰계수를 각각 0.2, 0.1로 설정하였다. 소재의 유동응력 곡선은 온도, 변형률 속도에 따른 AZ80 압출봉재의 고온 압축 시험결과 자료를 사용하였으며, Press 사양은 10,000Ton 유압프레스 사양으로 프레스 슬라이드 이동 속도조건인 5㎜/sec(0.1/s)를 상금형

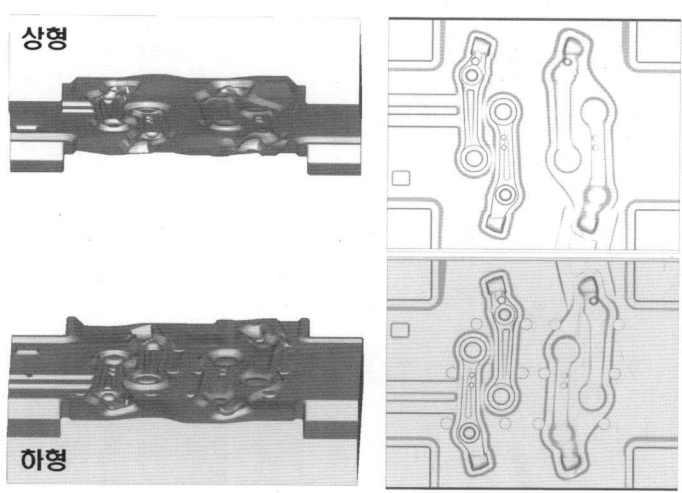

[그림 6.20] 금형모델링 형상

에 적용하였다. 그림 6.21는 해석에 사용된 AZ80 소재의 고온 유동응력 곡선을 나타내고 있다.

Blocker공정 성형해석에 앞서 금형 내 봉재소재가 안착이 되어진 형상은

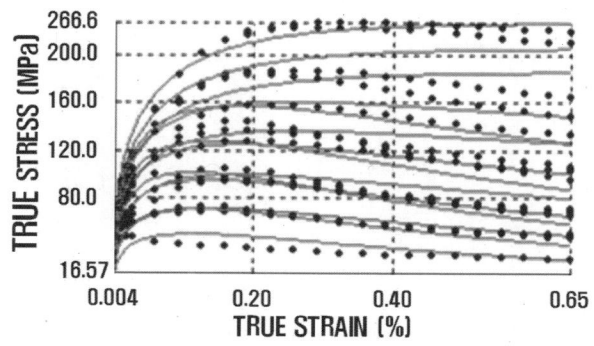

[그림 6.21] 상용 AZ80소재의 고온 유동응력 곡선

제6장 마그네슘 부품 단조 성형 공정 개발   **277**

그림 6.22와 같으며, 그림 6.23과 같은 과정을 거쳐 Blocker형상이 성형해석 되어 진다. 성형해석 진행 중 단조품내 Lap과 같은 단조 결함이 발견되지 않았으나, Blocker 성형해석이 완료된 형상에서 부분적인 결육이 발견되었다. Blocker 공정 성형해석결과 계산된 성형해석 하중은 724Ton 이다.

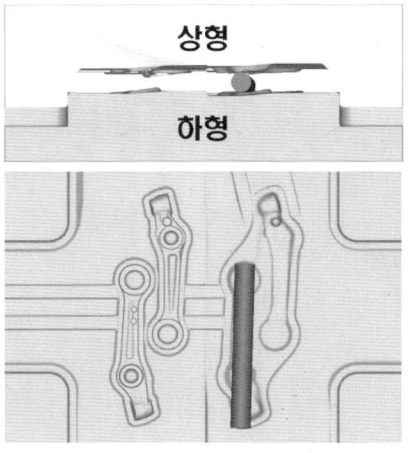

[그림 6.22] Blocker에 소재의 안착 형상

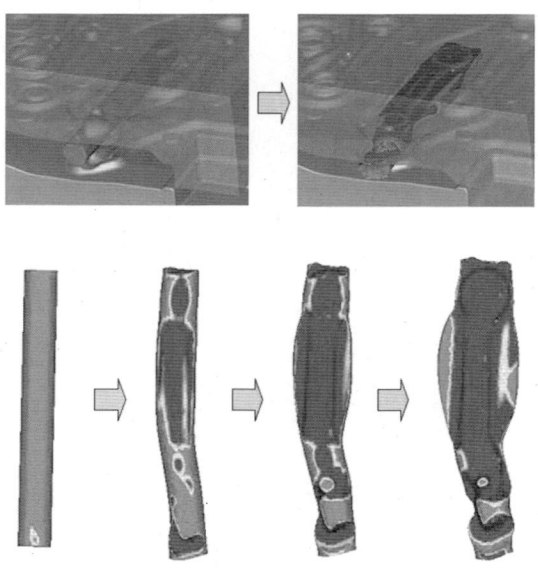

[그림 6.23] Blocker 성형해석 결과

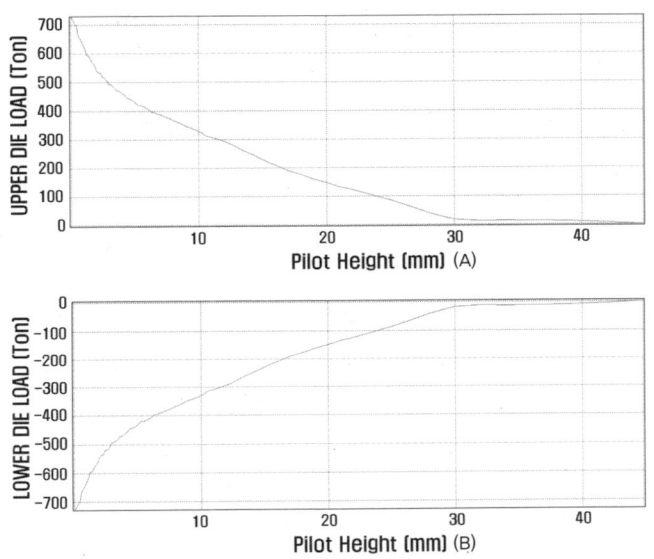

[그림 6.24] Blocker 공정 성형해석하중 (A. Upper, B. Lower)

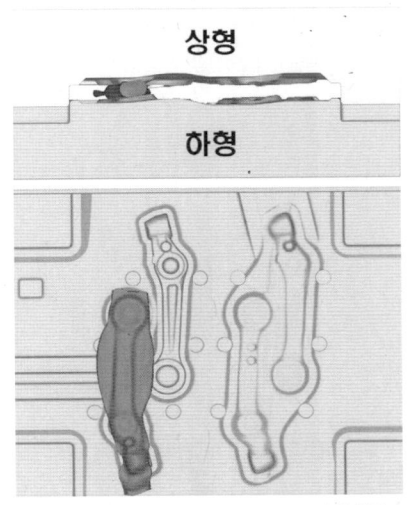

[그림 6.25] Finisher 금형내 Blocker 안착 형상

Finisher공정 성형해석 시 Finisher 금형내 Blocker 형상은 그림 6.25과 같이 안착되어지며, Blocker 형상은 Finisher 형상으로 그림 6.26와 같이 성형이 된다. 성형해석 중 제품 내 Lap 과 같은 단조 결함은 발견되지 않았으며, 성형이 완료되어진 형상에서 결육과 같은 단조 표면 결함은 발견되지 않았다. Finisher 공정 성형해석 중 계산

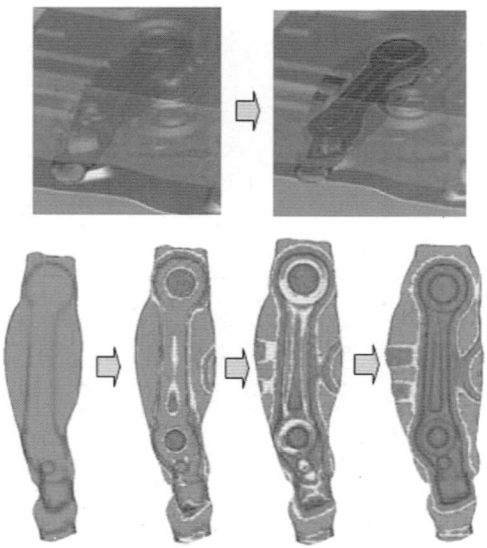

[그림 6.26] Finisher 공정 성형해석 결과

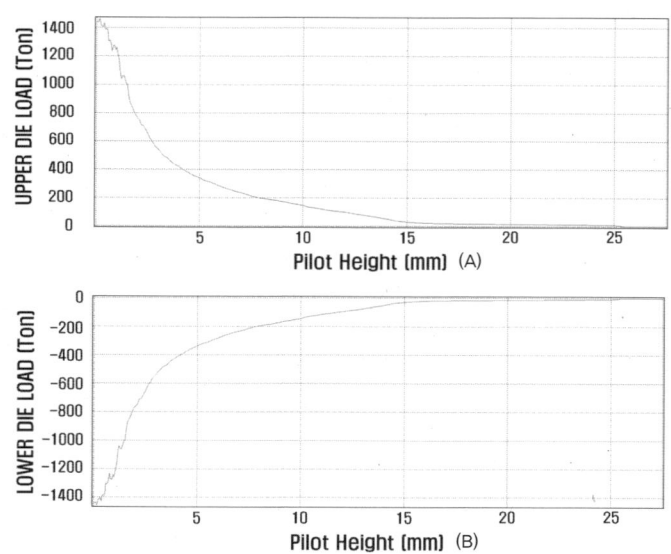

[그림 6.27] Finisher 성형하중 (A. Upper, B. Lower)

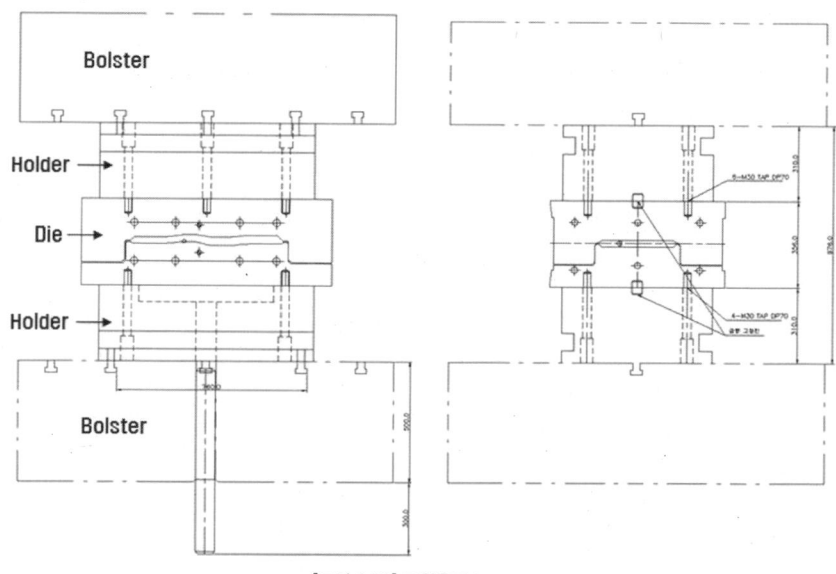

[그림 6.28] 금형홀더 Layout

된 성형해석 하중은 1,460Ton으로 나타났다.

나. 유압 프레스에서의 마그네슘 합금소재 성형성 평가를 위한 금형홀더 제작

제작된 단조 금형을 유압프레스에 체결하여 마그네슘 합금 압출봉재의 성형성 평가를 위해서, 단조금형의 유압프레스 체결용 금형홀더 검토를 수행하였다. 검토된 금형 홀더 형상은 그림 6.28과 같으며, 유압 프레스의 볼스터와 금형상, 하형의 사이에 위치하여 금형과 프레스 볼스터를 체결하는 구조를 지닌다.

다. AZ80 압출봉재의 전사모사와 유압프레스 단조품의 비교 및 검증

전산모사에서 사용되어진 동일한 조건으로 유압프레스로 AZ80 압출봉재를 이용하여 단조시험을 수행하였으며 각 공정별로 해석결과와 시험결과를 비교한 자료를 그림 6.29에 나타내었다.

    AZ80 압출봉재의 전사모사 결과와 유압프레스 단조시험 결과를 비교 시 그림 6.29과 같은 차이가 발생하였다. 성형하중 측면을 비교 시 Blocker 공정에서 성형해석 하중은 724.1ton으로 단조 성형하중 1,432.8ton보다

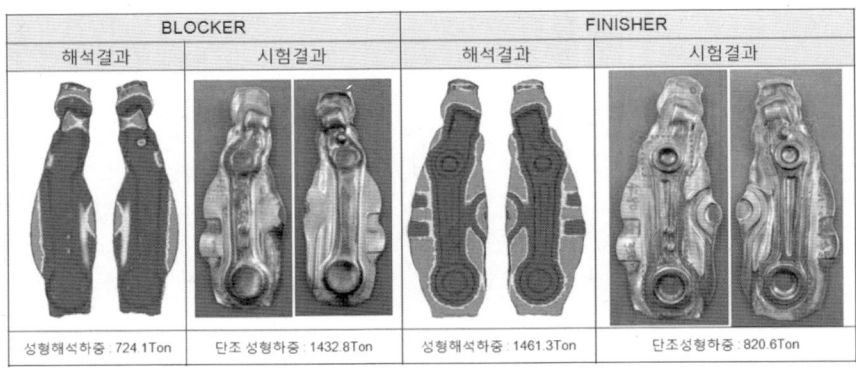

[그림 6.29] AZ80 성형해석 결과와 유압프레스 단조품의 비교

[그림 6.30] AZ80 성형해석 결과와 유압프레스 단조품의 치수 검증

708.7ton이 작았으며, Finisher공정에서의 성형해석 하중은 1,461.3ton으로 단조 성형하중 820.6ton보다 640.7ton 높게 나타났다. 제품 외관 형상에 대한 비교시 Blocker 공정 성형해석 결과에서 단조시험 결과 보다 결육량이 많았으며, Flash양이 작은 것을 볼 수 있었다. Finisher공정의 성형해석 결과에서는 단조 형상내 결육이 없었으나, 성형해석 결과 보다 단조시험에서 단조품의 Rod부 및 부시부에서 다수의 결육들이 존재하였으며, Flash 형상 차이, 즉 해석 결과가 실제 단조 시험결과 보다 Flash 형성이 작은 것을 볼 수 있다.

제품 분석을 위하여 단조품의 공정별 치수를 그림 6.30과 같이 나타내었다.

Blocker 공정품의 특성상 공정품 형상의 두께 측정이 어려움으로 Flash 두께 측정을 하여 금형에서 동일부 두께와 비교를 하였다. Blocker 공정품의 Flash부 2개소를 측정하였을 때 단조품의 Flash 두께는 각각 3.62mm 와 4.48mm로 금형설계치수인 6mm, 8mm 보다 2.38mm, 3.52mm 작았다 또한 Finisher 단조품 치수를 단조 자주검사 성적서 기준으로 측정하였을 때 평균 0.67mm 두꺼웠다. 이와 같은 측정 결과를 통해 Blocker 공정에서는 단조 시험시 성형해석 보다 평균 2.96mm 과잉성형되어 단조하중이 높게 났으며, 반면 Finisher 공정에서는 단조시험시 성형해석 결과보다 평균 0.67mm 성형량이 부족하였으므로, 단조 하중이 낮게 나타났음을 추측할 수 있었다.

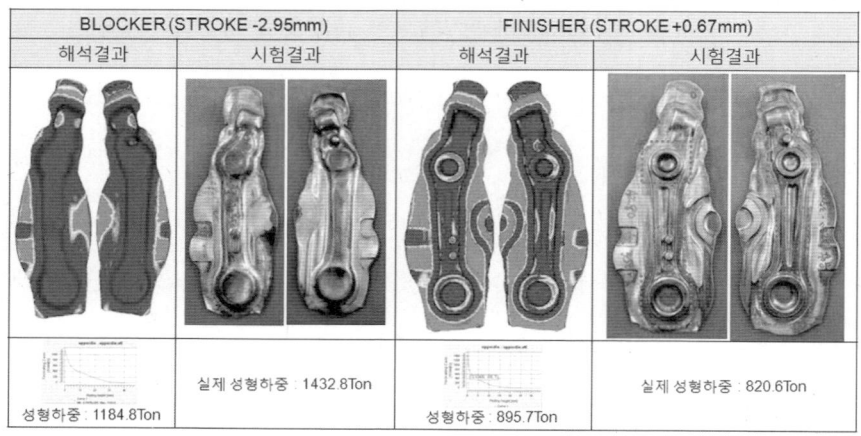

[그림 6.31] AZ80 유압프레스 단조품의 치수 측정 결과를 반영한 성형해석 결과

라. 전산모사의 신뢰성 향상을 위한 경계조건 변형을 통한 해석재검증

단조공정 전산모사의 신뢰성을 향상시키기 위하여, 성형해석시 단조품들의 치수측정 결과를 반영하여 성형해석과 성형해석을 수행하였으며, 그림 6.31와 같은 결과를 확인 할 수 있었다.

재검증을 위한 Blocker 공정 성형해석에서는 단조품의 동일한 Flash 두께를 가지도록 상금형의 프레스의 슬라이드 높이를 설정 후 성형해석을 수행하였으며, 그 결과 성형해석 하중은 1,184.8ton으로 단조 시험시 Blocker의 하중 1,432.8ton의 83% 수준으로 유사하였으며, Flash 형상 및 제품의 결육 정도 역시 성형해석과 단조시험 결과가 유사한 것을 확인 할 수 있었다. Finisher 공정의 성형해석에서도 단조 시험품과 유사한 두께를 가지도록 상금형의 슬라이드 높이를 설정후 성형해석을 수행하였다. 그 결과 성형해석 하중은 895.7ton으로 단조시험시 Finisher의 하중 820.6ton의 109%로 유사하였으며, Flash 형상 및 제품 결육정도 역시 성형해석 결과와 단조시험 결과와 유사하게 나타났다.

위 결과를 통하여 유압프레스를 이용한 단조전 전산모사를 수행할 경우, 단조 소재 및 형상에 맞는 장비 사양과 단조 결함에 대한 선행 검토가 가능할 것으로 판단된다.

마. 개발 마그네슘 합금에 대한 전산모사 및 상용 AZ80 해석결과와 비교

TAZ711합금의 성형해석 경계 조건은 다음과 같다. 소재 온도 350℃, 금형온도 250℃, 마찰조건은 마찰상수와 쿨롱 마찰계수를 각각 0.2, 0.1로 설정하여 성형해석을 수행하였다. 변형률 속도에 따른 TAZ711 합금의 고온 압축 시험 결과자료를 사용하였으며, Press사양은 10,000Ton 유압프레스 사양으로 AZ80 단조 시험과 동일한 프레스 슬라이드 이동 속도조건인 5mm/sec (0.1/s)를 상형에 적용하였다.

TAZ711합금의 성형해석에 사용된 소재는 AZ80 합금과 동일한 사이즈와 금형 내에 위치하여 성형해석을 수행하였다. 초기에 소재가 금형에 안착이 되어진 소재의 형상은 그림 6.22와 같다. TAZ711 압출봉재가 Blocker성형이 되어지는 과정은 그림 6.32와 같으며, 성형해석 중 Lap과 같은 단조 결함은 발견되지 않았으나 성형 해석이 완료된 시점에서 Ball Joint Corner R부 미세 결함이 발생함을 볼 수 있다. 성형해석 시 계산된 성형하중은 상형 1,551.5Ton, 하형 1,551Ton 이다.

TAZ711합금의 Finisher 공정 성형해석에 사용된 압출봉재의 Blocker 공

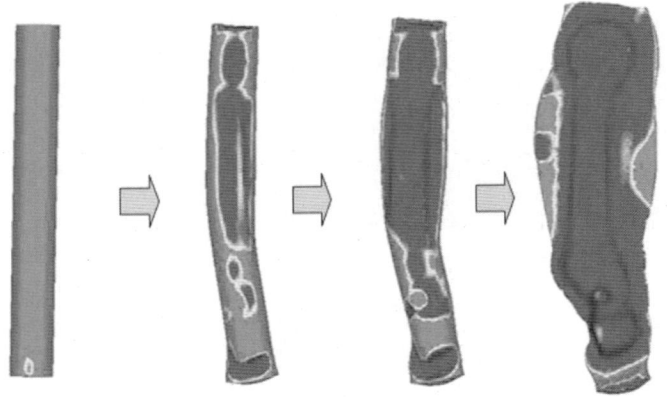

[그림 6.32] Blocker 공정 성형해석 결과

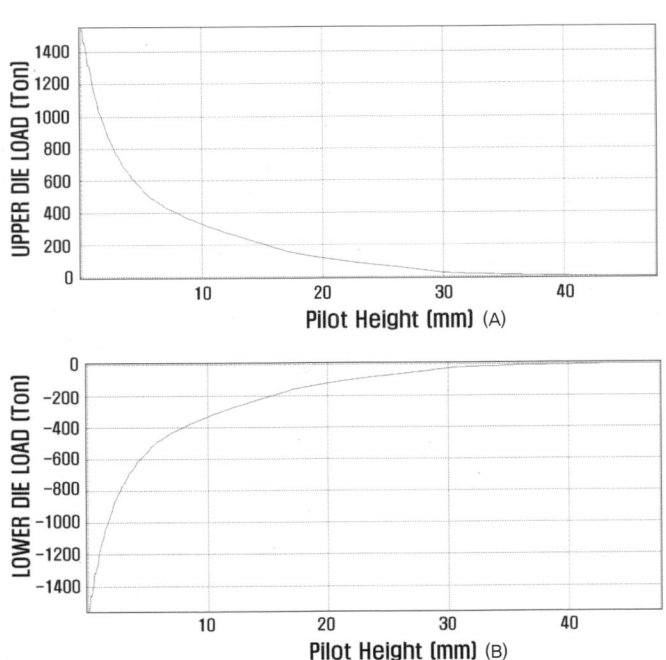

[그림 6.33] Blocker 성형하중 (A. Upper, B. Lower)

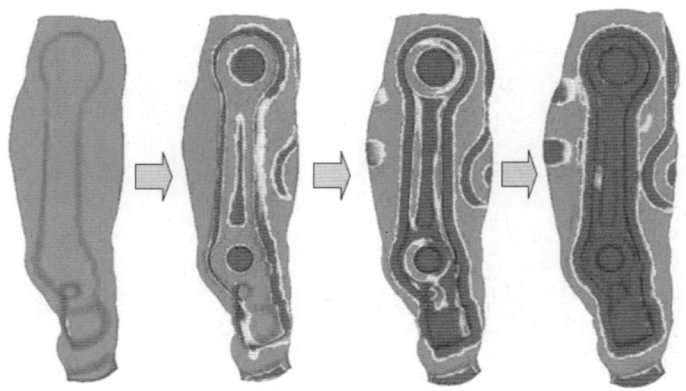

[그림 6.34] Finisher 성형해석 결과

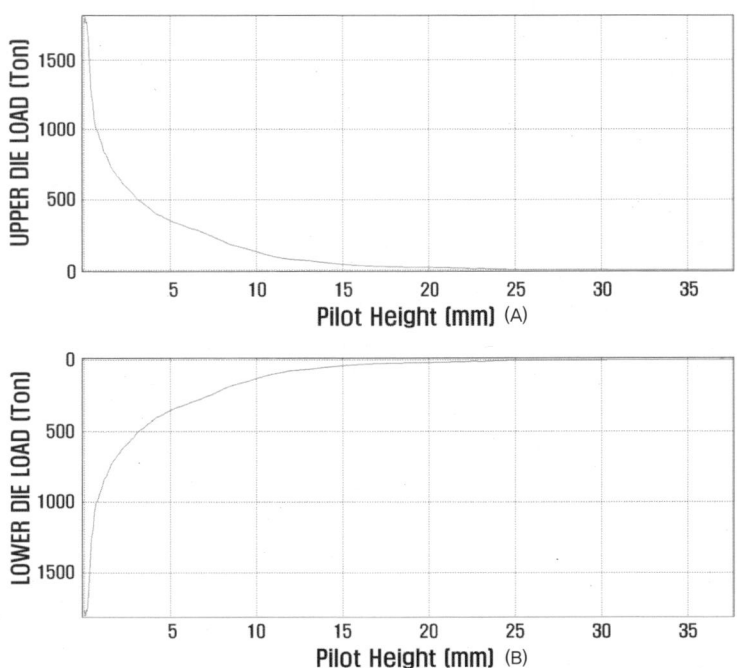

[그림 6.35] Finisher 성형하중 (A. Upper, B. Lower)

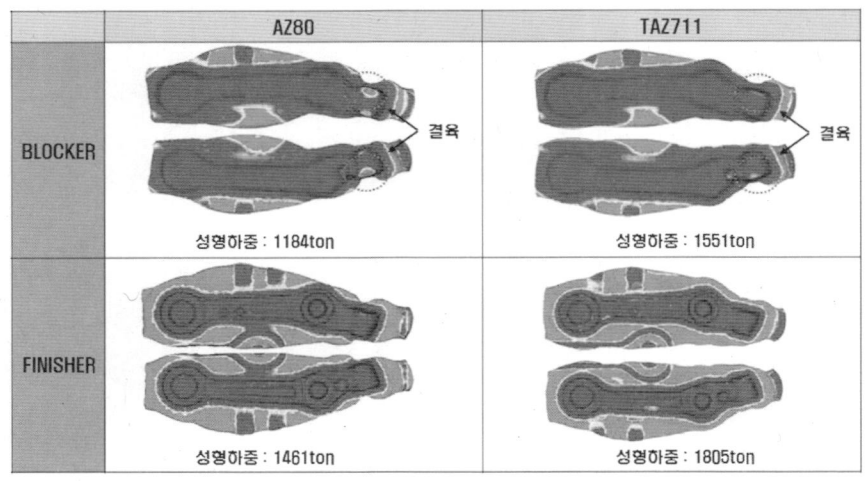

[그림 6.36] AZ80 상용 소재와 TAZ711 소재 성형성 및 성형하중 비교

정 성형해석 결과 형상을 사용하였으며, 금형내 Blocker 안착 형상은 그림 6.25과 같다. Finisher 성형해석은 그림 6.34과 같이 진행되며, 성형해석 중 단조품 형상에서는 Lap과 같은 결함이 관찰되지 않았다. 성형해석 완료 시 제품 내 미세결육과 같은 단조 결함이 발견되지 않았으며, 성형해석결과 계산된 성형 해석하중은 상형 1,805.2Ton, 하형 1,805.3Ton 이다.

AZ80압출봉재와 TAZ711 압출봉재를 동일한 조건에서 성형해석을 수행한 결과는 그림 6.36와 같다. Blocker 공정 성형해석 결과 TAZ711 압출봉재의 성형해석 결과에서 AZ80 압출봉재 성형해석결과 대비 결육양이 적은 것을 볼 수 있었으며, 이를 통해 압출봉재에서의 금형 내 살채움 정도는 TA711 압출봉재가 AZ80 압출봉재 보다 좋은 것으로 나타났다. 반면 성형하중은 AZ80 압출봉재가 TAZ711 압출봉재 대비 400ton 정도 낮게 나타났으며, 이러한 차이는 AZ80 압출봉재의 결육부가 TAZ711 보다 많기 때문에 상대적으로 금형과의 접촉면이 작아서 적은 부하가 걸리는 것으로 추측된다.

Finisher 공정 성형해석 결과 Blocker 공정시 성형된 Flash 형상 및 성형면 형상에 따라 성형하중의 차이가 존재함을 확인할 수 있었다.

6. 상용 및 개발 마그네슘합금 자동차 부품 단조 성형성 평가 및 기계적 특성 분석

마그네슘 합금을 적용하기 위한 자동차 현가장치 부품 단조를 실시하여 성형성 및 기계적 특성 분석을 수행하였다. 단조용 압출봉재 AZ80-0.3Ce와 TAZ711-0.4Ce으로 컨트롤 암(Control Arm)단조를 실시하였다. 초기 빌릿에 Ce가 첨가 되어 원하는 합금 설계에서 벗어나 조직 및 물성이 상이하게 나타날 수 있다고 판단된다. 압출비 25:1로 압출을 실시한 압출봉재를 적용하여 열간 단조 실시하였다. 그림 6.37은 성형하기 위한 제품 공정도를 나타내고 있다. 열간 단조시 사용된 소재 사이즈는 파이 50㎜, 길이 420㎜(Ø50L420㎜)을 사용하였다. 성형온도는 250℃와 350℃에서 실시하는 것으로 목표로 하고 소재 및 금형을 가열하여 열간 단조를 실시하였다. 성형 시 사용한 장비는 4,000ton 너클프레스를 사용하였으며 성형속도는 5/sec으로 실시하였다 (표 6.4). 그림 6.38는 성형하기 전 초기 압출봉재 기계적 특성 및 미세조직 분석 결과를 나타내고 있다. AZ80-0.3Ce의 경우 초기 결정립 사이즈는 약

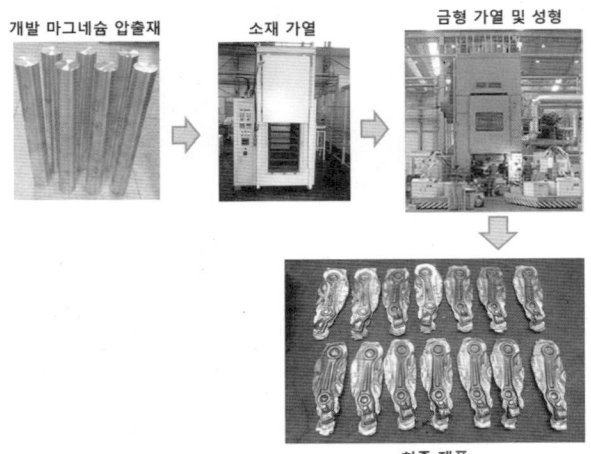

[그림 6.37] 성형 공정도

33μm을 가졌으며 TAZ711-0.4Ce는 약 23μm 갖는 것으로 나타났다. 기계적 특성은

[표 6.4] 성형 조건

Temp. (°C)	250, 350
Specimen size (mm)	Ø50×420mm (cylinder type)
Alloys	AZ80-0.3Ce, TAZ711-0.4Ce As-extruded
Extrusion ratio	25:01:00
Press	4000ton knuckle press

AZ80-0.3Ce와 TAZ711-0.4Ce의 항복강도(Yield Strength)는 212MPa로 비슷하나 최대 인장강도(Ultimate Tensile Strength)는 AZ80-0.3Ce가 66MPa 높게 나타났다.

그림 6.39는 각 소재 및 성형온도 별 단조품을 나타내고 있다. 성형온도 250°C에서 AZ80-0.3Ce과 TAZ711-0.4Ce의 경우 플랜지(Flange)부의 크랙이 발생하는 것을 확인 할 수 있으며 보다 높은 성형온도 350°C에서는 플랜지부의 크랙이 없이 성형성이 향상된 것을 확인하였다. 그림 6.40는 각 소재의 성형온도별 단조품의 미세조직을 나타내고 있다. AZ80-0.3Ce의 성형

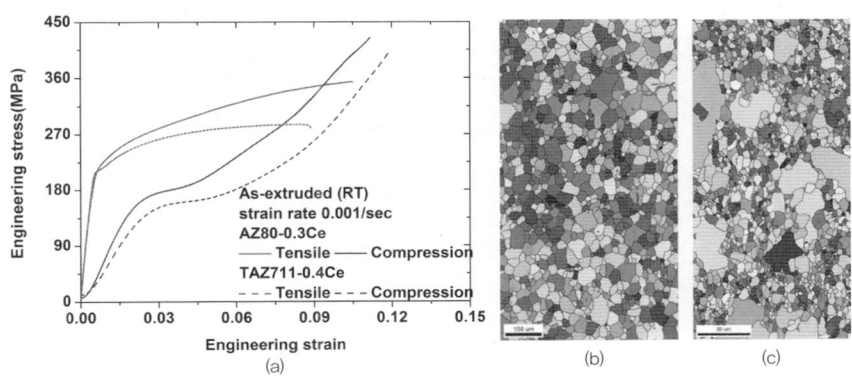

[그림 6.38] 원소재 기계적 특성 분석 및 미세조직 분석:
(a) 인장 및 압축시험 (b) AZ80-0.3Ce As-extruded; (c) TAZ711-0.4Ce As-extruded

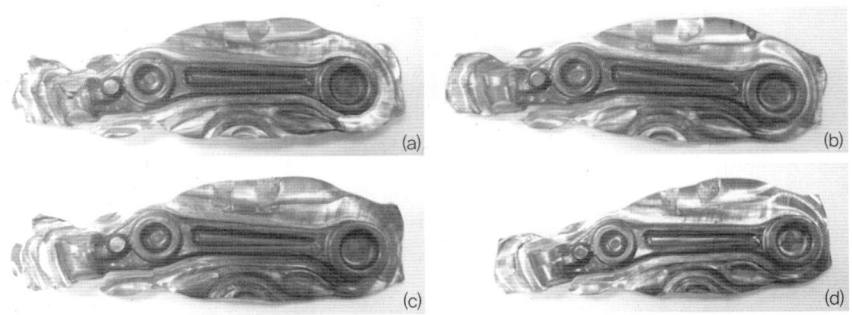

[그림 6.39] 각 소재 및 성형온도 별 단조품:
(a) AZ80-0.3-Ce 성형온도 250°C; (b) AZ80-0.3Ce 성형온도 350°C;
(c)TAZ711-0.4Ce 성형온도 250°C; (d) TAZ711-0.4Ce 성형온도 350°C;

온도 250°C에서 초기 결정립과 국부적인 동적 재결정이 일어나 결정립 사이즈는 약 8㎛ 나타났다. 하지만 성형온도 350°C 단조품에서는 균일한 동적재결정으로 성형온도 250°C 단조품에 비하여 균일한 결정립으로 성형성이 향상 된 것으로 판단된다. 하지만 결정립 사이즈는 250°C에서 성형한 단조품의 평균 결정립 사이즈는 약 8㎛을 가졌으며 350°C 단조품은 16㎛으로 결정립 크기가 큰 것으로 나타났다. TAZ711-0.4Ce은 AZ80-0.3Ce와 동일한 경

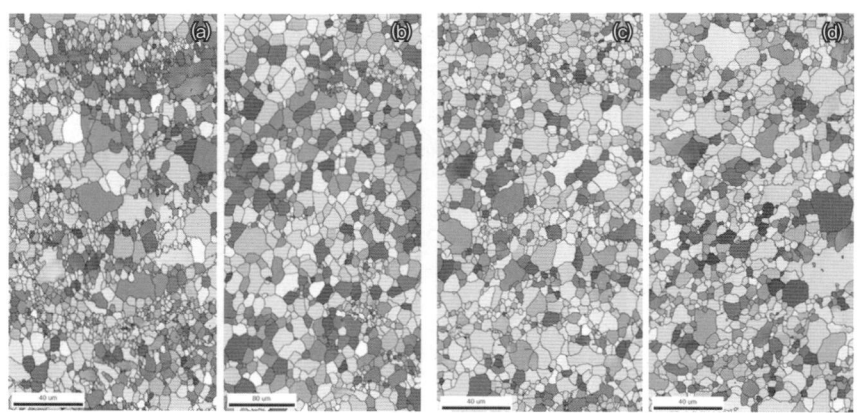

[그림 6.40] 각 소재 온도 별 미세조직 분석: (a) AZ80-0.3ce 성형온도 250℃;
(b) AZ80-3ce 성형온도 350℃; (c) TAZ711-0.4ce 성형온도 250℃; (d) TAZ711-0.4Ce 성형온도 350℃.

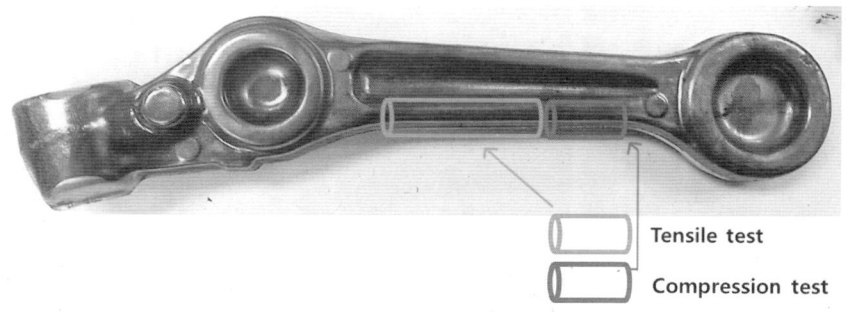

[그림 6.41] 단조품 형상 및 인장, 압축시편 채취위치

향으로 성형온도 250℃ 단조품에서 약 8㎛ 결정립 사이즈를 가지며 성형온도 350℃ 단조품이 약 10㎛ 낮은 성형온도 보다 크게 나타났다.

그림 6.41는 단조품에 형상 및 인장, 압축시편 채취위치를 나타내고 있다. 실제 적용되고 있는 Al합금 단조품의 기계적 특성 분석 시편 채취 위치와 동일하게 채취하여 기계적 특성 및 미세조직 분석을 실시하였다. 그림 6.42은 압출봉재 및 단조품의 기계적 특성 분석에 대하여 나타내고 있다. AZ80-

0.3Ce의 경우 250℃ 단조품에서 항복강도 248MPa, 최대 인장강도 361MPa 및 연신율 13%의 결과를 나타내는 반면 350℃ 단조품의 경우 항복강도 207MPa, 최대 인장강도 349MPa 및 연신율 13%로 강도적인 측면에서 감소하는 것으로 나타났다. TAZ711-0.4Ce의 단조품의 경우 성형온도 250℃와 350℃에서 항복강도 229MPa, 최대 인장강도 293MPa 및 연신율 13%의 결과로 차이는 일어나지 않고 있다(표 6.4). 동일한 압출비에 따라 압출을 실시하였지만 Ce가 첨가되어 조직 및 물성이 합금 설계 조성을 벗어남으로써 설계합금의 물성과 상이하게 나타나는 것으로 판단된다.

7. 개발 마그네슘 합금 자동차 부품 단조 성형성 평가 및 기계적 특성 분석

 마그네슘 합금을 적용하기 위한 자동차 현가장치 부품 단조를 실시하여 성형성 및 기계적 특성 분석을 수행하였다. 개발 마그네슘 합금 TAZ711 6inches 주조재를 압출을 진행하였다. TAZ711압출봉재를 적용하여 컨트롤 암(Control Arm)단조를 실시하였다. 압출비 10.5:1로 압출을 실시한 압출봉재를 적용하여 열간 단조 수행하였다. 그림 6.43은 성형하기 위한 제품 공정도를 나타내고 있다. 열간 단조시 사용된 소재 사이즈는 직경 50㎜, 길이 420㎜(Ø50L420㎜)을 사용하였다. 성형온도는 250℃와 350℃에서 실시하는 것으로 목표로 하고 소재 및 금형을 가열하여 열간 단조를 실시하였다. 성형 시

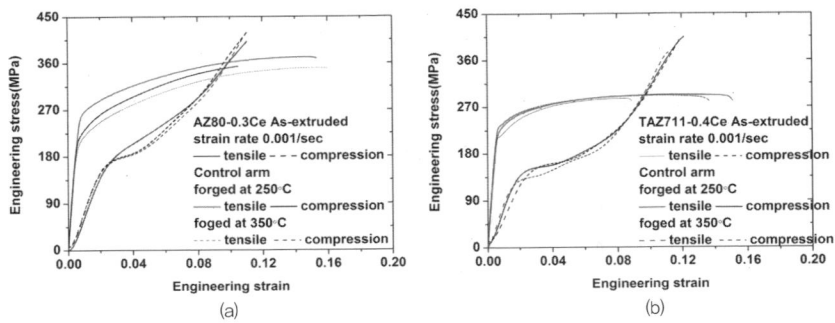

[그림 6.42] 단조품의 기계적 특성 분석: (a) AZ80-0.3Ce; (b) TAZ711-0.4Ce.

[표 6.5] 압출봉재 및 단조품의 기계적 특성 분석

시험항목	단위	AZ80-0.3Ce			TAZ711-0.4Ce		
		As-extruded	forged(°C)		As-extruded	forged(°C)	
			250	350		250	350
UTS	MPa	352	361	349	286	293	292
YS	MPa	213	248	207	212	229	230
El	%	10	13	13	9.2	13	13
CS	MPa	405	391	413	389	404	388

사용한 장비는 4,000ton 너클프레스를 사용하였으며 성형속도는 5/sec 으로 실시하였다(표 6.6).

그림 6.44는 성형하기 전 초기 압출봉재 기계적 특성 및 미세조직 분석 결과를 나타내고 있다. 압출봉재의 수평이 되는 방향으로 미세조직 및 인장시편을 채취하여 진행하였다. TAZ711 압출봉재의 초기 결정립 사이즈는 약 7.3㎛ 갖는 것으로 나타났

[표 6.6] 성형 조건

Temp. (°C)	250, 350
Specimen size (mm)	Ø50×420mm (cylinder type)
Alloys	TAZ711 As-extruded
Extrusion ratio	10.5:1
Press	4000ton knuckle press

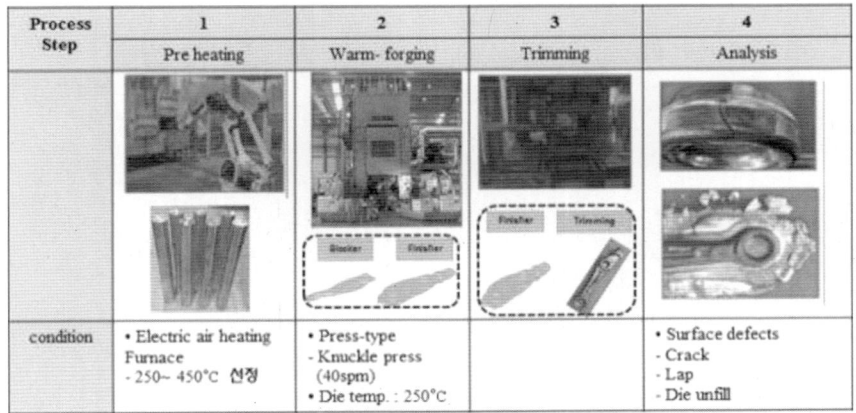

[그림 6.43] 성형 공정도

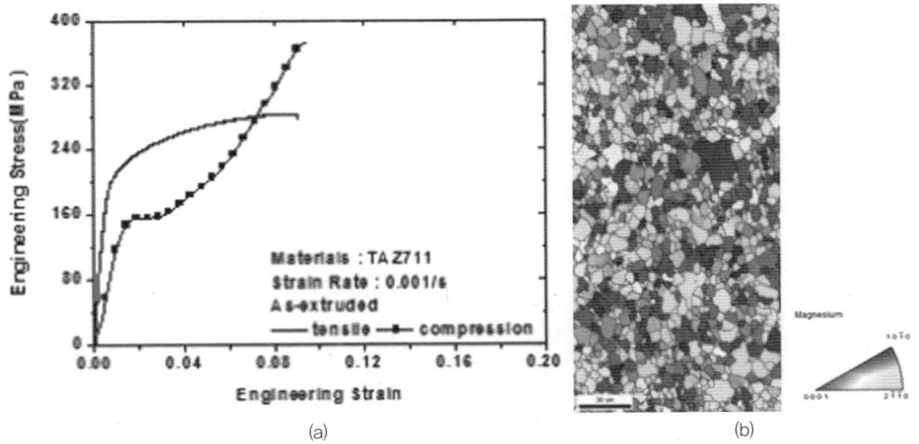

[그림 6.44] TAZ711 압출봉재의 기계적 특성 분석 및 미세조직 분석: (a) 인장 및 압축시험; (b) As-extruded

으며 기계적 특성 분석을 위한 인장시편(ASTM E8M)으로 가공하여 준정적(Quasi-Static, 0.001/sec)시험을 진행하였다. 항복강도(Yield Strength)는 193MPa, 최대 인장강도(Ultimate Tensile Strength)는 293MPa과 연신율(Elongation) 9%를 갖는 것으로 나타났다.

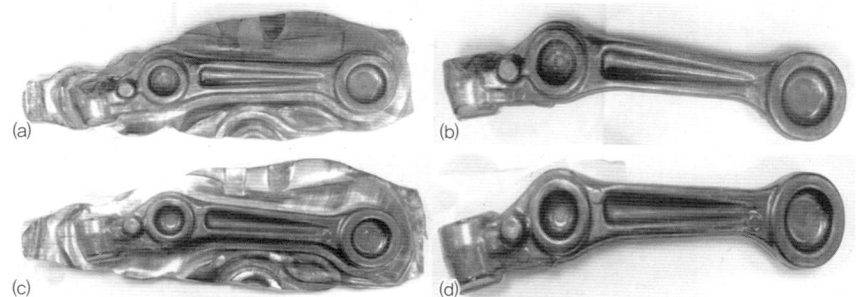

[그림 6.45] TAZ711 성형온도 별 단조품: (a) 성형온도 250℃ trimming전; (b) 성형온도 250℃ trimming후; (c) 성형온도 350℃ trimming전; (d) 성형온도 350℃ trimming후

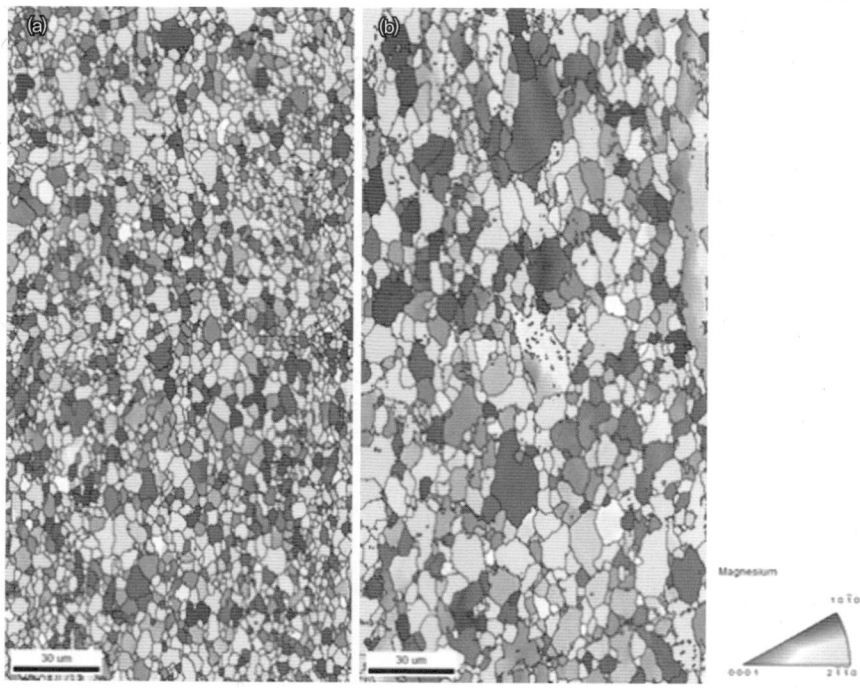

[그림 6.46] TAZ711단조품의 성형온도 별 미세조직 분석: (a) 성형온도 250℃ ; (b) 성형온도 350℃

그림 6.45은 성형온도 별 단조품을 나타내고 있다. 성형온도 250℃에서 플랜지(Flange)부의 미세크랙이 발생하는 것을 확인 할 수 있으며 보다 높은

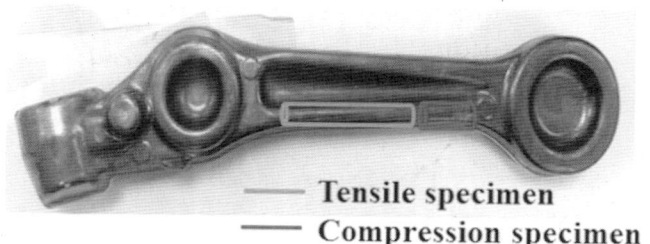

[그림 6.47] 단조품 형상 및 인장, 압축시편 채취위치

성형온도 350°C에서는 플랜지부의 크랙이 없이 성형성이 향상된 것을 확인하였다. 그림 6.46는 성형온도별 단조품의 미세조직을 나타내고 있다. TAZ711의 성형온도 250°C에서 높은 소성변형률 부과로 동적 재결정이 일어나 결정립 사이즈는 약 4.7㎛ 미세화가 일어난 것으로 나타났다. 하지만 성형온도 350°C 단조품에서는 약 10.5㎛으로 결정립 성장이 일어난 것을 알 수 있다.

그림 6.47는 단조품의 형상 및 인장, 압축시편 채취위치를 나타내고 있다. Al합금 단조품의 기계적 특성 분석 시편 채취 위치와 동일하게 채취하여 기계적 특성 및 미세조직 분석을 실시하였다. 그림 6.48은 압출봉재 및 단조품의 기계적 특성 분석에 대하여 나타내고 있다. TAZ711의 단조품의 경우 성형온도 250°C에서 항복강도 224MPa, 최대 인장강도 292MPa 및 연신율 16%로 나타났으며 단조 후 항복강도는 31MPa, 최대 인장강도는 9MPa 증가하였으며 균일한 결정립 미세화로 연신율은 7% 향상된 것을 알 수 있다. 하지만 압축강도는 인장강도에 비하여 높은 367MPa을 가졌으나 압축항복강도는 인장항복강도에 비하여 보다 낮게 나타나는 것을 알 수 있다. 전형적인 HCP원자 구조를 갖는 인장과 압축의 소성 비대칭성을 가지는 것을 알 수 있다. 성형온도가 높

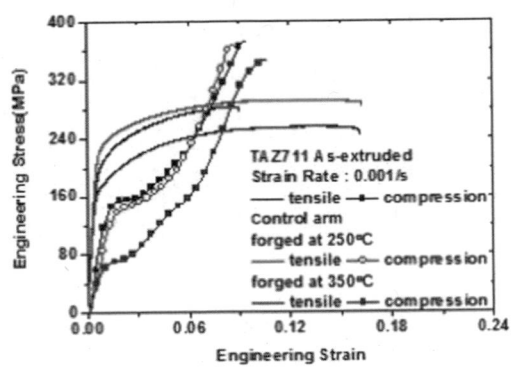

[그림 6.48] TAZ711단조품의 기계적 특성 분석

은 350°C는 항복강도 168MPa와 최대 인장강도 256MPa로 낮은 강도를 가지는 것으로 나타났다(표 6.7). 이는 성형 시 결정립 성장에 의하여 강도가 감소한 것으로 나타났다.

[표 6.7] 압출봉재 및 성형온도 별 단조품의 기계적 특성 분석

시험항목	단위	TAZ711		
		As-extruded	forged(°C)	
			250	350
UTS	MPa	283	292	256
YS	MPa	193	224	168
El	%	9	16	16
CS	MPa	371	367	347
CYS	MPa	147	144	65

맺음말

마그네슘은 매장량이 풍부하고 현재 공업적으로 활용도가 높은 알루미늄이나 철계 합금에 비하여 비강도와 비강성이 높고 최대 30~50% 경량화를 이룰 수 있어 향후 수송기기 및 각종 산업기기에 사용량이 급증할 것으로 예상된다. 현재 경량소재로 각광을 받고 있는 Mg합금은 가장 많이 사용되고 있는 주조와 다이캐스팅 분야가 주생산 공정으로 채택되고 적용되고 있다. 생산부품의 용도별 비율을 살펴보면 자동차용 Cylinder Head cover, Oil Filter Case, Timing Belt Cover, Steering Wheel Core, Steering Wheel, Key Rock Housing, Head Ramp Bracket 등에 약 70%, Computer부품으로 약 10%, 동력기구 약 10%, 기타 10%의 사용분포를 나타내고 있는 등 마그네슘 합금을 적용한 사례는 지속적으로 확대되고 있다. 적용되고 있는 제품은 강도와 내열성 등이 크게 요구되지 않는 부품이기 때문이다. 그러나 경량화 요구에 따라 강도와 내구성을 요구하는 단조와 압출 부품으로 Road Wheel, Control Arm, Knuckle, Bumper Beam과 같은 부품에도 마그네슘 합금 적용을 위한 성형가공법에 관한 연구개발이 활발히 이루어지고 있다. 하지만 고강도와 고인성을 요구하는 제품에는 주로 단조공정이 적용되고 있으나 알루미늄에 비하여 적용이 미흡한 실정이다. 이러한 부품들은 마그네슘을 적용할 경우 개당 2~5kg의 경량화를 이룰 수 있는 부품이며 차량 한 대당 대략 2~4개가 사용되고 있어 경량화 효과가 매우 큰 효과를 볼 수 있는 부품이다. 그러나 그만큼 승객의 안전과 매우 밀접한 관계로 신뢰성 확보를 위해 고강도 마그네슘 합금 설계 기술, 제조 및 가공 기술, 주조기술, 단조기술, 최종 표면 처리기술, 평가기술 개발과 같은 연구가 이루어져야 하는 어려운 점을 가지고 있어 연구개발이 필요하다. 또한 공정개발 측면에서 압출, 압연, 단조 등의 가공공정은 다양한 변수를 가지고 있으며 HCP구조를 갖는 마그네슘합금은 고온에서의 열간가공이 요구된다. 현재 가공 기술적 측면에서의 연구 개발은 제품의 건전성이 확보된 가공공정 변수의 확립에 주력하고 있으나 공정변수에 따른 합금 자체의 미세조직 제어로 강도 및 성형성 향상에 대한 연구성과가 미흡하다. 이에 따라 가공재의 성형 능력에 한계를 보임으로써 다양한 형태로의 2차 가공이 요구되는 실제 부품 생산 적용에는 기술적인 문제를 갖고 있는 실정이다. 따라서 장기적이고 심도 있는 연구가 필요한 상태이며 일부 부품에서는 시제품이 선보여 Secondary Market부터 상업화 출시가 1~2년 안에 이루어질 예정이어서 향후 기대가 되는 분야라 하겠다. 마그네슘 합금은 상온에서 극히 제한된 슬립 시스템으로 단조공정 중 균열발생 및 재료의 파손을 방지하기 위하여 온간 또는 열간에서 이루어지게 된다. 마그네슘 합금은 온도상승과 함께 성형성은 증가되지만 제품의 표면산화 및 합금에 따른 고온취성, 결정립 성장 등 제품의 특성이 떨어지며 가공되는 온도범위가 제한되어 있다. 마그네슘 단조는 소재 및 금형온도, 변형률속도, 합금의 종류, 초기 결정립 사이즈 등에 따라 매우 민감하다. 최근에는 소재기술과 금형기술을 함께 보유하고 있는 일본은 난성형 마그네슘합금을 이용한 압축기용 스크롤 로터를 제조하기 위해 냉온 단조기술까지 개발이 시도되고 있으며 마그네슘 관련기술의 전분야에 걸쳐 연구개발이 진행되고 있고 유럽과 다른점은 주조품보다는 가공용 소재의 부품화 기술에 보다 많은 투자가 되고 있다. 고기능 가공용 마그네슘 합금 및 단조기술 개발을 집중적으로 추진하고 있다. 특히 산·학·연 컨소시엄을 구성하여 판재성형, 단조, 주조 등의 부품화 기술개발을 진행하고 있으며 현재 고난이 헬리컬 기어 단조기술 및 마그네슘합금을 적용한 스크롤 로터 단조기술을 세계 최초로 개발할 만큼 세계 최고의 단조기술을 보유하고 있다. 중·단기적으로 Power-Train부품과 대형 Interior 부품에 마그네슘 합금을 적용하기 위하여 내열합금, 정밀주조, 진공다이캐스팅, 대형 주조품 제조와 관련된 기술 개발이 진행되고 중·장기적으로 Body 및 Chassis 부품으로 적용분야를 확대하기 위하여 고강도 합금, 고성형성 합금, 내산화성 합금, 저비용 중간재연속제조, 가공용 소재의 부품화와 관련된 기술개발이 진행되고 있다. 북미의 경우 Big 3 자동차회사, National Lab., 대학, 부품제조업체가 참여하는 컨소시엄(USAMP)을 구성하여 Power-Train, Interior, Body, Chassis 부품에 마그네슘합금의 적용을 추진하고 있으며,

주로 주조품 개발과 관련된 기술 개발이 수행되고 있다. 하지만 생산수요는 기계적 특성과 내식성이 미흡한 소재 자체의 약점과 제조공정상의 환경부담, 취급상의 어려움, 고가의 원소재 가격 등 복합요인에 의해 빠른 성장속도를 보이지 못하고 있다. 이러한 여러 가지 문제점을 해결할 수 있는 난연성 마그네슘 합금이 실용화되면 생산 및 응용분야의 급격한 신장이 가능하여 고성능 및 고온 재료분야에 적용 가능한 항공기 및 우주용 소재분야에서의 응용이 될 것으로 예상된다. 또한, 난연성 마그네슘 합금은 용해시 플럭스(flux)를 사용할 필요성이 감소될 뿐만 아니라, 재활용 시에도 용탕정제의 편리함으로 인하여 공정이 단축되는 장점을 보유하고 있으므로 실용화가 완료되었을 경우 경량구조재료 및 부품산업에 혁신적인 변화가 있을 것으로 기대된다.

참고문헌

[1] 수송기기용 고정밀 Mg단조기술 개발, 사업계획서, 지식경제부, 2011~2014년
[2] 수송기기용 고정밀 Mg단조기술 개발, 사업보고서, 지식경제부, 2011~2014년
[3] 오토저널 제36권 제3호, 2014. 3, 22-26 pages
[4] 소재기술백서 2011(소성가공-단조) 482~494 pages
[5] 산업원천 로드맵 금속소재, 2009
[6] http://www.bionast.com, 마그네슘합금 및 부품소재의 기술 동향 분석
[7] 마그네슘합금의 단조기술 동향, 재료마당, 제 20권, 제 6호, 2007. 12, 26~31 pages
[8] Mg Scroll Forging with AZ80 under Warm Forming Condition, Sang-Ik Lee, Jonghun Yoon, Junghwan Lee, INTERNATIONAL JOURNAL OF PRECISION ENGINEERING AND MANUFACTURING Vol. 15, No. 7, pp. 1473-1477.
[9] Effect of Initial Microstructure on Mg Scroll Forging under Warm Forming Condition, Jonghun Yoon, Junghwan Lee, Materials Transactions, Vol. 55, No. 2, 2014, pp. 238~244
[10] Process Design of Warm-Forging with Extruded Mg-8Al-0.5Zn Alloy for Differential Case in Automobile, Transmission, Jonghun Yoon , Junghwan Lee, INTERNATIONAL JOURNAL OF PRECISION ENGINEERING AND MANUFACTURING Vol. 16, No. 4, pp. 841-846.
[11] Forging Test of Mg-Sn-Al-Zn Series Alloy under Warm Forming Conditions, Hyowon Jeon, Jonghun Yoon, Junghwan Lee, INTERNATIONAL JOURNAL OF PRECISION ENGINEERING AND MANUFACTURING Vol. 15, No. 10, pp. 2127-2132.
[12] Enhancement of the microstructure and mechanical properties in as-forged Mg-8Al-0.5Zn alloy using T5 heat treatment , Jonghun Yoon, Juseok Lee, Junghwan Lee, Materials Science&Engineering A Vol. 586, 2013, 306~312pages
[13] AZ80 마그네슘 합금 압출재의 압축 성형조건에 따른 방위특성 분석, 윤종헌, 이상익, 이정환, 박성혁, 조재형, 한국소성가공학회지, 제 21권 제 4호, 2012, pp. 240~245.
[14] AZ80 압출재를 이용한 고온단조 윤활특성 분석, 윤종헌, 이상익, 전효원, 이정환, 한국소성가공학회지, 제 22권 제 2호, 2013, pp. 108~113.
[15] 마그네슘 합금의 온간단조 성형성 평가 및 성형해석, 2012년도 한국소성가공학회 추계학술대회 논문집, 2012.10, 전효원, 윤종헌, 이상익, 이정환, pp. 160.
[16] 차체 부품 열간 단조성형을 위한 TAZ 마그네슘 합금의 단조 성형성 평가, 윤종헌, 이상익, 전효원, 이정환, 2013 KSAE 부문 종합학술대회, 2013. 05, pp. 1700.
[17] T5열처리를 이용한 AZ80단조품의 기계적 특성 분석, 이상익, 윤종헌, 이정환, 2013년도 한국소성가공학회 추계학술대회 논문집, 2013. 10, pp. 256
[18] 차체부품용 AZ80 단조품의 기계적 특성 분석, 이상익, 이정환, 윤종헌, 2014년도 한국소성가공학회 춘계학술대회 논문집, 2014. 05, pp. 149
[19] AZ80압출재를 적용한 컨드롤 암 단조품의 기계적 특성 분석, 대한기계학회 경남지회 2014 춘계학술대회 논문집, 2014. 05, pp. 380-383.

마그네슘 합금 정밀 단조 기술

초판 제1쇄 인쇄 2015년 9월 14일
초판 제1쇄 발행 2015년 9월 21일

저자 | 이정환, 이상익
편집 | 서진희
발행인 | 배정운
발행처 | S&M미디어㈜
주소 | 서울시 서초구 명달로 120번지 S&M빌딩 5~7층
전화 | 02)583-4161
팩스 | 02)584-4161
홈페이지 | www.snmnews.com
등록 | 1996년 6월 10일, 제16-1318호

ISBN 978-89-89069-72-0

＊이 서적의 출판권은 S&M미디어㈜에 있습니다.
 S&M미디어㈜의 허락없이 무단 복제, 발췌, 전재를 금합니다.